工程建设标准的知识产权问题研究与案例分析

程志军　姜波　高印立　编著

中国建筑工业出版社

图书在版编目（CIP）数据

工程建设标准的知识产权问题研究与案例分析/程志军，姜波，高印立编著. — 北京：中国建筑工业出版社，2018.4

ISBN 978-7-112-21697-0

Ⅰ. ①工… Ⅱ. ①程…②姜…③高… Ⅲ. ①建筑工程 — 标准 — 知识产权 — 研究 Ⅳ. ① TU-65

中国版本图书馆CIP数据核字（2017）第322326号

本书详细阐述了工程建设标准中涉及的知识产权问题，全书包括四部分：第一部分简要介绍了研究概况，在第二部分工程建设标准的知识产权问题研究中详细介绍了工程建设标准化现状、我国工程建设相关专利现状、国内外标准化组织专利政策研究、标准涉及专利问题的理论分析、工程建设标准涉及专利的制度设计、工程建设标准的著作权问题及工程建设标准标志与商标保护等内容，第三部分进行了详尽的案例分析，第四部分介绍了相关法律及政策文件。

本书适合工程建设标准化从业者及专利持有人参考学习。

责任编辑：李天虹
版式设计：京点制版
责任校对：姜小莲

工程建设标准的知识产权问题研究与案例分析
程志军 姜波 高印立 编著

*

中国建筑工业出版社出版、发行（北京海淀三里河路9号）
各地新华书店、建筑书店经销
北京京点图文设计有限公司制版
北京富生印刷厂印刷

*

开本：787×1092毫米 1/16 印张：13¾ 字数：302千字
2018年4月第一版 2018年4月第一次印刷
定价：45.00 元

ISBN 978-7-112-21697-0
（31539）

编委会名单

前言

PREFACE

在经济全球化背景下，以专利为代表的知识产权以多元化的表现形式向技术标准渗透。知识产权与技术标准相互融合作为市场竞争的新手段，其强大的影响力冲击着各个行业。与电子、计算机行业相比，工程建设行业是一个庞大的、分散的、有若干分支的行业，除个别分支技术创新迅速且专利密集外，大部分行业分支的技术创新速度相对较慢且彼此孤立，因此总体上工程建设行业内标准与专利的冲突不如专利密集的电子、计算机行业表现激烈。但是，工程建设行业的特殊性和专利进入标准的隐蔽性，使得工程建设标准的专利问题更加复杂，妥善处理工程建设标准与专利的关系显得尤为重要和必要。工程建设项目作为典型的大型复杂系统，往往投资高、参与主体多、工序环节多、相互之间黏滞效应强，且对标准的依赖性大，若不能妥善处理专利与标准的关系导致某个环节出现法律纠纷，其影响可能扩展到其他环节或整个项目系统，从而产生巨大的经济损失和严重的社会影响。

为研究工程建设标准的知识产权问题，从2006年起，住房和城乡建设部陆续立项了3项研究课题，分别为“工程建设标准的知识产权问题研究”（建标[2006]136号）、“工程建设标准专利管理制度研究”（建标[2014]189号）、“工程建设标准的知识产权政策研究”（2015-R2-059）。课题研究以工程建设标准与专利的相互关系为研究重点，利用系统分析、比较研究、实证研究等研究方法以及经济学、哲学方面的研究工具，系统地研究探索了工程建设标准与专利结合的必要性、可行性及具体路径，并提出了政策建议，为主管部门起草了相关管理办法。本书内容即课题研究报告的节选和凝练。除标准的专利问题外，本书亦对标准的版权、标识等相关知识产权问题进行了探索性研究。

本书借鉴和参考了国内外多位专家学者的研究成果，相关参考文献已在书中注明。若有疏漏之处，敬请谅解并致以谢意，同时恳请将相关文献信息告知本书编委会。

本书编写工作得到了住房城乡建设部标准定额司、标准定额研究所领导的鼓励和支持，以及标准化领域和知识产权领域专家的指导和帮助。在本书付梓之际，我们诚挚地对田国民、杨瑾峰、张平、白生翔、朱翔华等领导、专家表示感谢。

正确认识并妥善处理工程建设标准的知识产权问题是一个复杂的系统工程。本书对此作了初步的研究和探索，希望能对有关研究和实践起到抛砖引玉的作用，并促进工程建设标准的知识产权问题合理、有效解决。由于能力和水平所限，本书还有很多不足之处，热忱欢迎各位读者批评指正。

联系邮箱：jiangbo-cabr@163.com。

目录

CONTENTS

第一部分
研究概况

1 引言

1.1 标准的专利问题

1996年，天津港湾工程研究所诉建设部综合勘察研究设计院专利侵权，该案引起了人们对标准涉及专利问题的关注。2001年，又出现陈国亮诉昆明岩土工程公司侵犯其《固结山体滑动面提高抗滑力的施工方法》专利权案件。2007年，季强、刘辉与朝阳市兴诺建筑工程有限公司专利侵权纠纷案又使工程建设标准的专利问题被推到了风口浪尖，虽然案件最终按照最高人民法院回函的原则处理，但工程建设标准的专利问题并没有得到根本的解决。近些年，在工程建设部分技术领域，如地基施工技术、节能保温技术等，涉及专利的标准数量逐渐增多，而且一旦引起法律纠纷，社会、经济等各方面的影响很大。

标准和专利存在本质的区别。标准强调公权，专利注重私权；标准技术具有通用、成熟、广泛使用、无偿使用的特点，而专利具有专有性、排他性、地域性和时间性的特点。然而，随着技术的快速发展，标准和专利之间的联系越来越密切，从主观和客观上，两者都具备了结合的因素和条件。

主观方面，专利权人从获得最大利益出发，具有很强的将专利纳入标准的积极性。在经济全球化、国际竞争日益激烈的今天，无论是国家还是企业，都应该清醒地认识到，知识产权是知识的权利化、资本化，技术标准是技术成果的规范化，知识产权比知识本身更重要，技术标准化比技术本身更重要。专利与标准结合，能给专利权人带来更多的对外许可的机会，尤其是与国际标准的结合，更是能一定程度地突破专利的地域性甚至时间性。所以，诸多企业追逐“技术专利化—专利标准化—标准许可化”，通过最终标准的许可化，为企业创造更大的经济利益。

客观方面，越来越多的新技术被专利保护起来，尤其是在某些高新技术领域，标准的核心技术可能大都被专利技术覆盖，标准可能已经没有多少通用技术可以采集，标准技术和专利技术重叠的部分将越来越多（图1.1），标准已经很难回避专利而独立发展。

当标准不可避免要纳入专利时，如何理顺标准与专利的关系？如何避免相关司法纠纷？如何进行相关制度设计，促进标准涉及专利事务管理制度的完善？如何在维护社会公共利益、保证社会公平、遏制专利权滥用的前提下，将拥有自主知识产权的技术分类别、有步骤地纳入工程建设标准，增强我国工程建设标准的核心竞争力？

1.2 标准的版权问题

标准是一种特殊的技术文件，它是标准编制者智力活动的结果。理论上，对标准这

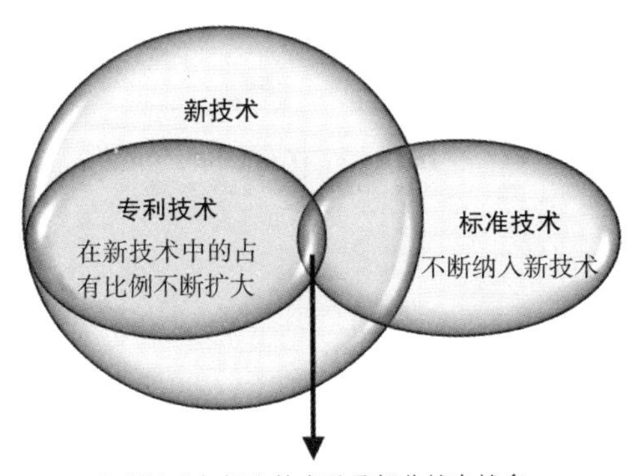

图 1.1　标准、专利、新技术的关系

种智力成果通过版权形式保护是必要的。但是在我国，在《标准化法》和《著作权法》已经实施多年并逐步完善的情况下，对于标准的著作权（版权）问题，包括工程建设标准的版权问题依然没有明确的定论，具体问题如下：

强制性标准的版权问题。强制性标准是具有技术法规性质的文件，如果它有著作权，那么从财产权的实现角度，公共权力转化为经济效益，这是不合理的。

标准的正式解释权如何行使问题。如果授权或指定给标准编制单位行使，那么这部分权利如何保护？保护的范围有多大？是否有权排除其他一切主体的解释行为？对标准进行解释是否可以收费？

标准内容错误的责任问题。如果标准编写出现技术内容错误，或者标准解释错误，那么造成的损失由谁承担？

标准发行带来的收益不能体现到标准研究和编制中的问题。如何通过标准著作权的明确，将标准发行带来的收益回馈到标准研究和编制中？

标准的专有出版权问题。工程建设标准的专有出版权是否合理？对于标准的专有出版权现在多有争议，很多学者认为著作的专有出版权应该是由著作人原始享有的，出版社应该是以合同方式继受。因此，出版社不应该享有著作权意义上的专有出版权，这与现实情况又是矛盾的。

1.3　标准与商标、标志问题

标准的标志以及标准衍生标志有很多种，例如标准的代号、标准的编号、标准出版的标志、标准认证标志、指示标准管理机构的服务标志、标准化组织的标志等。这些标志可以是文字、图形、字母、数字及其组合的形式或是其他形式。一般来说，注册商标应该是保护标志最好的方法，但目前我国工程建设标准主管部门并没有将标准相关标志注册为商标。如何更好地使用标准标志？是否有必要将相关标准注册为商标进行保护？

2 课题研究[1]

2.1 立项背景

工程建设标准的制定、组织实施和实施监督中不断出现和涉及知识产权问题。技术标准与专利结合后，专利通过技术标准的放大作用，在技术标准实施过程中容易产生垄断等限制竞争、损害社会公共利益的后果。同时，强制性标准和推荐性标准的版权、标准专有出版权、标准正式解释权的行使、标准标志保护等标准著作权、商标权相关问题依然没有明确的定论和可行的措施。正确认识并协调处理工程建设标准与知识产权的关系具有重要的理论和现实意义。

技术标准和专利权、著作权、商标权等知识产权在经济、法律和社会属性上明显不同。技术标准以促进最佳社会效益为目的，追求公开性、公平性、普遍适用性，制定标准化的技术规则供实施应用；知识产权使用的前提条件是获得许可，不允许未经许可而实施应用。国际标准化组织和发达国家标准化组织普遍建立了技术标准的专利政策、版权政策、商标政策。在我国，技术标准的知识产权政策研究尚处于起步阶段。作为贸易技术壁垒的重要组成部分，技术标准是保护民族产业和促进对外贸易发展的重要手段。我国加入世界贸易组织（WTO）以后，标准化和知识产权保护工作与国际接轨已成为必然要求。《国家中长期科学和技术发展规划纲要（2006—2020年）》、《国家知识产权战略纲要》等重要文件中均体现了促进标准与专利结合的战略导向。实施知识产权战略和技术标准战略已经成为重要的国家战略。

为研究探索工程建设标准与知识产权结合的必要性、可行性及具体路径，建立工程建设标准的知识产权政策措施，住房和城乡建设部设立了一系列课题（3项课题），针对工程建设标准的专利问题、版权问题以及商标标志问题进行宏观研究。

2.2 研究技术路线

课题研究利用调查研究、综合分析、实证研究等方法，从法律、政策、经济、技术等角度，对标准与知识产权的关系进行深入分析，系统研究标准与知识产权有机结合的必要性、可行性及具体路径，形成一系列有应用价值的研究成果，并积极转化为政策文件和具体的管理办法，进行推广应用。

课题技术路线见图2.1，具体介绍如下。

[1] 程志军，姜波等．工程建设标准的知识产权问题研究[J]. 建设科技，2017（20）.

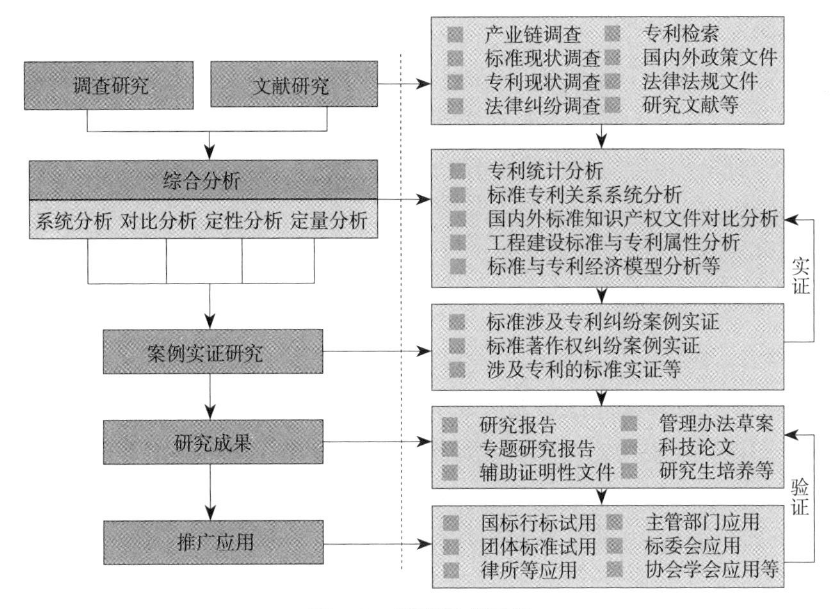

图 2.1 课题技术路线

（1）调查研究

开展下列调查研究和文献研究，为课题综合分析提供丰富确凿的客观材料。

1）我国工程建设标准化过程的产业链调查；

2）国内外标准化组织的专利权、著作权、商标与标志保护政策及实施情况调查，世界知识产权组织相关政策及实施情况调查；

3）国内外技术标准、专利、著作权、商标与标志相关法律法规调查；

4）国内外工程建设标准涉及知识产权的相关研究文献检索；

5）固定建筑物类专利检索与工程建设领域专利专项检索；

6）涉及专利的工程建设标准情况及其引起的法律纠纷调查；

7）国外专利标准化战略调查。

（2）综合分析

基于调查研究阶段获得的素材，课题利用系统分析、对比分析、定性分析与定量分析等方法，进行了标准与专利关系的系统分析、工程建设领域专利的统计分析、标准纳入专利的经济性分析、国内外标准化组织知识产权政策对比分析等工作，总结了系统内在运行的规律及相关要素相互作用关系，最后提出了解决标准的专利问题的可行方案。

（3）实证研究

结合涉及专利的工程建设标准情况及其引起的法律纠纷调查工作，对案例进行充分的剖析，总结相关因素及相关利益方之间的关联关系，分析得出实践中标准涉及专利引起的法律纠纷的普遍特点，进一步证明了综合分析部分得出结论的科学性和方案的可行性。

（4）形成研究成果并推广应用

对以上研究工作进行归纳总结，完成了研究报告、专题研究报告，相关管理办法草案，公开发表的科技论文 20 余篇，培养研究生 1 名。研究成果已转化成政策文件，并在工程建设标准化管理工作以及相关法律纠纷处理中进行了应用，效果良好，进一步验证了成果的适用性和科学性。

2.3 课题主要研究内容

2.3.1 我国工程建设标准现状

（1）我国工程建设标准管理体制研究

课题基于知识产权视角，对工程建设标准化的行政管理、技术管理、标准编制及出版发行、标准化服务、标准体制改革、标准国际化战略等具体问题进行了深入分析，总结了我国工程建设标准及其涉及专利问题的特点：

• 工程建设标准一般都是法定标准，事实标准很少；

• 工程建设标准的技术内容相对稳定，技术可代替性强；

• 工程建设项目对标准的依赖性大；

• 专利进入工程建设标准的积极性高；

• 标准管理部门不鼓励专利进入标准；

• 专利进入标准的方式隐蔽。

（2）工程建设标准化过程的产业链研究

课题从工程建设领域产业上游到下游各相关环节的供需链、企业链、空间链和价值链四个维度，对全过程的产业链进行深入研究，得出产业链形成的内在规律、演变规律以及对标准涉及知识产权问题的影响。

（3）基于生命周期的标准研究

基于产品生命周期理论，项目构建了技术标准从新产品（技术）产生、制订技术标准、技术标准升级与成熟三个阶段的曲线模型。结合标准运行曲线，分析了标准化战略及专利标准战略的作用。

（4）标准与专利结合的趋势及必然性

从主观与客观方面分析了专利和标准结合趋势与必然性，得出以下结论：

• 客观上，新技术往往被专利保护起来，尤其是在信息技术领域，标准技术与专利技术重叠越来越多，标准已经很难回避专利独立发展；

• 主观上，专利与标准结合能给专利权人带来巨大的市场竞争优势，尤其是与国际标准的结合能突破专利的地域性甚至时间性，因此诸多企业追逐“技术专利化—专利标准化—标准许可化”，为企业创造更大的经济利益。

（5）标准与专利结合对技术创新的影响

结合现代技术生命周期迅速缩短、系统化、网络化的特点，对标准与专利结合对技术创新的影响进行分析，得出以下结论：

• 新技术之间不再孤立，而是形成了一个互相依赖、互相作用的网络，标准涉及的专利常以专利族的形式出现；

• 当标准与专利结合时，如果专利权人利用对标准的控制地位不适当地扩张其专利权，获得并维护市场垄断地位，那么新的技术很难产生，即使开发出了新的技术，也很难打破原有标准及技术对市场的控制；

• 专利与标准结合方式很重要，可采取开放的知识产权战略，不通过专利而是用其他途径获利，或采取措施对进入标准的专利权进行一定程度的制约，则可为市场提供更多创新的机会。

（6）工程建设标准的法律属性

标准的法律属性是其知识产权问题研究的基本问题，但国内对工程建设标准的法律属性仍未深入研究和明确界定。课题基于《立法法》，从编制（立法）程序、表现形式、发布主体、是否对公民设定强制性义务、执行效力来源等角度对法律法规、强制性标准、推荐性标准、团体标准进行对比分析，明确了以下结论：

• 强制性标准不属于正式的法律渊源；强制性标准是没有“法的形式”、但具有“法的义务”的技术规范；强制性标准应当属于非正式的法源之“规章以下的文件”；

• 推荐性标准是推荐性的技术规范（与社会规范对应），在特定条件下具有一定的强制性；

• 我国团体标准是完全意义上的自愿性标准。

2.3.2　我国工程建设领域专利现状

（1）我国专利制度研究

课题从专利保护的主体和客体、专利权人的权利和义务、专利的申请和审批流程、专利执法、专利申请和授权、专利服务等方面对我国专利制度进行了研究，总结了我国专利在数量、技术含量、市场价值、科研成果转化方面的特点，分析了专利制度现存的问题以及对解决标准涉及知识产权问题带来的困难。

• 专利制度现存的问题，如过度政策激励、专利宣传误区、审批监管不严等问题对标准纳入专利造成了较大障碍；

• 实用新型专利由于不作实质审查，被授权的实用新型专利能否符合专利“三性”并不能保证，对标准纳入专利可能造成严重风险。

（2）固定建筑物类专利调查分析

项目组开发了专利统计软件，对固定建筑物类专利数量、专利地域分布、专利申请主体、专利纠纷情况、国外在华专利申请进行了检索与统计，得出了我国固定建筑类专利的特点：

• 专利总量大；

• 总体质量不高；

• 实施转化能力不强；

• 分布不均衡；

• 专利纠纷数量增加趋势明显等。

（3）工程建设领域专利的专项检索

利用关键词检索，对我国工程建设领域发明专利中的方法专利进行专项检索，并对工程建设领域主要申请人及发明人情况进行检索，分析了相关专利的特征及相关影响，得出以下结论：

• 较多低含金量的专利存在，不利于专利进入标准；

• 专利资源跟踪、分析、服务不到位，不利于有标准化价值专利的认定；

• 国外专利在我国跑马圈地，对我国专利标准化发展战略造成潜在威胁。

（4）基于专利标准化视角的专利制度完善

结合我国专利制度现状研究和固定建筑类专利相关检索分析，提出了基于专利标准化视角的专利制度改进建议：

• 完善专利审查制度；

• 完善专利司法和行政执法程序；

• 规范专利中介服务机构市场秩序；

• 加强各行业专利跟踪服务工作；

• 加强专利队伍建设和人才资源开发；

• 开拓专利国际合作新局面；

• 加强行业主管部门之间的合作。

（5）涉及专利的标准调研

对三大国际标准化组织及我国国家标准涉及专利的标准情况进行了调研和分析，得出以下结论：

• 相关标准化组织的标准并未大规模涉及专利；

• 标准中纳入专利较多地出现在信息技术等高新技术领域；

• 国际标准化组织普遍建立了标准涉及专利数据库。

（6）工程建设标准与专利的结合方式分析

对工程建设领域涉及专利的标准情况进行了调研，对其中典型的标准进行分析，得出了标准与专利结合的主要方式：

• 标准技术包含专利的全部技术特征；

• 标准技术包含专利的部分技术特征；

• 标准技术不包含专利的技术特征，尽管标准不直接涉及专利的技术特征，但通过技术指标要求设置也可能会指向特定的专利。

（7）案例分析

为了更深入地理解标准与专利之间的关系，课题组收集了工程建设领域内涉及标准的专利纠纷案例，对其中有代表性的案例进行多方位的分析，系统总结了相关纠纷案件的普遍特点以及司法部门处理涉及标准的专利纠纷的态度和原则。主要包括以下几个方面：

• 专利权人未经披露将其专利纳入标准却事后主张权利；

• 强制性标准涉及专利；

• 将专利纳入标准而专利权人不知情；

• 将公知技术申请为专利；

• 专利侵权人的判定较为复杂和困难；

• 专利在标准图中的披露深度不足。

2.3.3　国外标准涉及专利的政策

（1）国际和国外标准化组织的专利政策研究

根据国际和国外标准化组织的立足点不同，将国际和国外标准化组织的专利政策分为公益性标准化组织与营利性行业标准化组织两大类进行对比分析，总结了相关政策的普遍特点和主要差异：

• 普遍特点：允许纳入专利，但需进行专利披露，并签署专利许可声明等。

• 主要差异：前者是标准之专利，后者是专利之标准。前者力求以最小的成本集体使用该项专利技术。这类标准化组织一般不介入专利纠纷处理，但要求专利权人签署专利（免费）合理公平无歧视许可声明等；而后者，站在企业或者团体利益的立场上，主观上积极将专利转化为标准，通过专利进入标准为企业或团体创造更大的经济利益。这类标准组织很可能采用专利池、集中许可等方式介入专利事务处理。

（2）世界知识产权组织相关文件分析

对世界知识产权组织发布的关于标准涉及专利问题的相关文件进行分析，考察其对标准化制度和专利制度协调问题的基本立场。世界知识产权组织提出了防止冲突发生的可行机制，包括标准制定组织建立专利政策、专利池等。

2.3.4　标准与专利的关系

（1）标准和专利的性质与法律特征

从公权、私权的角度分析了标准与专利的法律特征，从先进性、实用性、公开性角度分析了标准与专利的共性，从科学性、成熟性、新颖性角度分析了两者的差异，最后基于标准化制度与专利制度的设置目标的对比分析，得出了标准与专利的最佳结合点，提出了工程建设标准涉及专利的制度设计的指导思想：

• 在维护专利权人基本权利的条件下，尽最大可能保护公众和社会公共利益，增进社会总体福利，促进标准制度与专利制度的最终目标的实现。

（2）标准与专利结合的经济分析

项目根据标准中的“专利实施”是否具有强制性以及专利与标准的结合是否导致使用者（消费者）产生“路径依赖”，展开相应的福利效应分析，得出标准纳入专利后的社会总收益，论证标准纳入专利的经济合理性。标准与专利的经济关系分析支持以下结论：

• 专利纳入标准应首先选择能够大幅减少成本、降低产品价格的重大发明；

• 对于标准中的专利定价和实施应当坚持合理且无歧视条件的原则；

• 标准中对专利产品或技术的引入应当坚持与时俱进的原则，及时淘汰“过时”专利技术。

（3）标准与专利的结合与反垄断法

专利权具有专有性和排他性，是一种合法的垄断权，而反垄断问题是现代市场经济秩序的核心问题之一。国内对于《反垄断法》是否适用于标准涉及专利问题存在一定争议。项目从法理角度对标准与专利的结合和反垄断法的关系进行了研究，分析了两者的一致性和冲突性。研究证明以下结论：

• 我国《反垄断法》对标准与专利结合可能产生的垄断问题具有适用性。

（4）标准与专利的结合与合同法

对标准化组织知识产权政策文件的性质和法律作用进行分析，证明了以下结论：

• 知识产权政策中的合理无歧视许可声明等相关文件符合合同要件，属于“合同”性质文件；

• 合理无歧视许可声明属于居间合同，合同的一方是专利权人，另一方是标准使用者，而标准化组织处于居间地位。

（5）标准和专利的结合与贸易技术壁垒

国际经济竞争正在由资本竞争向技术竞争转变，其核心正逐步演变为专利和标准的竞争。课题结合国内外目前的发展趋势，研究将拥有我国自主知识产权的技术通过合理的方式纳入工程建设标准，突破国外专利和技术标准壁垒，增强我国标准的核心竞争力的有效策略。

2.3.5 工程建设标准专利政策分析与建议

（1）标准纳入专利的原则

针对不同类型工程建设标准的属性和特点，结合“标准与专利关系”研究提出的工程建设标准涉及专利制度设计的指导思想，利用权益平衡原则分析处理包含专利的标准中的法律权益冲突。通过维护公权、保护私权、规制私权等权益平衡的具体方法，公正和适当地分配权利和义务，实现对社会资源最合理的配置。得出以下工程建设标准纳入专利的原则：

• 强制性标准具有技术法规地位，平衡专利权人的私权益和重大公权益的天平应更多倾向于重大公权益的保护，因此这类标准尽量不纳入专利。

• 我国工程建设推荐性标准区别于一般意义上的自愿性标准，现阶段在一定条件下也具有强制色彩，因此应用权益平衡原则时相对偏重对公权益的维护，对进入标准的专利可采用专利披露、专利许可声明等方式合理规制。

• 团体标准可根据标准定位和目的设置权益平衡点，可以选择适当偏向公权或偏向私权。一旦专利权应用过度，可以通过反垄断法、合同法等法律限制其权利的使用，以保证标准的公权。

• 企业标准的专利政策制定自由度较大。在权益平衡原则应用上，企业可尽可能发挥标准与专利结合的优势。

（2）必要专利的认定

结合工程建设标准的自身特点，对必要专利的性质、获取方式以及认定方式进行了研究。研究支持以下结论：

• 必要专利不但要考虑技术上的必要性，也要考虑商业上的必要性；

• 应当开展适当的检索以更为全面地获取必要专利，宜选择专利服务机构进行必要专利检索；

• 应将标准中涉及的专利信息公开。

（3）工程建设标准纳入专利的全过程管理

针对工程建设强制性标准、推荐性标准，研究提出了标准立项、征求意见、送审、报批、发布、维护、废止等阶段工程建设标准纳入专利的全过程管理方案，以及以下特殊问题的处理方法和原则：

• 法律法规、强制性标准、推荐性标准互相引用时，专利问题的处置原则；

• 标准涉及申请中的专利，以及标准中涉及的专利发生转移时，专利问题的处理方法；

• 标准采标过程中涉及专利问题的注意事项。

2.3.6 工程建设标准的著作权问题

（1）国际和国外标准化组织的版权政策研究

对比分析国际标准化组织（ISO）和国际电工委员会（IEC）以及欧洲三个标准化组织（CEN、CENELEC、ETSI）的版权政策，从国家文化、标准化体制、标准的领域范围等角度论证了标准化组织的版权制度存在较大差别的原因。

（2）著作权法对标准的适用性分析

通过对著作权保护客体的深入分析，将思想与表达两分法原则作为研究标准的著作权保护客体范围的方向和维度，论证了著作权法对标准的适用性。研究成果证明以下结论：

• 标准的草拟和制定并不是对这些成果事实的简单重述，而是需要进行整理和综合，需要付出创造性劳动，是智力活动的成果，具备独创性的基本因素，标准的内容也具有可复制性的特性。因此，从著作权法的角度看，标准可以构成著作权法意义上的作品，是著作权的保护对象。

（3）强制性标准的著作权问题

论证了工程建设强制性标准的属性，证明了以下结论：

• 工程建设强制性标准属于著作权法中“法律、法规，国家机关的决议、决定、命令和其他具有立法、行政、司法性质的文件”，是著作权法排除的对象，不受著作权法保护。

（4）推荐性标准的著作权问题

论证了工程建设推荐性标准的属性，证明了以下结论：

• 工程建设推荐性标准不属于“立法、行政、司法性质的文件”，不属于著作权法排除的对象，受著作权法保护；

• 围绕主管部门在标准作品创作过程中的作用是归属于“为他人创作进行组织工作，提供咨询意见、物质条件，或者进行其他辅助工作，均不视为创作”，还是归属于“由法人或其他组织主持、代表法人或其他组织意志创作，并由法人或其他组织承担责任的作品，法人或其他组织视为作者。”这一核心问题，对推荐性标准著作权是属于标准编制单位或个人还是国家有关部门的问题进行了多方位论证，得出了著作权应归国家有关行政部门所有的结论；

• 通过合同约定或重申工程建设推荐性标准的著作权归属，同时保证标准编制单位或个人署名权，可有效解决推荐性标准著作权权属问题。

（5）条文说明的著作权问题

分析工程建设强制性标准条文说明、推荐性标准条文说明、包含强制性条文和条文说明的全文强制标准单行本、包含强制性条文以及非强制性条文的标准单行本的著作权问题，得出以下结论：

• 工程建设强制性标准的条文说明主要作用是说明正文规定的目的、理由、主要依据及注意事项等，虽然依附于强制性标准出版，但并不具备强制性标准条文的性质，属于受著作权法保护的对象；

• 推荐性标准条文说明受著作权法保护；

• 全文强制标准单行本和包含强制条文、非强制性条文的标准单行本，从整体上来说应受到著作权法保护，但其中强制性条文部分不受著作权法保护。

（6）案例分析

对“中国标准出版社与中国劳动出版社著作权侵权纠纷案”等典型案例进行分析，根据法院判决结果，进一步验证了项目分析的结论：

• 强制性标准不属于著作权法保护的范围，推荐性标准属于著作权法保护的范围。

2.3.7 工程建设标准标志与商标保护

（1）商标法律制度

研究巴黎公约、马德里体系、与贸易有关的知识产权协议等国际条约中关于标志与商标保护的有关条款，研究美国和欧共体商标法律制度，研究我国商标权主体、商标权客体、注册商标与未注册商标、注册商标种类等商标法律制度，提出了将工程建设标准相关标志分类注册为商标的优势及措施。

（2）国际国外标准化组织的相关政策

调研国际标准化组织（ISO）、美国国家标准学会（ANSI）、行业标准化组织或事实标准的所有者（如DVD领域的3C、6C和MP3等组织）的商标、标志管理模式，分析不同类型标准化组织商标、标志保护的特点，以及标准化组织都非常重视标准商标、标志保护的原因。

（3）标准代号和编号、出版标志、认证标志

对工程建设国家标准、行业标准、地方标准和协会标准常见的标准标志进行分析，并从商标法的角度分析是否有商标化的必要，提出充分利用商标法保护标准标志的具体措施。

• 标准代号和编号不宜申请为商标；
• 标准出版物标志可申请为商标；
• 标准认证标志可注册为证明商标，但强制性标准认证标志不能注册为商标；
• 团体标准可以考虑注册集体商标或证明商标。

2.4　课题研究成果与实施效果

（1）通过课题研究提出了工程建设国家标准、行业标准、地方标准与专利结合的协调机制，并将成果转化为住房和城乡建设部文件《工程建设标准涉及专利管理办法》。管理办法在征求意见过程中受到国务院有关部门、各地方建设厅、行业学会协会、相关企业的充分肯定，并已发布，用于工程建设标准的立项、编制、实施过程中涉及专利事项的管理。管理办法完善了工程建设标准化管理制度，有利于提高工程建设标准整体水平。

（2）提出了工程建设团体标准与知识产权相互融合的策略、方法，中国土木工程学会标准与出版工作委员会参考相关研究成果制定了中国土木工程学会涉及专利的管理办法，建立了学会团体标准立项、编制、实施过程中涉及专利相关事项的全过程管理制度，形成了团体标准、专利与技术创新协同机制，推动了团体标准发展与技术进步。

（3）提出了标准化工作中处置专利事务的具体程序与方法，已在国家标准《混凝土结构工程施工规范》等具体标准规范编制过程中应用。应用结果表明，项目研究成果具有科学性和可操作性，是解决工程建设标准的专利问题的有效方法，对促进创新技术成果转化、提高工程建设标准技术水平、促进行业技术进步具有重要作用。

（4）深入分析了标准与专利之间的法律关系，研究成果为合理处理相关的法律事务提供了技术支持（已在部分法律事务所工作中实践），有利于避免相关法律纠纷，降低法律风险，减少经济损失。

（5）对工程建设标准相关的著作权及标志与商标保护等问题进行了探索性、开拓性研究，奠定了相关理论研究基础，提出了相关政策建议，具有重要的理论价值和参考作用。

3 本书内容简介

本书是相关课题研究成果的节选。

本书分为四部分，主要内容如下：

第一部分为研究概述，主要介绍研究背景以及相关课题研究情况，并简述本书内容。

第二部分为我国工程建设标准的知识产权问题研究，主要内容如下：

（1）工程建设标准涉及专利问题现状。基于对我国工程建设标准化工作现状的调研，分析了工程建设标准的特点及其知识产权问题的特殊性，对相关知识产权问题进行了初步探讨。

（2）标准涉及专利问题的理论分析。围绕标准与专利的基本理论，对两者之间的关系进行了系统、深入的分析，包括标准与专利的共性和差异、标准与专利结合的正当性、标准实施与专利权的冲突、标准与专利结合的经济分析、标准与专利的结合与反垄断法、标准与专利的结合与技术贸易壁垒、标准化组织纳入专利行为的法理准则等。

（3）工程建设标准涉及专利的政策建议。结合前文的分析结论，提出了工程建设标准涉及专利问题的政策建议，以及工程建设标准纳入专利的全过程管理的途径和方法。

（4）工程建设标准的著作权问题研究。结合我国《著作权法》等法律法规的规定和工程建设标准的实际情况，对工程建设强制性标准、推荐性标准是否受著作权法保护、其著作权归属等问题进行了分析研究，提出了相应观点。

（5）工程建设标准标志和商标保护。对工程建设标准的三种常见标志（标准代号和编号、出版标志、认证标志）进行分析，研究将其注册成商标加以保护的必要性和可能性，并提出了有关建议。

第三部分为工程建设涉及知识产权的案例分析。选择了部分近年来在工程建设标准编制、实施过程中涌现出来的著作权、专利权相关案例进行简要分析。这些案例既有涉及工程建设标准、标准设计的专利纠纷，又有著作权侵权纠纷案例，从不同侧面、不同角度反映了涉及标准的专利纠纷案例判决现状。案例分析主要基于标准化视角，而不是进行专利侵权判定分析，因此从专利分析角度来说仍有许多未尽之处。

第四部分为《工程建设标准涉及专利管理办法》及相关法律法规、政策文件。

第二部分
工程建设标准的知识产权问题研究

4　工程建设标准化现状

4.1　标准化概述

4.1.1　基本概念

（1）标准

通俗地讲，标准就是在特定的地域和年限里对其对象做出的“一致性”规定。标准的规定与其他规定有所不同，标准的制定以科学技术和实践经验的综合成果为基础。标准是“协商一致”的结果，标准的制定和发布具有特定的过程和形式。

标准是一个不断发展变化的概念。最初，标准主要是关于有形物的质量和性能的规定。随着技术的发展，标准的范围越来越宽，内容也越来越丰富。早期关于标准的定义见桑德斯在 1972 年发表的《标准化目的与原理》，定义为“经公认的权威机构批准的一个标准化工作成果，它可以采用以下形式：文件形式；内容是记述一系列必须达成的要求；规定基本单位或物理常数，如安培、米、绝对零度等”。

现代标准由于较多地涉及了专利、标志等知识产权的内容，必须考虑到其公用性与私有权益的平衡，因此更加强调标准的社会效益，即公益性。国际标准化组织（ISO）的标准化原理委员会（STACO）一直致力于标准化基本概念的研究，先后以指南的形式对标准作了定义。ISO/IEC 指南 2—1991《标准化和有关领域的通用术语及其定义》对标准的定义如下：为在一定的范围内获得最佳秩序，对活动和其结果规定共同的和重复使用的规则、指导原则或特性文件。该文件经协商一致制定并经一个公认机构批准。这一定义就强调了标准的公益性，认为标准应以科学、技术和经验的综合成果为基础，以促进最佳社会效益为目的[1]。《世界贸易组织贸易技术壁垒协定》（Agreement on Technical Barriers to Trade of The World Trade Organization，WTO/TBT 协定）附录 1 将“标准”定义为：“经公认机构批准的、规定非强制执行的、供通用或重复使用的产品或相关加工和生产方法的规则、指南或特性的文件。该文件包括或专门规定用于产品、加工或生产方法的术语、符号、包装、标志或标签要求。”

我国关于标准的定义见 GB/T 20000.1—2014《标准化工作指南 第 1 部分：标准化和相关活动的通用术语》：通过标准化活动，按照规定的程序经协商一致制定，为各种活动或其结果提供规则、指南或特性，供共同使用和重复使用的文件。该定义与 ISO/IEC 指南 2—1991《标准化和有关领域的通用术语及其定义》对标准的定义是一致的。该文件也明确指出，标准宜以科学、技术和经验的综合成果为基础，以促进最佳的共同效益为目的。

[1] 胡波涛．标准化与知识产权滥用规则 [D]．武汉：武汉大学硕士学位论文，2005.

（2）标准化

标准化是在经济、技术、科学及管理等社会实践中，对重复性事物和概念通过制定、实施标准，达到统一，以获得最佳秩序和社会效益的过程。标准化是实现社会化、集约化生产经营活动的重要技术基础，是加快技术进步、推进技术创新、加强科学管理、提高产品质量的重要保证，是协调社会经济活动、规范市场秩序、联结国内外市场的重要手段。

GB/T 20000.1—2014《标准化工作指南 第1部分：标准化和相关活动的通用术语》中对标准化的定义是：为了在一定范围内获得最佳秩序，对现实问题或潜在问题制定共同使用和重复使用的条款的活动。该定义注解中明确标准化的主要作用在于为了其预期目的改进产品、过程或服务的适用性，防止贸易壁垒，并促进技术合作。除标准制定外，标准化活动主要还包括标准实施、实施监督。

（3）工程建设标准

工程建设标准是为在工程建设领域内获得最佳秩序，对各类建设工程的勘察、规划、设计、施工、安装、验收、运营维护及管理等活动和结果需要协调统一的事项所制定的共同的、重复使用的技术依据和准则，它经协商一致并由公认机构审查批准，以科学技术和实践经验的综合成果为基础，以保证工程建设的安全、质量、环境和公众利益为核心，以促进最佳社会效益、经济效益、环境效益和最佳效率为目的[1]。工程建设各类技术标准是建筑工业化、现代化的基础。随着我国现代化建设的发展，工程建设标准的数量成倍增长，这些标准为推广先进经验、提高工程质量、促进技术进步、提高投资效益，为推动我国现代化建设发挥了重要的作用。

（4）工程建设标准化

工程建设标准化是为在工程建设领域内获得最佳秩序，对实际的或潜在的问题制订共同的和重复使用的规则的活动[2]。现代建筑工业的生产是建立在以技术为主体的社会化大生产，它不仅有复杂的机械设备和配套系统，而且建筑材料及其性能也十分复杂。工程建设从勘察设计到竣工验收都具有高度的科学性和技术性。现代建筑工业不仅规模大，而且劳动分工细、协调关系复杂。它和传统建筑营造业相比所具有的这些特点，决定了建筑业企业要有效地进行生产经营活动，就必须搞好标准化工作。工程建设标准化是贯穿于建筑业企业科研、设计、生产、材料流通和使用各个环节的纽带和桥梁，是衡量建筑业企业生产技术和经营管理水平高低的一个重要尺度。

4.1.2 我国标准及工程建设标准的分类

（1）按标准属性分类

1）强制性标准

标准的属性，通常是指法律属性，即标准本身是否具有法律上的强制作用，即强制

[1][2] 杨瑾峰．工程建设标准化实用知识问答（第二版）[M]．北京：中国计划出版社，2004.

性或推荐性。

ISO/IEC 指南 2—1991《标准化和有关领域的通用术语及其定义》中的强制性标准的定义是对世界各国有关强制性标准的定义和概念的综合。该指南对强制性标准的定义是:“根据一般法律或条例中的排他性引用，使其应用为强迫性的一种标准”。排他性引用（标准）表明满足法律或条例有关要求的唯一方法是遵守所引用的标准。这种排他性引用实际上就是规定强制执行的标准[1]。

1988 年 12 月 29 日，第七届全国人民代表大会常务委员会第五次会议通过《中华人民共和国标准化法》(以下简称《标准化法》)。《标准化法》将国家标准和行业标准分为强制性标准和推荐性标准。在《标准化法》颁布之前，也就是从中华人民共和国成立到 1988 年，我国的标准都由政府部门确定的标准化核心机构负责起草，一经发布，都是强制性的标准。这种技术标准的管理运行模式是计划经济体制的产物，具有明显的计划经济特征:一元化领导和集中式管理，以行政指令为基本管理手段。

根据《标准化法》的规定，保障人体健康，人身、财产安全的标准和法律、行政法规规定强制执行的标准是强制性标准，其他标准是推荐性标准。强制性标准，必须执行。不符合强制性标准的产品，禁止生产、销售和进口。工程建设的质量、安全、卫生标准及国家需要控制的其他工程建设标准属于强制性标准。

我国的强制性标准地位相当于国外的技术法规。《贸易技术壁垒协议》(WTO/TBT)中的技术法规指:强制执行的规定产品特性或者相应加工和生产方法（包括可使用的行政或者管理规定在内）的文件。技术法规也可以包括或者专门规定用于产品、加工或生产方法的术语、符号、包装、标志或者标签要求。根据加入世界贸易组织前我国多次与世界贸易组织谈判的结果，我国制定的强制性标准与技术贸易壁垒协定所规定的技术法规是等同的，我国制定的推荐性标准与贸易技术壁垒协定所规定的技术标准是等同的。按照 WTO/TBT 的规定，只有基于保障国家安全、防止欺诈、保护人体健康和人身财产安全、保护动植物生命健康、保护环境等理由才能制定和实施技术法规。我国的强制性标准主要包括“保障人体健康，人身、财产安全”方面的内容，定位与 WTO/TBT 基本一致。

但需要注意的是，我国《立法法》并无关于技术法规的规定，技术标准的形式和实质内容又不同于法律规范，而且我国强制性标准数量众多、内容宽泛，因此，在我国其并不是法律意义上的技术法规。

2）推荐性标准

推荐性标准是指导性标准，国家鼓励企业自愿采用。我国的推荐性标准基本上与 WTO/TBT 对标准的定义接轨，即“由公认机构批准的，非强制性的，为了通用或反复使用的目的，为产品或相关生产方法提供规则、指南或特性的文件。标准也可以包括或

[1] 文松山 . 推荐性标准在一定条件下具有强制性——同《推荐性标准是否具有强制性》一文商榷 [J]. 中国标准化，1996,(8).

专门规定用于产品、加工或生产方法的术语、符号、包装标准或标签要求”。

推荐性标准是一种自愿采用的文件。推荐性标准由于是协调一致文件，较少受到政府和社会团体的干预，能更科学地规定特性或指导生产，《标准化法》鼓励企业采用推荐性标准。

工程建设标准是我国标准的一种类型，包括工程建设强制性标准和工程建设推荐性标准。以下分别进行讨论：

a）工程建设强制性标准

《中华人民共和国标准化法实施条例》规定：工程建设的质量、安全、卫生标准及国家需要控制的其他工程建设标准是强制性标准。《工程建设国家标准管理办法》规定：下列标准属于强制性标准：（一）工程建设勘察、规划、设计、施工（包括安装）及验收等通用的综合标准和重要的通用的质量标准；（二）工程建设通用的有关安全、卫生和环境保护的标准；（三）工程建设重要的通用的术语、符号、代号、量与单位、建筑模数和制图方法标准；（四）工程建设重要的通用的试验、检验和评定方法等标准；（五）工程建设重要的通用的信息技术标准；（六）国家需要控制的其他工程建设通用的标准。《工程建设行业标准管理办法》规定，下列标准属于强制性标准：（一）工程建设勘察、规划、设计、施工（包括安装）及验收等行业专用的综合性标准和重要的行业专用的质量标准；（二）工程建设行业专用的有关安全、卫生和环境保护的标准；（三）工程建设重要的行业专用的术语、符号、代号、量与单位和制图方法标准；（四）工程建设重要的行业专用的试验、检验和评定方法等标准；（五）工程建设重要的行业专用的信息技术标准；（六）行业需要控制的其他工程建设标准。

2000年，建设部发布《实施工程建设强制性标准监督规定》（建设部令第81号），规定在我国境内从事新建、扩建、改建等工程建设活动，必须执行工程建设强制性标准。该规定所称工程建设强制性标准是指直接涉及工程质量、安全、卫生及环境保护等方面的工程建设标准强制性条文，并对强制性标准的内容和形式做了具体规定。这也是对《建设工程质量管理条例》（和后来发布的《建设工程勘察设计管理条例》）中工程建设强制性标准的明确界定，确立了强制性条文的法律地位。按该规定，国家工程建设标准强制性条文由国务院建设行政主管部门会同国务院有关行政主管部门确定；国务院建设行政主管部门负责全国实施工程建设强制性标准的监督管理工作；国务院有关行政主管部门按照国务院的职能分工负责实施工程建设强制性标准的监督管理工作；县级以上地方人民政府建设行政主管部门负责本行政区域内实施工程建设强制性标准的监督管理工作。

建设部自2000年以来相继批准了《工程建设标准强制性条文》十五部分，包括城乡规划、城市建设、房屋建筑、工业建筑、水利工程、电力工程、信息工程、水运工程、公路工程、铁道工程、石油和化工建设工程、矿山工程、人防工程、广播电影电视工程和民航机场工程，覆盖了工程建设的各主要领域。《工程建设标准强制性条文》是在当时的工程建设标准体系的框架内，对工程建设强制性标准中属于《标准化法》中规定的强制性的条款进行摘编,形成一个可操作性强的“条文汇编”。《工程建设标准强制性条文》在工程建设技术管理制度的改革上，迈出了关键的，而且也是十分重要的一步，对我国建设市场的健康发展具有积极而深远的影响[1]。

为适应大量工程建设标准的制修订，工程建设标准主管部门先后组织专家对《工程建设标准强制性条文》进行了多次修订，并组织有关单位和专家对《工程建设标准强制性条文》（房屋建筑部分、城乡规划部分和城镇建设部分）进行梳理，对强制性条文作了层次划分和分类标注，初步建立了工程建设标准强制性条文体系框架。

2005 年，国家标准《住宅建筑规范》作为首部全文强制标准发布。其后，又相继发布了《城市轨道交通技术规范》、《城镇燃气技术规范》、《城镇给水排水技术规范》等全文强制标准。以建设活动过程为基础的强制性条文和以功能、性能为基础的全文强制标准两者有机结合，协同工作，共同构成了现阶段的工程建设强制性标准体系。

b）工程建设推荐性标准

我国工程建设标准中还有大量的推荐性标准，但是我国的工程建设推荐性标准也带有部分强制性的色彩，这和国际普遍意义上的标准不同。按照我国标准管理体制，国家标准、行业标准、地方标准都是由政府发布的。在标准化体制改革前，标准都是强制性的，受到社会广泛认可和接受；标准化体制改革后，工程建设标准虽被区分为推荐性标准和强制性标准两类，但是很多推荐性标准仍然被自觉地实施。当未执行推荐性标准而出现设计、施工质量问题时，仍然会被追究责任。而且，我国相关法律引用标准时也未明确是指强制性标准。例如，我国现行《建筑法》（1997 年公布）在《标准化法》后颁发，但通篇并未提及强制性标准，而是根据具体内容，规定应符合某方面的标准。其第三条规定，建筑活动应当确保建筑工程质量和安全，符合国家的建筑工程安全标准；第五十九条规定，建筑施工企业必须按照工程设计要求、施工技术标准和合同的约定，对建筑材料、建筑构配件和设备进行检验，不合格的不得使用。由此可见，相关法律法规并未引用强制性条文，而是泛引了相关工程建设标准。由于历史原因、强制性标准覆盖范围不够等因素的影响，我国推荐性标准也带有部分强制性的色彩。

（2）按标准级别分类

我国的标准分为四个级别：国家标准、行业标准、地方标准和企业标准。

1）国家标准

国家标准是需要在全国范围内统一的技术要求。工程建设国家标准是指在全国范围内需要统一或国家需要控制的工程建设技术要求所制定的标准。国家标准分为强制性标准和推荐性标准。

根据《工程建设国家标准管理办法》（建设部令第 24 号），对需要在全国范围内统一的下列技术要求，应当制定国家标准：

[1] 杨瑾峰 . 工程建设标准化实用知识问答（第二版）[M]. 北京：中国计划出版社，2004.

（一）工程建设勘察、规划、设计、施工（包括安装）及验收等通用的质量要求；

（二）工程建设通用的有关安全、卫生和环境保护的技术要求；

（三）工程建设通用的术语、符号、代号、量与单位、建筑模数和制图方法；

（四）工程建设通用的试验、检验和评定等方法；

（五）工程建设通用的信息技术要求；

（六）国家需要控制的其他工程建设通用的技术要求。

其中“（六）国家需要控制的其他工程建设通用的技术要求”是指对经济社会发展有重大意义、国家需要重点推动的技术内容，包括现阶段的环境保护、建筑节能等方面的技术要求。

2）行业标准

行业标准是没有国家标准而又需要在全国某个行业范围内统一的技术要求。行业标准分为强制性标准和推荐性标准。

根据《工程建设行业标准管理办法》（建设部令第 25 号），对没有国家标准而需要在全国某个行业范围内统一的下列技术要求，可以制定行业标准：

（一）工程建设勘察、规划、设计、施工（包括安装）及验收等行业专用的质量要求；

（二）工程建设行业专用的有关安全、卫生和环境保护的技术要求；

（三）工程建设行业专用的术语、符号、代号、量与单位和制图方法；

（四）工程建设行业专用的试验、检验和评定等方法；

（五）工程建设行业专用的信息技术要求；

（六）其他工程建设行业专用的技术要求。

国务院有关行政主管部门根据《标准化法》和国务院工程建设行政主管部门确定的行业标准管理范围，履行行业标准的管理职责。住房和城乡建设部主管的行业标准有城镇建设行业标准（代号 CJ）、建筑工业行业标准（代号 JG）。

3）地方标准

由于我国幅员辽阔，各地的自然条件、资源条件和生活习惯不同，有些技术要求不必要或一时不可能制定为国家标准或行业标准，因此有必要根据地方的特点制定地方标准。《标准化法》规定：对没有国家标准和行业标准而又需要在省、自治区、直辖市范围内统一的工业产品的安全、卫生要求，可以制定地方标准。地方标准由省、自治区、直辖市标准化行政主管部门制定，并报国务院标准化行政主管部门和国务院有关行政主管部门备案，在公布国家标准或者行业标准之后，该项地方标准即行废止。地方标准对于补充国家标准、行业标准的不足，促进地方经济发展起到很重要的作用。

2004 年，建设部发布《工程建设地方标准化工作管理规定》（建标 [2004]20 号），对工程建设地方标准管理机构及职责、制定和管理、实施与监督等作出规定。其中规定，工程建设地方标准项目的确定，应当从本行政区域工程建设的需要出发，并应体现本行政区域的气候、地理、技术等特点。对没有国家标准、行业标准或国家标准、行业标准规定不具体，且需要在本行政区域内作出统一规定的工程建设技术要求，可制定相应的工程建设地方标准。

4）企业标准

企业生产的产品如果没有国家标准、行业标准和地方标准的，应当制定相应的企业标准，作为组织生产的依据。对已有国家标准、行业标准或者地方标准的，鼓励企业制定严于国家标准、行业标准或者地方标准要求的企业标准，在企业内部适用。企业有制定企业标准的自主权，由企业法人代表或其授权的企业领导批准发布，由企业法人代表授权的部门统一管理。企业制定严于国家标准、行业标准或地方标准的企业标准，可以提高产品质量，增强产品在市场上的竞争力。

企业标准化工作是企业科学管理的基础。企业标准一般来说只在企业内部适用。企业标准与国家标准、行业标准和地方标准有较大差别，企业标准的制定和管理具有较大的自由度，企业标准的知识产权也可以在现行的法律法规制约下，采取较为灵活的方式体现。

根据《工程建设工法管理办法》（建质[2005]145号），工法分为国家级、省（部）级和企业级三个等级。企业工法也可视为企业标准的一种形式，是指导企业施工与管理的一种规范性文件。

5）团体标准

随着经济全球化及市场发展的需要，国内一些行业协会、学会、企业借鉴发达国家的标准管理模式，自主制定和发布了一些事实上的团体标准。如：我国自20世纪90年代以来，在广东、北京、浙江等地出现了《红木家具》等团体标准。中国工程建设标准化协会发布了近400项设计、施工、检测等方面的CECS工程建设标准。中国土木工程学会也组织编制了《混凝土结构耐久性设计与施工指南》《城市轨道交通运营管理指南》等学会标准。在联盟标准方面，如全国节能减排标准化技术联盟自成立以来，已研制发布2项联盟标准。

目前，党中央、国务院、标准化及相关行业主管部门等都在采取一系列政策和措施推动团体标准的发展。党的十八届三中全会做出了全面深化改革的决定，其中包括加大行政管理体制改革力度，加快转变政府职能，大力培育和扶持社会组织承担各种社会职能。2015年3月11日国务院印发了《深化标准化工作改革方案》，提出要通过改革，建立政府主导制定的标准与市场自主制定的标准协同发展、协调配套的新型标准体系，健全统一协调、运行高效、政府与市场共治的标准化管理体制，形成政府引导、市场驱动、社会参与、协同推进的标准化工作格局。其中，该方案明确将培育和发展团体标准作为一项重要的标准化工作改革措施，这标志着我国团体标准进入了一个全新的发展时期。

根据该方案，在标准制定主体上，鼓励具备相应能力的学会、协会、商会、联合会等社会组织和产业技术联盟协调相关市场主体共同制定满足市场和创新需要的标准，供市场自愿选用，增加标准的有效供给。在标准管理上，对团体标准不设行政许可，由社会组织和产业技术联盟自主制定发布，通过市场竞争优胜劣汰。国务院标准化主管部门会同国务院有关部门制定团体标准发展指导意见和标准化良好行为规范，对团体标准进行必要的规范、引导和监督。在工作推进上，选择市场化程度高、技术创新活跃、产品类标准较多的领域，先行开展团体标准试点工作。在引领创新上，支持专利融入团体标准，推动技术进步。

2017 年 9 月，《标准化法》（修订草案）（二次审议稿）提出：国家鼓励学会、协会、商会、联合会、产业技术联盟等社会团体协调相关市场主体共同制定满足市场和创新需要的团体标准，由本团体成员约定采用或者按照本团体的规定供社会自愿采用。

（3）其他分类和类别

1）法定标准和事实标准

美国学者从法律角度根据标准制定者的不同，将标准分为法定标准和事实标准。法定标准是指政府标准化组织或政府授权的标准化组织建立的标准。前面讲的国家标准、行业标准和地方标准都属于法定标准。事实标准是单个企业或者具有垄断地位的极少数企业建立的标准[1]。事实标准还有另外一种解释：因被广泛使用而产生发展的标准，它是在生产中逐渐成为人们共同遵守的法则[2]。

2）标准设计

建筑工程标准设计一般是指在建筑工程设计中，能在一定范围内通用的标准图、通用图和复用图，一般习惯统称为标准图。在工程设计中推广应用标准图，对保证和提高工程质量，加快设计和施工进度，节约材料，降低造价，推广新技术，新产品，促进建筑工业化，都有很大的推动作用。

一般来讲，工程建设标准并不包括标准设计，但从广义上来讲，标准设计也可视为工程建设标准化的一种形式。

标准设计的知识产权问题

和工程建设标准一样，标准设计也涉及复杂的知识产权问题。标准设计往往是在工程建设标准的基础上形成的，可视为一种能盈利的商品，那么它对相应工程建设标准是否构成版权侵权？另外，标准设计也可能涉及专利。即使标准设计本身没有明示或具体实施专利，但若标准设计的使用者具体实施了专利，那么标准设计本身是否也构成了专利侵权？这些问题都值得深入研究。标准设计的管理体制、运行机制与工程建设标准有较大差别，本课题对标准设计的知识产权问题不做详细分析。

4.1.3　标准分类对知识产权问题研究的影响

对于标准的专利问题来说，不同类型标准涉及专利的可能性不同，例如基础标准涉及专利可能性较小，专用标准涉及专利可能性相对较大。强制性标准涉及专利可能性较小，推荐性标准涉及专利的可能性相对较大。不同类型标准涉及专利的可能性在后文有

[1] 张平，马骁．标准化与知识产权战略 [M]. 北京：知识产权出版社，2002.

[2] [EB/OL]. http://www.cnblogs.com/laughterwym/archive/2005/08/18/218101.html，2005.

详细论述。

标准是否要求强制执行，也就是其执行效力的差异，对于标准的知识产权问题研究具有直接影响。因此我们主要按照强制性标准和推荐性标准的划分，分别进行研究。**本报告中“强制性标准”指国家标准、行业标准和地方标准中的全文强制标准和强制性条文，“推荐性标准”指国家标准、行业标准、地方标准中的非强制性条文（包括《标准化法》意义上的强制性标准中的非强制性条文和推荐性标准中的全部条文）。**[1]

4.2 我国标准化管理工作[2]

4.2.1 我国标准管理体制

发达国家行业协会标准在各行业当中往往具有非常大的权威性，国家标准的管理往往是由代表民间的标准化协会负责，如美国的 ANSI、德国的 DIN 和法国的 AFNOR 等。日本的标准化在形式上是由政府进行管理的，但是它的最高权力机构“日本工业调查会”则是由制造商、销售商、消费者以及政府官员共同组成的“委员会”。但不管是民间管理还是政府管理，大部分发达国家的标准化最高权力机构都体现了制造商、销售商、消费者、政府等各方的共同利益。

由于社会、历史的原因，我国的标准管理体制与国外有很大不同。我国标准化现在实行的是统一管理与分工负责相结合的管理体制。国家标准化管理委员会是国务院授权履行行政管理职能，统一管理全国标准化工作的主管机构，是国家标准的主管机构，也负责行业标准、地方标准的备案工作。以政府各级有关主管部门为管理机构，以科研院所、大专院校、检验机构和企业为依托机构，以全国专业标准化技术委员会为组织形式，实行自上而下的计划性管理模式，是我国标准化管理体制的特征。

4.2.2 标准编制工作程序

标准的全寿命周期一般可划分为九个阶段：预研、立项、起草、征求意见、审查、批准、发布、复审、废止。其中，标准的立项、批准、发布和废止由有关行政主管部门负责，而标准的预研、起草、征求意见、审查和复审则主要由有关专业标准化技术委员或编制组负责。目前，在上述九个阶段中，均没有将知识产权的管理纳入其工作内容。

（1）国家标准

国家标准一般由国家标准化管理委员会提出年度国家标准计划项目要求，下发给国务院各有关行政主管部门、各行业协会和直属标准化委员会，由其提出各自范围内的国家标准项目建议，上报国家标准化管理委员会。这些项目经国家标准化管理委员会统一汇总、审查、协调和批准后发布，一般每年一到两次[3]。

---

[1] 这种分类方式不同于前述专利问题研究的分类方式。其明显特征是，强制性国家标准的代号为 GB，推荐性国家标准的代号为 GB/T。

[2] 中国技术标准发展战略研究课题组 . 中国技术标准面临的机遇和挑战 [R]. 北京：征求意见稿，2002.

[3] 中国技术标准发展战略研究课题组 . 中国技术标准面临的机遇和挑战 [R]. 北京：征求意见稿，2002.

国家标准立项后，负责起草单位开始筹建编制组，编写征求意见稿。征求意见稿形成后，附带“编制说明”及有关附件被印发到有关单位征求意见。征求意见的期限，一般为两个月。起草单位对征集的意见进行归纳整理，分析研究和处理后提出国家标准送审稿，“编制说明”及有关附件、“意见汇总处理表”一同，送负责该项目的标委会或技术归口单位审阅后提交审查。审查可采用会议审查或函审。负责起草单位，应根据审查意见提出国家标准报批稿。

国家标准报批稿由国务院有关行政主管部门或国务院标准化行政主管部门下辖的标准化技术委员会报国家标准审批部门审批。国家标准主要由国家质量监督检验检疫总局和国家标准化管理委员会联合发布。

对工程建设国家标准，其编制工作程序大体上与上述程序相同，几点主要差别如下：

1）年度工程建设国家标准计划项目要求由住房和城乡建设部提出；

2）工程建设国家标准各阶段文本除条文外，还包括条文说明[1]（对应于上述“编制说明”）；

3）工程建设国家标准由住房和城乡建设部审批，由住房和城乡建设部和国家质量技术监督检验免疫总局联合发布，由国务院标准化行政主管部门统一编号。

为缩短标准制定周期，满足市场经济的需要，原国家技术监督局发布了《采用快速程序制定国家标准的管理规定》。快速程序是在正常标准制定程序的基础上省略起草阶段或省略起草阶段和征求意见阶段的简化程序[2]。

（2）行业标准

行业标准由行业标准归口部门统一管理。行业标准的发展规划和年度计划由有关行业主管部门负责，由行业标准归口部门抄报国务院标准化行政主管部门。行业标准的制修订程序与国家标准基本相同。行业标准送审稿由全国专业标准化技术委员会或由行业标准归口部门委托的专业标准化技术归口单位组织审查。行业标准由行业标准归口部门审批、编号、发布。

建筑工业、城镇建设行业标准由住房和城乡建设部统一管理，最后由住房和城乡建设部批准、发布和编号。

（3）地方标准

地方标准由省、自治区、直辖市标准化行政主管部门统一编制计划、组织制定、审批、编号和发布，其制修订也遵循国家标准和行业标准的基本程序。地方标准发布后，省、自治区、直辖市标准化行政主管部门在三十日内，应分别向国务院标准化行政主管部门和有关行政主管部门备案。

工程建设地方标准由各省、自治区、直辖市建设行政主管部门批准、发布和编号。

[1] 条文说明将连同条文一起印刷出版；而“编制说明”只是编制过程中需要的材料，不会被连同条文一起印刷出版。

[2] 国家技术标准管理体制和运行机制研究课题组．国家技术标准管理体制和运行机制研究 [R]. 北京：报告征求意见稿，2004.

工程建设地方标准应报住房和城乡建设部备案。

（4）企业标准

相对来说，企业标准编制的自由度较大。各企业可根据自己的实际情况进行制修订。企业标准由企业自行批准发布和编号。企业标准应按有关行政主管部门的规定进行备案。

（5）团体标准

团体标准编制按该社团制定的标准编制管理办法执行，一般来说其程序与国家标准、行业标准等基本相同。有的团体标准可采用快速程序或简化程序编制。

4.2.3 我国标准的国际化战略

在经济全球化、国际竞争日益激烈的今天，技术标准是技术创新链条中的重要一环，是技术成果的规范化、标准化，是产业竞争的制高点。在一定程度上说，技术标准甚至比技术本身更为重要。近年来，我国在外贸出口中受国外技术壁垒的限制日益严重，而由于我国技术标准大多引用国际标准，对进口产品却几乎无技术壁垒可言。

经过漫长的发展演化，标准业已成为控制产业链、遏制竞争对手的全球性工具。进入 20 世纪 90 年代以后，世界范围内技术标准呈现出新的发展趋势。一方面，由于新兴技术领域专利数量巨大，专利对标准的影响越来越大；另一方面，专利技术的产业化速度加快，产品的国际竞争加剧，使得技术标准的内容由原来的只是普通技术规范向包容专利技术方向发展，技术与产品垄断的趋势日益明显。技术专利化、专利标准化、标准国际化，专利与标准日趋融合，成为全球范围内技术标准发展的最新态势。发达国家凭借领导国际标准制定的主动权，使得发展中国家使用国外知识产权的成本越来越昂贵，低成本制造优势慢慢消失，产业成长的空间日趋狭小[1]。

实施技术标准战略，一是要加强国际标准化总体发展动态和我国标准化发展战略研究，尽快研究建立既符合世贸规则，同时保护本国利益的国家技术标准体系；二是要调整现有科研机构设置，支持有关部门建设国家标准技术研究机构，培养相应的人才队伍；三是要增加技术标准研究投入，并把建立技术标准作为国家科技项目的重要内容和考核目标；四是要积极参与国际标准制定及相关活动，争取在国际标准化领域获得更多的发言权。

4.3 我国工程建设标准化工作

4.3.1 我国工程建设标准化工作成绩

（1）标准数量增加

自20世纪80年代以来，我国工程建设标准数量迅速增加。经过20多年的快速发展，进入 21 世纪以后，工程建设标准数量呈稳步增加的趋势。以工程建设国家标准为例，不同年代工程建设国家标准累计数量统计表见表 4.1。从表中可以看出，我国工程建

[1] 吴林海等．我国未来技术标准发展战略研究 [J]. 北京：中国人民大学学报，2005，（4）.

设国家标准数量的稳步增长情况。工程建设行业标准和地方标准也同样处于稳步增加的趋势。

不同时期国家标准累计数量 **表 4.1**

时间	1979	1989	1999	2004.6	2007.6	2017.9
数量	52	144	271	316	390	1244

工程建设标准数量的增加表明工程建设技术的标准化程度加深，越来越多的新技术被纳入了标准化范围，标准的覆盖率大幅度提高。目前我国房屋建筑工程标准的覆盖率接近 80%，工程勘察标准的覆盖率超过 85%。现阶段，还有大批标准在编或进入修订周期，也表明标准对新技术的需求在不断增加。

（2）标准制修订周期缩短

近些年，标准的制修订周期逐步缩短，原来一项标准可能编制周期为三四年，现在都要求控制在两年之内。另外,为了适应工程技术的快速发展,标准修订频率也越来越快。一般标准实施五年后才会根据复审意见决定是否进行修订，但对于涉及新技术的专项标准，可能在实施一两年后就需进行修订。例如，行业标准《建筑陶瓷薄板应用技术规程》JGJ/T 172—2009 在标准发布两年后就开始了修订工作。标准制修订周期缩短，能及时根据标准实施情况、市场变化和技术发展加快调整标准规定，有利于保证标准的适用性和先进性。

（3）标准管理制度进一步完善

工程建设标准化围绕《标准化法》、《标准化法实施条例》制定并颁布了《工程建设国家标准管理办法》、《工程建设行业标准管理办法》、《工程建设标准局部修订管理办法》、《工程建设标准编写规定》、《工程建设标准出版印刷规定》、《关于加强工程建设企业标准化工作的若干意见》、《实施工程建设强制性标准监督规定》、《工程建设地方标准化工作管理规定》等部门规章和规范性文件。同时，国务院各有关部门以及各省、自治区、直辖市建设行政主管部门在工程建设标准化法规和制度上，也开展了大量的工作，完成了许多重要的条例、办法和实施细则，形成了较为完善的工程建设标准化管理制度。

（4）专业队伍壮大，人员素质提高

工程建设标准化管理机构面向全行业，团结和依靠从事工程建设勘察、规划、设计、施工、科研等专业技术人员，依靠专业机构、大专院校、科研单位和生产企业，培育并形成一支水平高、门类全的标准化工作队伍。据不完全统计，到 2016 年初为止，从事和参加工程建设标准化的人员约有 9 万余人。同时，在各部门、地方和协会的努力下，通过举办标准规范宣贯班、研讨班等，培养了一批工程建设科研、教学、设计、施工、管理等方面的标准化积极分子或业务骨干，为进一步推动工程建设标准工作发展丰富了人才资源。然而，虽然工程建设领域各专业的标准化人才在不断壮大，但工程技术、标准化和知识产权知识都具备的复合型人才并不多[1]。

4.3.2 工程建设标准体系

从中华人民共和国成立之后，我国政府就组织编制了大量的工程建设标准、规范和规程，从那时开始，我国客观上就存在着工程建设标准体系。工程建设标准体系随着我国社会主义市场经济体制改革以及加入 WTO 后对外开放政策的逐步深化而不断发展，它较好地满足了各阶段工程建设活动的需要，在确保建设工程的质量和安全、促进建设领域的技术进步、保障公众利益、保护环境和资源、提高建设工程的经济效益、社会效益、环境效益等方面，发挥了重要作用。

经过长期的努力，我国已经初步建立较为完善的工程建设标准体系，有力地促进了经济社会的发展。

目前，随着我国经济的发展，科学技术的进步，城乡建设的规模和水平的不断提高，节能减排面临着巨大压力，建设领域在不断拓展，新技术、新材料、新工艺、新设备在大量涌现，这一切都迫切需要工程建设标准不断地得到补充和完善。要彻底改变工程建设标准发展中的问题，继续推动工程建设标准的健康发展，建立科学的工程建设标准体系就显得十分重要。为此，住房和城乡建设部组织开展了《工程建设标准体系》的研究和编制工作。先后下达了城乡规划部分、城镇建设部分、房屋建筑部分、石油化工工程部分、电力工程部分、纺织工程部分、医药工程部分、化工工程部分、林业工程部分、冶金工程部分、有色金属工程部分、电子工程部分、铁路工程部分、工程防火部分、建材工程部分等工程建设标准体系的编制计划，截至 2009 年 4 月底，已完成了城乡规划部分、城镇建设部分、房屋建筑部分、石油化工部分、有色金属工程部分、医药工程部分、电力工程部分等《工程建设标准体系》的编制。

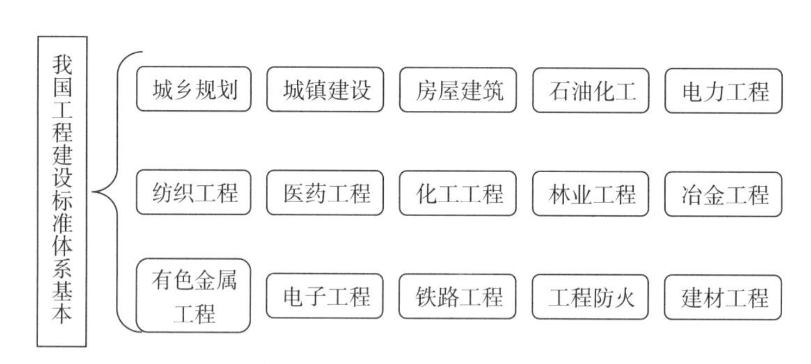

图 4.1　我国工程建设标准体系的基本框架

各部分体系（如图 4.1 所示 15 个部分）根据工程的特点划分多个专业，例如，城乡规划、城镇建设和房屋建筑三部分体系按表 4.2 划分为 19 个专业。

[1] 杨瑾峰 . 工程建设标准化实用知识问答（第二版）[M]. 北京：中国计划出版社，2004.

城乡规划、城镇建设、房屋建筑部分标准体系专业划分 表 4.2

序号	专业名称	序号	专业名称
1	城乡规划	11	城市轨道交通
2	城乡工程勘察测量	12	建筑设计
3	城镇公共交通	13	建筑地基基础
4	城乡道路桥梁	14	建筑结构
5	城乡给水排水	15	建筑环境与设备
6	城乡燃气	16	建筑电气
7	城镇供热	17	建筑施工质量与安全
8	市容环境卫生	18	建筑维护加固与房地产
9	风景园林	19	信息技术应用
10	城乡与工程防灾		

另外在体系层次上，仍沿用1984年形成的全国工程建设标准体系表的层次结构，其中把标准分为四层：

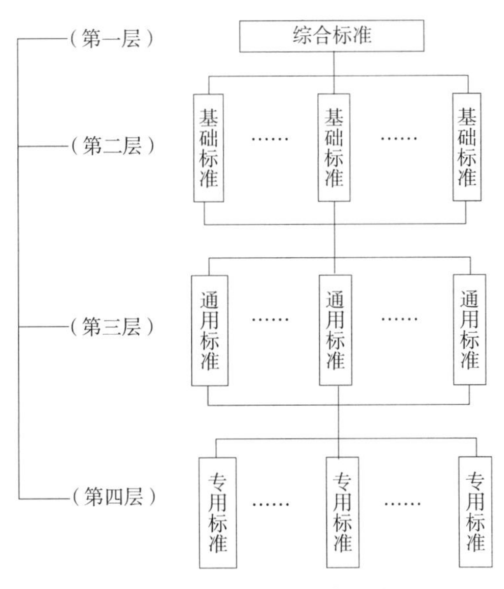

图 4.2 标准体系层次结构

第一层,综合标准。它是各类工程建设标准均必须遵守的基本准则。均是涉及质量、安全、卫生、环保和公众利益等方面的目标要求或为达到这些目标而必需的技术要求及管理要求。它对该部分所包含各专业各层次的标准均具有制约和指导作用。目前的工程建设强制性条文中的城市规划、城市建设、房屋建筑部分可视为对应部分综合标准的雏形。

第二层，基础标准。它是指专业分体系表范围内各类标准应统一遵守的标准，也是体系表中最基本的标准。

第三层，通用标准。它是指专业分体系表中，在某一定范围内通用的标准或从第四层标准中的共性内容提升的标准。

第四层，专用标准。它是工程建设标准体系中最低层的标准。一般是指某个方面的单一标准。

标准体系层次结构如图 4.2 所示。

4.3.3 工程建设标准体系存在的问题

（1）强制性条文系统性不强

我国工程建设标准已经从单一的强制性标准体制转变成强制性标准与推荐性标准相结合的标准体系，实行条文强制又对强制性标准的含义做了调整。除全文强制性标准外，工程建设标准强制性条文是从若干本标准中提取出来的零散条文，内容较为分散，且强制性条文与非强制性条文相互关联，强制性条文还很难从现行标准体系中完全剥离出来独立形成体系。另一方面，在实行条文强制的具体操作中，还存在强制性条文与非强制性条文之间的界限不清、强制性条文的确定较为随意等问题。

（2）推荐性标准在一定范围内也具有强制性

对于强制性标准中的非强制性条文的执行力度，在政府的相关文件中没有明确要求强制执行还是自愿采用。这种处理方法可能是因为还在标准体制过渡期，强制性条文出现后，人们仍需要有一个不断认识、使用和探索的过程。2001 年 8 月，《建设报》发表了齐骥同志的文章，核心内容是："对于现行强制性标准中没有纳入《强制性条文》的技术内容，应当说都是非强制监督执行的内容，如果不执行这些技术内容同样可以保证工程的质量和安全，国家是允许的。但是，如果因为没有执行这些技术规定而造成了工程质量和安全方面的隐患或事故，同样要追究有关人员法律责任。通俗的说法是，只要违反了《强制性条文》，就要追究责任并实施处罚；违反强制性标准的其他规定，如果造成工程的质量和安全方面的隐患或事故才会追究有关人员的责任"。可见，实际上强制性标准中的非强制性条文也判断当事人有过失的依据。

对于推荐性标准，也不是"可执行可不执行"的概念。不强制执行的原因是鼓励在工程实践中采用新的技术、产品、工艺和设备，发挥科技人员的创造精神。推荐性标准规定的技术要求也是成熟的、有可靠依据的，完全可以在某个范围内作为共同遵守的技术依据和准则。推荐性标准在以下情况下必须执行：1）法律法规引用的推荐性标准，在法律法规规定的范围内必须执行；2）强制性标准引用的推荐性标准，在强制性标准适用的范围内必须执行；3）企业使用的推荐性标准，在企业范围内必须执行；4）经济合同中引用的推荐性标准，在合同约定的范围内必须执行；5）在产品或其包装上标注的推荐性标准，则产品必须符合；6）获得认证并标示认证标志销售的产品，必须符合认证标准[1]。

---

[1] [EB/OL]. http：//www.cqn.com.cn/news/zjpd/bztd/80012.html，2013.

（3）国家标准、行业标准、地方标准之间层次不够清晰

工程建设国家标准、行业标准、地方标准互相之间应该是协调配套，互相补充，相互之间应有清晰的层次关系。虽然表面上，各层标准之间定义很清晰，也有明确的标识，但在标准体系和标准具体内容上，工程建设国家标准、行业标准、地方标准仍然存在相互重复、交叉，层次不清晰。同时，由于各级标准不能同步制修订，可能出现相互矛盾的现象。

（4）企业标准重视成本优势，忽略性能优势

近些年来，经过社会各界的努力，诞生了一批参与国际竞争的中国企业标准。不过，中国的企业标准往往强调低成本优势。中国丰富、廉价的人力资源优势，使得中国企业习惯于成本领先竞争战略，然而，在标准竞争中，获取竞争胜利的基础条件往往是优越的技术性能，而不是低成本优势。

（5）标准内容互相引用关系复杂

标准体系强调标准之间的协调性，因此涉及同一技术点时，为避免矛盾，标准经常互相引用。同时，一般标准起草者认为，标准不存在版权问题，所以标准之间可以毫无顾忌地互相抄袭。这导致了整个标准体系在内容上呈现一种纵横交错、纷繁复杂的引用关系。具体表现有：专用标准大量引用基础标准或通用标准；通用标准在涉及专项技术时引用专用标准；强制性条文引用非强制性条文[1]；非强制性条文引用强制性条文，等等。另外，为避免标准修订后出现的“引用不明”的现象，标准在引用其他标准的相关条款时，经常不会指定到具体条款，而是使用“符合……标准……方面的相关规定”这样的引用方式。但具体应符合哪些条款规定，“相关规定”到底相关到哪种程度却很难把握。这种不确定的、复杂的引用关系，尤其是强制性条文与非强制性条文之间的引用关系，使标准涉及专利的问题可能会扩大影响范围，由一本标准涉及专利问题扩大到若干本标准涉及专利问题。

4.3.4 工程建设标准的发展

（1）发展环境分析

1）标准化工作受到高度重视

党的十八大以来，习近平总书记多次强调，“标准助推创新发展，标准引领时代进步”，加强标准化工作，实施标准化战略，是一项重要和紧迫的任务，对经济社会发展具有长远的意义，并提出了“中国将积极实施标准化战略，以标准助力创新发展、协调发展、绿色发展、开放发展、共享发展”的标准化改革发展新理念。李克强总理指出，要更好地发挥标准的引领作用，必须聚焦关键、突出重点。要把标准化理念和方法融入政府治理之中，持续深化简政放权、放管结合、优化服务改革，更加注重运用标准化这一手段，促进政府管理更加科学和市场监管更加规范有序，提高政府效能。陈政高部长强调，要

[1] 根据住房和城乡建设部强制性条文协调委员会文件规定，这种引用已被禁止。

加快工程建设标准改革步伐，切实树立标准权威。

党中央、国务院及其住房城乡建设部对加强标准化工作、推进标准化改革发展作出了一系列决策部署，标准化事业发展已经站在了新的历史起点。

2）标准化改革扬帆启动

2015 年 3 月，国务院印发的《深化标准化工作改革方案》指出，借鉴国际成熟经验，立足国内实际情况。坚持放管结合，强化强制性标准，优化完善推荐性标准，为经济社会发展“兜底线、保基本”。培育发展团体标准，放开搞活企业标准，增加标准供给，引导创新发展。坚持统筹协调，完善标准体系框架，加强强制性标准、推荐性标准、团体标准，以及各层级标准间的衔接配套和协调管理。坚持国际视野，完善标准内容和技术措施，提高标准水平。积极参与国际标准化工作，推广中国标准，服务我国企业参与国际竞争，促进我国产品、装备、技术和服务输出。

2016 年 8 月，住房城乡建设部发布了《关于深化工程建设标准化工作改革的意见》，进一步提出了改革强制性标准、构建强制性标准体系，优化完善推荐性标准，培育发展团体标准、全面提升标准水平等多项工程建设标准改革任务。

“十三五”时期是国家标准化深化改革的决胜阶段，建立政府主导制定的标准与市场自主制定的标准协同发展、协调配套的新型标准体系，健全统一协调、运行高效、政府与市场共治的标准化管理体制，形成政府引导、市场驱动、社会参与、协同推进的标准化工作格局等改革目标和任务要求，将改变政府与市场角色错位，转变政府标准化管理职能，最大限度地激发和释放企业和市场活力。

（2）工程建设标准的近期发展

根据《关于深化工程建设标准化工作改革的意见》的工作部署，近期主要为加快工程建设标准定额改革步伐，建立科学合理、实施有力的新型标准体系为工作重点：

1）深化工程建设标准化改革，全面提高建筑标准水平

a）全面提高工程建设标准覆盖面

标准范围全面覆盖各类工程项目和工程技术，做到有标可依。改变政府单一供给标准模式，培育团体标准，搞活企业标准，完善地方标准，多渠道、多层次供给标准，形成政府和市场共同发挥作用的新型标准体系。改革强制性标准，制定覆盖各类工程建设项目全生命周期的全文强制性标准，取消目前零散的强制性条文，提高标准刚性约束，尽快完成各部门各行业强制性标准体系表的编制，向“技术法规”过渡。

b）全面提升工程建设标准水平

制定实施工程建设标准提升计划，大力提高工程质量安全、卫生健康、节能减排标准，落实中央要求，回应百姓关切。重点在提高建筑的装配式装修、绿色装修和全装修水平，改善建筑室内环境质量；大幅提升建筑门窗保温、隔声、抗风等性能指标；提高可再生能源在新建建筑能源消耗的占比，优化分布式能源应用标准；提高建筑防水工程质量和使用年限等标准方面，取得突破性进展。

c）全面与国际先进标准接轨

推动中国标准与国际先进标准对接，助推“一带一路”倡议实施。加强中外建筑技术法规标准的对比分析，提高中国工程建设标准内容结构、要素指标与国际标准的一致性；加大中国标准翻译力度，组织开展建筑设计防火等骨干标准翻译；组织开展申报和制定国际标准，提高中国标准在国际上的话语权。

2）强化标准实施，切实树立工程建设标准权威性

a）积极开展标准宣传和推广活动

一是组织开展工程建设地方标准化工作管理干部培训，指导有关单位开展装配式建筑、建筑节能、城市轨道交通等重要标准宣贯培训。二是继续推进标准“走出去”，重点开展与英国、德国等先进国家建筑标准法规管理性规定的对比研究，吸取国外标准在管理及实施监督方面的先进经验。组织编制、发布中国工程建设标准使用指南，为我国标准在国际项目的使用提供指导。

b）深入推进标准实施改革

一是编制建筑门窗、防水、装饰装修、海绵城市、垃圾处理、装配式建筑等方面标准建设指南，推动建筑领域标准纵深发展。二是借鉴国外技术法规和技术标准实践经验，将政府标准强制性与团体标准灵活性相结合，探索用市场化通用手段促进标准应用，尽快把标准的权威树立起来。三是研究修订《实施工程建设强制性标准监督规定》，建立完善强制性标准实施监督“双随机、一公开”机制，进一步推进标准实施。

c）推动重点领域标准实施

一是继续落实《国务院办公厅关于加快高速宽带网络建设推进网络提速降费的指导意见》（国办发〔2015〕41号），加强光纤到户国家标准贯彻实施的监督检查工作。二是继续组织开展高性能混凝土推广应用、高强钢筋集中加工配送推广应用试点研究，促进建筑钢筋混凝土标准的提高，引导产业升级。三是落实《无障碍环境建设“十三五”实施方案》，组织编制《无障碍设施建设图集》《老年宜居社区建设指南》，会同相关部门组织开展无障碍环境建设情况调研和监督检查。四是指导的建筑工程检验检测认证机构工作，支持中国工程建设检验检测认证联盟发展，组织开展《装配式建筑认证体系》研究建立工作。

（3）工程建设标准的远期发展

工程建设标准体制将完成从目前的全文强制标准、强制性条文、推荐性条文相结合的标准体制到全文强制标准和推荐性标准相结合的标准体制的过渡，并最终通过法律定位，建立以工程建设技术法规（以下简称技术法规）为统领、标准为配套、合规性判定为补充的技术支撑保障新模式。建立内容合理、水平先进、国际适用性强的技术法规和标准新体系，更好地适应我国经济社会发展需要。全文强制标准规定功能、性能、目标及实施路径为主，而如何具体实现这些功能、性能、目标，则在技术标准或相关配套技术文件中规定。需要解决技术法规的法律定位问题，使技术法规与行政法规紧密结合、配套实施。

4.3.5 工程建设标准的国际化战略

近年来，全球建筑市场形势发生了深刻变化，资本和技术日益成为市场竞争的关键，国际工程承包市场正在由质量竞争、价格竞争、服务竞争、品牌竞争演进为标准竞争，工程建设标准已成为市场准入的隐形门槛和获取最大利益的技术保护壁垒，工程建设标准国际化程度不足已成为制约中国对外承包工程发展的瓶颈。

我国国土面积广阔，几乎涵盖各类工程环境，因此我国的工程建设标准具有很好的代表性和适应性，这是我国标准走出国门的优势之一。近些年随着我国经济的发展，建筑业发展迅速，每年建设大量的新建和改扩建项目，这为工程建设标准化积累了丰富的经验。我国现在已经初步形成了结构优化、数量合理、层次清晰、分类明确、协调配套的工程建设标准化体系。近些年我国一些建筑企业已经走出国门，并已经具有一定的影响力。据统计，我国建筑企业在国外承包的项目已经涉及全世界 180 多个国家和地区，特别是广大发展中国家。通过在国外的工程实践，我们已经对国外当地的市场情况有了一定了解，并且我国建筑企业建设的工程项目也得到了广泛认可。这些都是我国工程建设标准“走出去”的基础。

由于我国标准体制的障碍，工程建设标准现在还不能完全符合 WTO/TBT 协议的规则。在我国工程建设标准体系构建过程中，对技术壁垒方面的考虑较少，很多标准都是在不设防的状态下建立的，所以在加入 WTO 后，缺乏对国内建筑市场的保护；同时，由于体制的牵制，我国的工程建设标准也很难快速走出国门，融入国际化标准的体系中。

工程建设标准已成为软性贸易壁垒和海外市场准入的主要障碍，为了攻克壁垒、跨越障碍，中国的工程建设标准必须走国际化的道路，这就需要研究建立工程建设标准的国际化战略。对于工程建设标准来说，通过国际交流与合作，熟悉并进入国际化的发展环境，使我国的工程建设标准纳入全球标准化体系之中，通过学习发达国家的经验，提高我国工程建设标准化水平，并在国际标准化中发挥作用，真正成为国际标准化的组成部分。另一方面，工程建设标准国际化战略的实施，也必将强化标准的推广与输出，逐步巩固中国工程建设标准的国际影响和地位，全面提升对外承包工程的规模、质量和效益。工程建设标准国际化战略可按阶段目标及对应策略进行编制。

4.4 工程建设标准的专利问题

4.4.1 工程建设标准与专利技术

（1）工程建设行业既包含“简单产品部门”也包含“复杂产品部门”

工程建设行业是一个庞大的、有若干分支的行业，有的分支技术更新速度快，有的分支技术更新速度慢。工程建设标准纳入的技术一般是相对稳定的技术，例如混凝土基本应用技术、钢结构基本应用技术等，但也包含更新速度较快的技术创新，例如一些新型建材应用技术等。

经典的专利经济学，其分析的重点是专利权人和消费者之间的利益分析，讨论的主要是社会福利的分配。根据这种纯粹的福利经济学理论，专利保护的加强，主要是消费者收益向专利权人转移，社会福利暂时受到损失，但通过提高创新者的收益率而增加了创新的动力，产生出更多的技术创新，长期而言，总体上会增加社会福利。这种观点适用的是那些相对孤立的、非连续性的创新，其技术解决方案相对独立，不怎么依靠其他拥有知识产权的现有技术，并且该发明创造也一般不会在较短的时间里成为其他技术创新的先期技术。例如，在一个技术进步较慢的时代，一个创新出来之后，往往需要一个较长的时间才能够出现下一个以此为基础的创新，而在这段时间里，前一个创新的专利保护期已满，跟进的创新者很少与先期创新者产生知识产权纠纷。在当代的一些传统生产部门，技术创新的速度较慢，技术较为简单，其技术创新也是相对孤立的。即便出现跟进创新者与先期创新者的专利权纠纷，其数量也不会很多，这种纠纷也比较容易解决。这一类部门,也称作为“简单产品部门”(simple product industry),其产品或技术实施方案，大多不涉及众多知识产权。工程建设行业的很多技术通常就是如此，例如很多传统的混凝土施工技术、钢结构安装技术。

但是，在一个技术进步大大加快的时代，尤其是在那些技术进步十分迅速的部门，经典的专利经济学分析就会面临很大的局限性。在这里，累积性创新是常态。每一种新技术，很可能都包含了许多拥有知识产权的先期技术。每一种新技术，又都是下一个阶段众多创新的起点，成为其他许多新技术方案中所包含的先期技术。因此，每一种新的技术实施方案，每一种新的产品，都会包含大量的拥有知识产权的技术，并且这些知识产权由众多的不同企业或个人拥有。这类行业也被称为“复杂产品部门”(complex product industry),例如电子信息产业、生物技术等就是这类典型部门。由于技术进步迅速，各种产品或者技术均被数量巨大的专利权所覆盖，以至于一个公司设计、制造任何一种产品往往要侵犯成百上千项的专利。在这些高科技的复杂产品部门，每一个产品或技术都可能会覆盖大量的可专利技术[1]。工程建设行业内有些领域也可以认为是“复杂产品部门”，例如在工程建设行业空心楼盖领域，曾经在一段时间内，不断出现专利侵权纠纷案件，严重影响新技术的应用。

（2）工程建设标准鼓励纳入新技术

工程建设标准编制鼓励纳入新技术。根据《工程建设国家标准管理办法》，“制订国家标准应当积极采用新技术、新工艺、新设备、新材料。纳入标准的新技术、新工艺、新设备、新材料，应当经有关主管部门或受委托单位鉴定，有完整的技术文件，且经实践检验行之有效。”可见，我国工程建设标准鼓励将新技术、新工艺、新设备、新材料纳入标准。事实上，工程建设领域内确实有很多新技术也被纳入了标准，例如一些新型建材、新型结构体系等。如新近立项的《建筑采光追逐镜施工技术规程》、《生物自处理化粪池技术规程》等，都涉及了各领域内的新技术。

[1] 文礼朋，郭熙保．专利保护与技术创新关系的重新思考 [J]. 经济社会体制比较，2007,（6）.

（3）工程建设标准无法回避专利

工程建设标准鼓励新技术加入，同时随着社会知识产权意识的增强，先进的技术越来越多地被专利保护起来，标准和专利将会有越来越多重合的部分。尤其是大量涉及具体技术方案的“技术规程”或者“方法标准”等标准的存在，更是增加了标准涉及专利的可能性。在我国，工程建设标准和专利的矛盾虽然不如电子、计算机等高新技术领域表现得那么明显，但相关问题也逐步展现出来。随着建筑工程机械化、产业化的进一步发展，建筑产品种类和功能的愈趋丰富，工程建设专业标准数量会越来越多，修订速度也会更快，涉及专利的现象可能更多，影响也会更加直接。

（4）专利已经悄然进入标准

虽然工程建设标准管理部门对于专利的态度比较谨慎，但在工程建设领域内，专利已经开始进入了标准。例如，协会标准《孔内深层强夯法技术规程》CECS 197：2006、《加筋水泥土桩锚支护技术规程》CECS 148：2003 和《挤扩支盘灌注桩技术规程》CECS 192：2005，这三本标准包含的核心技术都已经申请专利并获得授权。不但协会标准有包含专利的现象，行业标准也面临同样的问题。以行业标准《现浇混凝土模板内置聚苯板外墙外保温系统》（送审稿）为例，该标准中的技术内容涉及了 10 项专利技术。标准纳入专利可能会引起法律纠纷，如 2001 年陈国亮诉昆明岩土工程公司侵犯其《固结山体滑动面提高抗滑力的施工方法》专利权案件就涉及标准与专利的关系问题。

4.4.2 工程建设标准的专利问题的特殊性

（1）工程建设标准一般都是法定标准，事实标准很少

我国工程建设标准，经过 50 多年的发展，已经形成一套适用性较强、覆盖面较广、相对完善的体系。很多在工程实践中逐渐形成的通用的术语、符号、量和单位、建筑模数制图方法以及检验评定方法等都已经转化为国家标准、行业标准或者地方标准，这些都是法定标准。同时在工程建设的全过程，从勘察、规划、设计、施工、验收到改造、拆除整个过程中应该达到的基本要求，在法定标准中一般都有相应的要求。对于相对成熟的新技术、新产品、新材料，一般也会纳入标准化的范围。因此说，在工程建设领域内的主导标准，一般都是法定标准，即国家标准、行业标准和地方标准。

（2）工程建设标准的技术内容相对稳定

工程建设项目是劳动密集型产业，投资大、工期长，与 IT、电子行业相比，工程建设行业的新技术的推广、应用、成熟的周期长，因此工程建设标准的内容也相对稳定，尤其是一些基础标准和通用标准，不需要频繁地修订。

（3）工程建设标准中的技术内容可替代性强

工程建设标准和电子、计算机类的标准在相关技术更新速度上来说有很大不同。工程建设相关的技术发展历史悠久，相关技术更新速度相对较慢。完成一个工程目标或者工程建设产品可用的技术和手段很多，离开被专利保护起来的工程技术，一般来说都有办法实现预期的工程目标。最为重要的是，工程建设的最终产品是单一、独立、不可复制的。每

一个工程建设项目都需经过单独的设计，最终产品是可预先设计、可调整的。这样，如果预知相关性强的专利，也可以通过调整工程设计或者工程目标来绕开相关的专利。因此，理论上讲，如果不考虑经济成本问题，对于工程建设标准来说，标准中涉及的专利技术一般都可以找到可替代的技术，必不可少的专利技术很少。当然，对于新兴的、高技术含量的工程项目，如高铁项目，如果完全绕开专利技术来实现，也是很有难度的。

（4）工程建设项目对标准的依赖性大，专利进入工程建设标准的积极性高

在我国工程建设领域，对于标准的依赖性很强，很多设计、施工、工程监管单位一般不愿意使用没有标准支持的技术，即使相关规则对于没有标准支持的新技术的工程应用提供了合法的政策支持，但相关单位对于采用标准之外的技术还是很谨慎。没有标准支持的技术很难大面积推广，纳入标准是推广技术最好的方式。因此，许多专利技术持有者为了推广自己的技术，都积极申报标准或者力图将相关技术纳入标准中。例如在编标准《预应力高强钢丝绳加固混凝土结构技术规程》和《现浇混凝土空心及复合楼盖技术规程》等，都涉及参编单位的相关技术专利。

（5）标准管理部门不鼓励专利进入标准，专利进入标准的方式更加隐蔽

专利持有者都知道知识产权标准化有助于实现知识产权的效益。尤其我国工程建设领域对于标准的依赖性非常大，除了工法等企业内部的成熟技术，很多施工单位一般不会使用没有标准支持的技术。标准化可以放大知识产权的效益，甚至使得控制标准的知识产权主体成为业内事实上的主导者。因此，许多专利技术持有者积极申报标准或者积极地赞助标准编制，寻求将相关技术纳入相关标准的机会。在每年的标准申报中，都不乏涉及专利的项目申报。

虽然专利进入工程建设标准的积极性很高，工程建设标准主管部门也发布了相关管理办法，并不反对专利进入标准，但从目前实际执行情况看，工程建设标准管理部门并不鼓励专利进入国家标准和行业标准，这可能是基于专利、标准在属性上存在基本冲突以及专利进入标准将会损害标准的公共性、公益性等方面的考虑。目前一般的处理方式是，对涉及专利的标准项目，标准管理部门会要求标准申报单位放弃专利，并不得在标准文本中以任何方式对所涉专利予以明示。

部分标准项目中所涉专利的专利权人会遵照其要求执行，但也有部分标准会采取更为隐蔽的方式将专利纳入标准。标准中只对相关专利技术的应用提出要达到的要求，不对具体的实施方案进行描述，完全可以既回避专利，又同时实现推动相关专利技术推广和应用的目的，或通过相关产品的销售、相关业务的开展等方式给专利权人带来利益。例如《钢筋焊接及验收规程》JGJ18 于 2009 年立项修订，该标准 4.9 节主要针对预埋件钢筋埋弧螺柱焊接提出技术要求，但目前预埋件钢筋埋弧螺柱焊接所用的设备生产含有专利“一种埋弧螺柱焊机及其操作方法”（ZL200610021770.X）。如果要使用预埋件钢筋埋弧螺柱焊接技术可能要用到涉及该专利的设备。尽管标准本身并没有直接涉及专利，但实施标准会间接地导致该项专利的实施。再如，建筑陶瓷相关标准，标准本身不含有专利，但是标准提出的产品技术指标只有少数企业的生产线可以达到，而生产线的核心

技术被申请了专利，这样涉及的专利问题更加隐蔽。

（6）工程建设标准都有不同程度的“强制”色彩，纳入专利后的影响大

如前所述，我国工程建设标准分为强制性标准和推荐性标准，工程建设强制性标准中的非强制性条文也带有一定的强制色彩，推荐性标准也不是完全意义上的“推荐使用”。如果工程发生了事故，事后追溯原因是违反了推荐性标准，那么相应的单位和人员都会被追究责任，这在某种程度上也是一种间接强制。因此，工程建设项目对标准的依赖性大，无论是强制性标准还是推荐性标准，标准的实施率和社会接受率都很高，一旦纳入了专利，将会对相关技术研发、推广应用甚至产业发展带来巨大影响。例如《复合载体夯扩桩设计规程》JGJ/T 135—2001 是一本推荐性标准，无强制性条文，但因标准涉及了专利“混凝土桩的施工方法”（ZL 98101041），也引起了多起法律纠纷。由于工程建设标准都有不同程度的“强制”色彩，给处理工程建设标准的专利问题带来理论和实践上的困难。

4.4.3　各类工程建设标准涉及专利的可能性

（1）按对象分类

按照对象分类，工程建设标准可分成基础标准，方法标准，安全、卫生和环境保护的标准，质量标准和综合性标准[1]。

因为专利文件的撰写方式与标准的编制要求完全不同，专利文件必须经过加工转化才能进入标准。不管专利是否经过加工转化，如果包含了专利的全部技术特征，那么也是标准直接引入了专利。对于标准条款可能只涉及了专利的一部分技术特征，标准是否包含了专利就需要进行专门的判定。

基础标准一般不会涉及专利。基础标准一般包括：①技术性语言标准，例如：术语、符号、代号标准、制图方法标准；②互换配合标准，例如建筑模数标准；③技术通用标准，即针对技术工作和标准化工作等制定的需要共同遵守的标准，例如《工程结构可靠度设计统一标准》等。基础标准包含的内容一般很少涉及专利。因为专利一般是一种产品或者方法的技术方案（标准内容涉及外观专利的可能性较小，因此本报告不讨论外观专利），而基础标准一般不会给出具体的技术方案。例如《工程结构可靠度设计统一标准》，其中主要内容是科学理论，包括一些理论表述，但是不涉及具体的技术方案，因此不会涉及专利。再如《建筑照明术语标准》，其内容是与建筑照明相关的术语解释，不是可实施的技术方案，因此谈不上涉及专利。

方法标准涉及专利的可能性较大。方法标准，是指以工程建设中的试验、检验、分析、抽样、评定、计算、统计、测定、作业等方法为对象制定的标准。方法标准包括具体的技术实施方案，涉及专利的可能性较大。例如，《土工试验方法标准》，其中涉及了多种试验方法和试验仪器，类似的方法或产品存在被申请专利的可能性。随着技术的不断发展，新的试验方法一定会替代旧的方法，同时人们的知识产权意识也在提高，很可

[1] 杨瑾峰．工程建设标准化实用知识问答（第二版）[M]. 北京：中国计划出版社，2004.

能最适合推广的试验方法已经被申请了专利。因此，这类标准目前存在涉及专利的可能性，而且将来涉及专利的可能性会越来越大。

安全、卫生和环境保护的标准内容较为宽泛，涉及较多具体的技术实施方案及检测仪器设备，可能会涉及专利。安全、卫生和环境保护的标准是指工程建设中保护人体健康、人身和财产安全，环境保护等而制定的标准。

综合性标准是指以上几类标准的两种或者若干种的内容为对象制定的标准。综合性标准可能涉及的内容较为宽泛，有可能涉及具体的实施方案，可能会涉及专利。

（2）按阶段分类

在工程建设项目决策阶段，即项目建设和可行性研究阶段，其主要内容一般是根据特定的工程项目，规定建设规模、项目构成、投资估算指标等[1]，因此服务于这个阶段的标准一般不会涉及专利。因为经济活动和行政管理工作等方面的计划、规则和方法，只是涉及人类社会活动的规则，没有利用自然力或自然规律，不是专利法保护的对象。另外，根据工程建设标准的相关规定，这个阶段也不是工程建设标准的覆盖范围。

在工程建设项目设计、建设、验收阶段，包括勘察、规划、设计、施工、验收等内容。服务于这些阶段的标准都有可能涉及专利。如果是规定目的和指标，那么涉及专利可能性也不大；但是如果给出的是具体的解决方法或方案，那么都有可能涉及专利。

对使用、管理、维护方面的标准，主要规定的是“人”的活动，涉及专利的可能性也不大。

（3）按属性分类

与推荐性标准相比，强制性标准涉及专利的可能性较小。强制性标准大部分是从现有标准文本中挑选涉及人体健康、人身和财产安全方面的条文，条文一般较为分散，不易形成全套的技术方案，因此涉及专利的可能性不大。但是，也不能完全排除强制性标准涉及专利的可能性。

发达国家的技术法规几乎不涉及专利，而我国强制性标准也可能涉及专利。欧盟的技术法规是对涉及产品安全、工业安全、人体健康、保护环境方面的技术要求，主要内容是框架性技术要求，因此不会涉及专利。而我国的强制性标准可能是框架性技术要求，也可能是技术内容的详细规定。这是由我国强制性标准的形成机制所决定的。正是由于这点，标准的专利问题研究更为复杂。

（4）按标准体系层次分类

从工程建设标准体系层次来看，基础标准涉及专利的可能性最小，通用标准涉及专利的可能性次之，专用标准涉及专利的可能性最大。也就是说，标准层次越低，涉及专利的可能性越大。

基础标准是指在某一专业范围内作为其他标准的基础并普遍使用，具有广泛指导意

[1] 杨瑾峰．工程建设标准化实用知识问答（第二版）[M]．北京：中国计划出版社，2004.

义的术语、符号、计量单位、图形、模数、基本分类、基本原则等的标准。如城市规划术语标准、建筑结构术语和符号标准等。工程建设标准体系的层次分类法与对象分类法的基础标准意义类似，这类标准很少涉及具体的技术方案，因此涉及专利可能性较小。

通用标准是指针对某一类标准化对象制订的覆盖面较大的共性标准。它可作为制订专用标准的依据。如通用的安全、卫生与环保要求，通用的质量要求，通用的设计、施工要求与试验方法，以及通用的管理技术等。通用标准虽然是覆盖面较大的共性标准，但是也可能会提出一些领域通用的技术方案，因此也有可能涉及专利。

专用标准是指针对某一具体标准化对象或作为通用标准的补充、延伸制订的专项标准。它的覆盖面一般不大，如某种工程的勘察、规划、设计、施工、安装及质量验收的要求和方法，某个范围的安全、卫生、环保要求，某项试验方法，某类产品的应用技术以及管理技术等。在标准体系的三个层次中，专用标准涉及产品或方法的新技术方案可能性最大，所以涉及专利的可能性最大。专用标准对新技术新产品的发展依赖性更高，标准稳定性较低，制修订周期可能更快，涉及的专利问题也更为显著。

从工程建设标准体系各层次标准的作用来看，基础标准、通用标准相对重要，且应用范围以及影响范围比较大，如果这两类标准纳入专利更容易通过专利将技术锁定在特定技术方向上，影响同类技术的多样性发展，因此可考虑在这两类标准中尽量回避专利；而专用标准往往针对特定技术，一般适用范围小，如果纳入专利不一定能影响其他同类技术的发展，因此可以考虑优先在这类标准中纳入专利。

4.4.4 工程建设标准与专利结合的战略部署

美国、欧洲、日本等国家（地区）很早就实施了专利标准化战略，建立了完善的保护机制，在国际贸易中占据了优势地位。我们的专利制度和标准制度建立较晚，也没有开展专利和标准化结合的战略部署。

工程建设标准和专利相结合，意味着通过标准制度来把握工程建设科研与经济发展的趋势，及时制定和调整标准制修订战略；同时充分灵活地运用专利这一有力武器，制订具有自主知识产权技术的标准；在吸收国外先进经验的同时，尽最大可能在国际贸易中保护本国企业，以便在国际竞争中争取和保持优势地位，发展本国经济。

目前国外高科技企业采取了“技术专利化，专利标准化，标准许可化”这一思路，并贯穿于全球技术许可战略的始终。我们工程建设行业目前还处于“技术专利化”的阶段。由于工程建设标准的特殊性，专利进入国家标准、行业标准和地方标准的制度障碍和阻力很大，目前尚处于“专利标准化”的思路调整、初步实践阶段，还没有形成共识和认可。“专利标准化”这一步骤在现有标准体制下实现难度很大，需要各方凝聚共识、有条件的推进。而且，我国工程建设标准和专利结合的发展策略还不能走与国外高科技企业完全相同的道路。工程建设团体标准等完全由市场主导的标准，作为工程建设标准体系的有益补充，可以尝试作为“专利标准化”中的标准承载体，率先探索将专利技术纳入到标准中，同时构建标准实施的专利许可政策框架，并逐步完善细化。

5 我国工程建设相关专利现状

与工程建设相关的技术都可能成为工程建设标准化工作涵盖的对象，而相关技术有可能已经申请了专利、受到专利保护，在制定标准时标准与专利就可能产生冲突。为了了解工程建设领域专利的整体状况，对工程建设标准化工作提供参考，本章主要调研我国工程建设领域的专利技术现状。由于工程建设标准涉及外观设计专利的可能性较小，因此本章把工程建设领域发明专利和实用新型专利作为主要调研对象。

5.1 数据检索

由于本章针对工程建设相关专利进行分析，因此前期检索是确定该领域的相关申请，进行全面检索，确保数据的完整性。考虑到专利保护的地域性，在国外公开、保护的专利不会影响我国工程建设标准化的工作，因此，本章主要调研中国专利文献。检索时选用中国专利文献检索数据库（China Patent Abstract Database，简称 CNABS，数据涵盖自1985 年至今所有中国专利文摘数据），并采用了商用数据库 Incopat、Patentics 进行检索，检索时间截至 2017 年 5 月底。

在本章所采集的数据中，由于下列多种原因导致 2015 年后提出的专利申请的统计数量比实际的申请量要少：通过 PCT（Patent Cooperation Treaty，《专利合作条约》）途径的专利申请可能自申请日起 30 个月甚至更长时间之后才进入国家阶段，从而导致与之相对应的国家公布时间更晚；发明专利申请通常自申请日起 18 个月（要求提前公布的申请除外）才能被公布。因此，2015—2017 年的专利申请数量是不完整的。

本章的检索主要采用 IPC 分类号进行全面检索。采用分类号进行检索的好处是较为全面，但弊端是可能“噪音”较大，会纳入一些不相关的数据。但对于数量较大的大数据分析而言，“噪音”并不影响整体的趋势。工程建设相关技术涉及的分类号分布较为广泛，但大多集中在 E 部（固定建筑物），将本章主要涉及的专利分类号（IPC 分类）列于表 5.1 内。

工程建设专利涉及的 IPC 分类号　　表 5.1

技术分类	IPC	含义
道路	E01C	道路、体育场或类似工程的修建或其铺面；修建和修复用的机械和附属工具
	E01F	附属工程，例如，道路设备和月台、直升机降落台、标志、防雪栅等的修建

续表

技术分类	IPC	含义
桥梁	E01D	桥梁
地基、基础	E02D	基础；挖方；填方；地下或水下结构物
地上建筑物、构筑物的结构构件、构造及施工	E04	建筑物
隧道	E21D	竖井；隧道；平硐；地下室
建筑材料	C04B	石灰；氧化镁；矿渣；水泥；其组合物，例如砂浆、混凝土或类似的建筑材料；人造石；陶瓷；耐火材料；天然石的处理

5.2 我国工程建设相关专利状况分析

5.2.1 申请趋势图

截至检索日，工程建设相关专利申请公开总量达到49万余件，其申请量总体呈现渐进增长态势。1998年之前，由于专利制度刚刚启动，工程建设相关中国专利申请量较少；1998—2007年10年间，随着产业的逐渐发展，以及市场需求增大，专利的申请量逐年递增。2008年至今，专利申请量进入快速发展期，并且一直持续快速增长。图5.1列出了近20年的专利申请趋势。

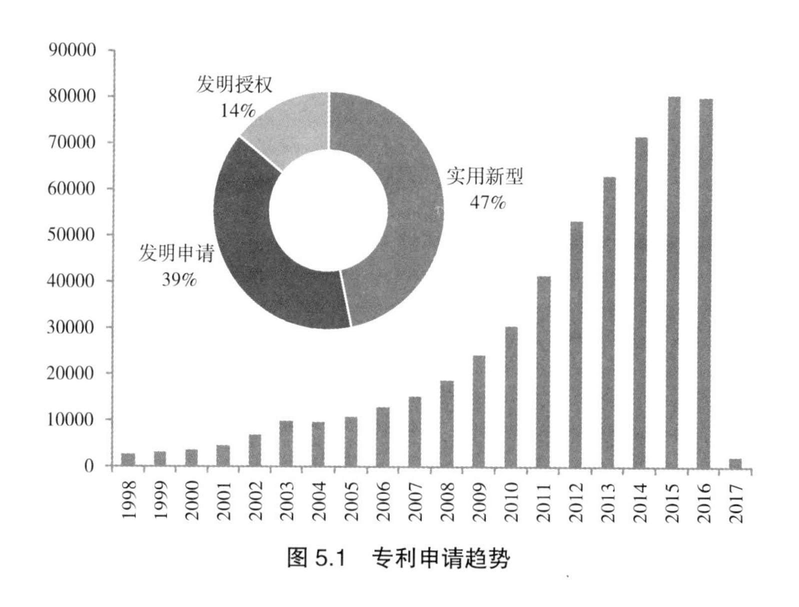

图5.1　专利申请趋势

一般来说，经济发展速度越快，专利数量越多。1985年，我国建筑业国内生产总值417.9亿，到了2015年增至180757.47亿。30年内，建筑业国内生产总值增加了430多倍，而工程建设专利申请数量从467件增加到了7万5千余件，增加了160多倍。可以看出，我国建筑业国内生产总值以及工程建设领域专利数量都快速增长。

已公开的工程建设领域中国专利中，发明申请占39%，发明授权占14%，实用新型占 47%。其中，发明授权及实用新型均为已经授权的专利，而发明申请则包含无法授权的专利申请及待审的专利申请。从总体上来说，已授权的发明专利数量仅为实用新型专利数量的约三分之一，一方面是由于发明的授权需要经过实质审查，其授权条件更加严格，并且审查周期更长；另一方面是由于实用新型申请的数量较发明更多。发明经过实质审查后，其受到保护的权利更加稳定，因此，发明授权的数量在一定程度上也能代表该领域专利申请的质量。可见，从总体上而言，工程建设领域的专利申请质量仍有提高的空间。

5.2.2　法律状态

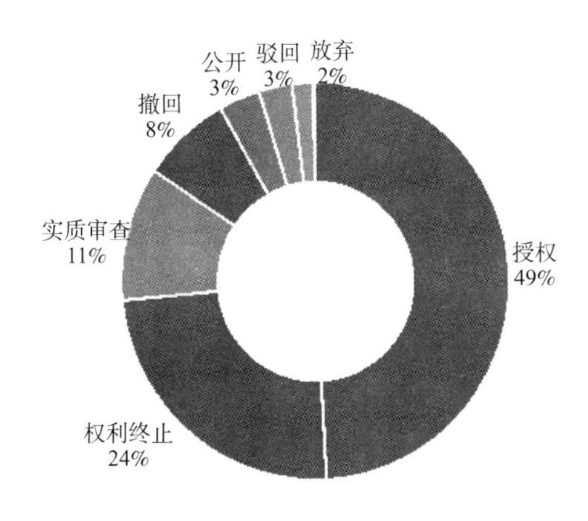

时间(年)	审中	失效	有效
1997—2006		●	·
2007—2017	●	●	●

图 5.2　专利法律状态

图 5.2 显示出了我国工程建设相关专利的法律状态。总体而言，目前有效专利占总申请的比例大约为 49%。但这些有效专利专利权是否稳定、能否具备较大的市场价值，还需要考虑其专利保护期限等其他因素。

考虑到专利保护的最长期限为 20 年，也即 1997 年之前申请的专利即使获得授权目前也均已失效，故列出 1997 年以后专利申请的状态。从图中可以看出，1997—2006 年间获得授权的专利大部分均已失效，仍保持有效的专利仅有 1 万余件；2007—2017 年间申请的专利有效比例约为 55%。专利保护期限达到专利法规定的最长专利期限，这说明这些专利技术市场价值高，专利技术的保护非常充分，最长期限的专利保护充分体现了该专利的市场利用价值，同时也表明该申请人的创新能力强，其研发专利技术和相应产品在较长时间内符合市场需求。但遗憾的是这样的届满专利较少，说明能够长时间垄断某领域专利产品的专利技术还是很少。呈现这种状况，一方面是由于我国专利制度起步较晚，早期技术未采用专利谋求保护；另一方面也说明早期的工程建设领域专利技术本来就不多，而能够真正符合市场需求的专利技术就更少。

5.2.3 国内技术实力状况

（1）申请人类型分析

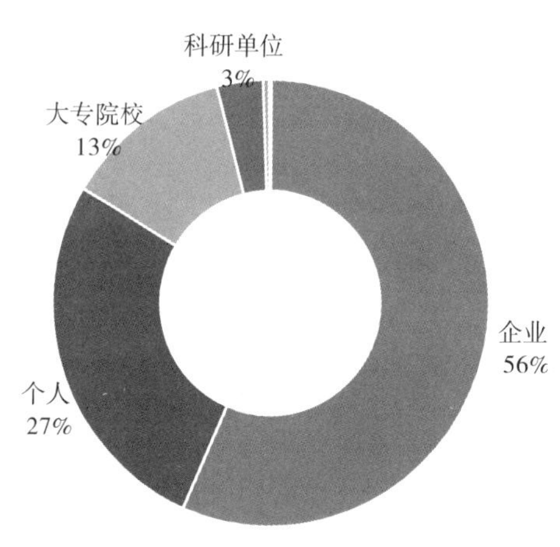

图 5.3 国内申请人类型及国别

根据图 5.3，主要申请人类型为企业，占比 56%，其次是相当数量的个人申请，占比 27%。工程建设领域个人申请的占比较高，一方面是部分企业申请人出于各种目的，采用个人申请的方式对技术进行保护，例如邱则有，其专利申请数量达六千多件，均以个人申请的方式提出；另一方面是工程建设领域的发明“门槛”较低，不少发明人在诸如空心砖、保温板等领域提出专利申请并希望得到专利的保护。除去企业以个人申请方式对技术进行保护的情况外，个人申请占比较高从一个侧面也反映出工程建设领域专利的整体水平较低。

国内的大专院校及科研单位分别占比 13% 及 3%。大学与企业合作申请共 5500 项，科研单位与企业合作申请共 6159 项，占总申请数量的比例均约为 1%，比例相对较低。高校、科研院所创新能力较强，与企业合作创新能进一步增强创新的应用与转化。可见，工程建设领域的产学研结合发展仍需要进一步拓宽。

（2）申请人国别

从图 5.4 可看出，在申请国家占比中，中国占到申请总量的 94.5%，其次是日本 1.6%、美国 1.1%、德国 0.7%。

图 5.5 显示出日本、美国、德国、韩国主要申请的技术领域。从图中可以看出，以上几个主要的国外申请人申请量最大的均集中在 C04B，即建筑材料上，其次除德国外为 E04B（一般建筑物构造；墙，例如，间壁墙、屋顶、楼板、顶棚、建筑物的隔绝或其他防护），德国申请量排列第二位的为 E01C，即道路相关。

图 5.4　申请人国别

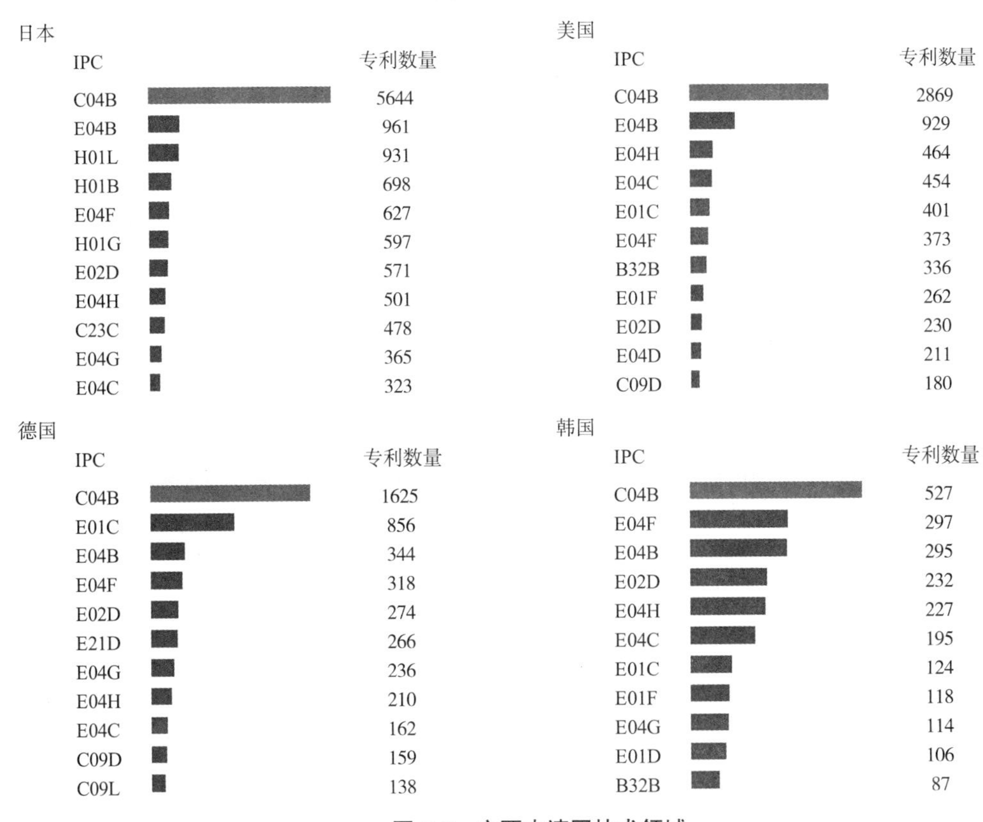

图 5.5　主要申请国技术领域

由于工程建设行业的地域性，特别是除建筑材料外的其余技术分支，例如建筑构件、构造、建造方法等国外专利数量相对较少，进入国内的外资企业主要来自整体经济水平较高、该行业水平较高的几个国家，且只有部分企业进入。我国是一个资源和劳动力富足的国家，同时工程建设领域的专利技术的可替代性强，很多企业从经济利益出发可能更愿意采用廉价的劳动力和传统的生产方式而不愿意采用技术含量较高的专利技术，国外申请的专利在中国很难开辟出广阔的市场，影响了专利申请的积极性。

但从总体上来看，国外专利多为发明专利，专利质量相对较高；并且，国外申请人在华的专利更多代表了其认为更为先进的技术。因此，在进行工程建设标准化工作的过程中，要对国外在华的专利引起充分重视，尤其需要注意是否将国外申请人在中国的专利纳入强制性标准。

（3）主要申请人（数据来源：Patentics）

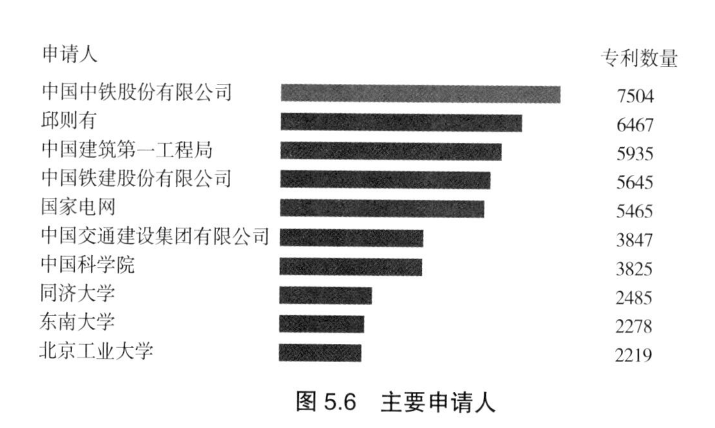

图 5.6 主要申请人

从图 5.6 中可以看出，国内申请中申请量排名前 10 位的申请人中，有 6 家企业（包括邱则有）、3 所高校及 1 家科研院所。

中国中铁股份有限公司、中国铁建股份有限公司的专利申请数量较多的分布在 E01D21（专用于架设或装配桥梁的方法或设备）、E21D11（隧道、平峒、平巷或其他地下洞室，如地下大型峒室的衬砌等）、E01D19（桥梁结构建筑细部）等，可以看出，该公司在桥梁、隧道布局了大量专利。

邱则有的专利主要集中在 E04B、E04C，主要为空心板相关内容，技术方案较为单一。

中国建筑第一工程局的专利申请多分布在 E04G21（建筑材料或建筑构件在现场的制备，搬运或加工；施工中采用的其他方法和设备）、E04B1（建筑物的一般构造；不限于墙，如间壁墙，或楼板或顶棚或屋顶中任何一种结构）等。

国家电网的专利数量最多的分布在 E04H12（塔；桅杆，柱；烟囱；水塔；架设这些结构的方法）；中国交通建设集团有限公司的专利数量最多的为桥梁相关 E01D21、E01D19。

中国科学院的专利申请多分布在 C04B 小类，即材料相关。同济大学、东南大学及北京工业大学的专利申请数量最多的为 E04B1，即建筑物的一般构造等。

从以上主要申请人专利申请的分布状况来看，中铁、中铁建、中交集团在桥梁方面的研究及应用较多；国家电网在桅塔等方面布局较多；中建及几所高校的专利则多集中在建筑物相关的结构及施工领域。

从主要申请人可以看出，工程建设领域，科研院所、大专院校、大型企业的申请数量较多，其在市场竞争、科研实力上较小型企业等有明显的优势。这样的优势和不平衡将导致标准编制过程中，参与主体上优先由上述几种类型的单位承担，给中小型企业希望能够通过将专利纳入标准而盈利造成了一定的困难。

5.2.4　专利实施转化

专利技术是技术企业、高校和科研单位等技术创新的成果，其最终实施或者许可、转让等在一定程度上能够代表其创新性及市场价值。教育部《中国高校知识产权报告（2010）》统计的中国高校的专利转化率普遍低于5%；2013年底，我国的科技成果转化率仅为10%左右。以下分析工程建设领域相关专利的实施转化情况（数据来源：Incopat）。

图5.7为工程建设领域专利转让趋势，从图中可以看出，该领域专利转让数量逐年增加，从2001年到2016年十几年间，转让数量增加了100多倍。其中，2010年数量突增，其原因是邱则有将其个人名下的专利4300余项转让给湖南邱则有专利战略策划有限公司；除此之外，专利转让的数量呈逐渐上涨的趋势。可见，工程建设领域的专利转移越来越活跃。

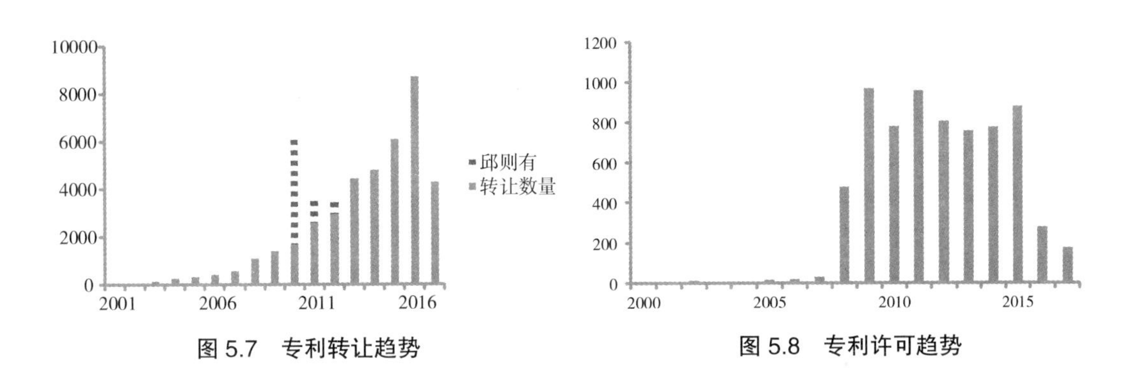

图5.7　专利转让趋势　　图5.8　专利许可趋势

图5.8为工程建设领域专利许可趋势，从图中可以看出，2008年以前专利许可的数量均较低，2008年专利许可迅速上涨；2009年起，专利许可数量开始趋于稳定，约为800件左右。

从以上数据可以看出，工程建设领域专利许可的数量较少，与每年授权的数万件专利的数量相比占比相当小，说明该领域技术的实施转化较低。

6 国内外标准化组织专利政策研究[1]

6.1 国际标准化组织的专利政策

国际标准化组织（ISO）、国际电工委员会（IEC）和国际电信联盟（ITU）的标准化工作相互补充，形成了一个能提供自愿性国际技术协议的完整体系。以国际标准或国际“建议”形式出版的这些协议正在帮助实现世界范围内的技术兼容。这些协议的实施能够增加所有经济活动方面大大小小商家的利益，尤其有利于促进贸易。概括地讲，ISO、ITU这类国际标准化组织的知识产权政策比私权性质的标准化组织的政策内容要简单得多，他们设立此政策的目的更多考虑是：促进标准化的同时尽可能免除自己的法律风险。基于此原则，ISO、IEC和ITU这类国际标准化组织的知识产权政策主要集中在两点：一是知识产权信息披露，即要求标准的提案人将标准提案中的技术方案涉及的专利技术披露出来，并提供权利人的许可声明；二是国际标准化组织声明不对其发布的标准承担知识产权权利担保责任。

2007年之前，ISO/IEC和ITU各自有自己的知识产权政策，2007年ISO/IEC/ITU在处理专利问题上达成了一致。

6.1.1 2007年前ISO/IEC/ITU的专利政策

（1）ISO/IEC的知识产权政策

ISO和IEC是两个最大的国际标准化组织。在国际标准化组织的知识产权政策中，允许专利技术加入到标准技术中，但不负责专利技术的许可谈判，而是通过专利权人自己的许可使用声明来确定在标准使用中发生的权利与义务关系。

ISO成立于1947年2月23日，是一个非政府组织。该组织包括100多个国家的技术标准团体。每个国家的技术标准团体就是该国负责技术标准工作的政府机构。美国的代表是美国国家标准协会（ANSI）。ISO的任务是促进技术标准及相关活动的发展以扩大国际商品和服务贸易、推动科技和经济等方面的合作。1978年9月1日，中国重新进入ISO，1988年起以中国国家技术监督局的名义参加ISO活动。ISO由一个技术管理委员会管理若干技术委员会和联合技术委员会的技术性工作。成员国在某一委员会的参与程度用参与成员（P成员）和观察员（O成员）区分。技术委员会的工作是由主席主持的，起草工作则由审定委员会负责。技术委员会的工作也可以授权给一些工作组。ISO技术委员会和下属委员会在制定国际技术标准时采用六个步骤。第一个阶段（提议期），技术委员会确定新技术标准的需求和成员国参与该技术标准制定的积极性。第二阶段为

[1] 本章主要由黄永衡、何佰洲等专家起草。

筹备期，工作组进行技术标准的起草工作直至确认获得了最佳的技术方案。第三阶段，技术委员会准备草案并在ISO中央秘书处注册。一旦各方对于草案中的技术方案达成了一致，草案文本就作为一个国际技术标准草案被提交。第四阶段是询问期（5个月的投票和发表意见的期间），成员国进行审议，最终获得通过便成为最终国际技术标准草案。第五阶段为批准期，成员国对最终国际技术标准草案进行两个月的投票表决。最后一个阶段是公布出版。

IEC成立于1906年，是世界上成立最早的国际性电工标准化机构，负责有关电气工程和电子工程领域中的国际标准化工作。IEC也是一个非条约组织，有自己的章程，宗旨是促进电气、电子和相关技术领域的技术标准化的合作。ISO和IEC通过联合技术委员会在信息技术方面进行合作。IEC由主席和各国委员会主席组成的一个理事会负责。理事会负责决定会员资格、财政以及其他行政事务等。理事会还可以将技术工作的管理授权给一个行动委员会。这个委员会建立起一些技术委员会处理实际的技术标准工作。这些技术委员会还可以进一步细分。我国于1957年参加IEC。

ISO/IEC联合技术委员会（JTC1）是ISO和IEC在1976年达成合作协议后成立的，IEC负责电气和电子领域，其他的由ISO负责。与两者都相关的技术主题由联合技术团体负责，其中一个就是负责信息技术的JTC1。JTC1包括：一个秘书处、一位主席、一个技术标准特别工作组、一个注册特别工作组、一个评估协调特别工作组和一些负责技术工作的下属委员会。每个下属委员会负责某一特定领域的技术。一个工作组包括一个负责人、一个或多个项目编辑和一些工作人员。负责人和项目编辑是由上级委员会（下属委员会）任命的，他们分别负责一般的行政管理和工作组文件的起草。

ISO/IEC导则第1部分（2016年版本）第2.14.2条规定，如果由于技术的原因在制定标准中的有些条款涉及专利权，应遵守以下程序：

a）标准提案人应将其所知道的并认为会在标准中涉及的专利提请委员会注意；在标准的制定过程中，参与编制标准的任何一方，在提交标准的任何阶段时，应提请委员会注意任何涉及的专利权。

b）若标准草案中涉及了专利权，专利持有人应作出声明，将愿意在全世界范围以合理和无歧视的条款和条件，与使用标准的任何人通过协商讨论专利许可事宜。这种协商由相关各方进行，并在ISO和/或IEC之外执行。

专利持有人声明的记录应酌情在ISO中央秘书处或IEC中心办事处的登记处备案，并在有关文件的介绍中提及。如果专利持有人没有提供这样的声明，有关委员会不得在没有ISO理事会或IEC理事会授权的情况下，将专利权所涉及的项目列入该标准。

c）在专利持有人做出的声明没有完全被接受的情况下，除非标准化技术委员会授权，否则标准文件不得发布。

原文如下：

a) The proposer of a proposal for a document shall draw the attention of the committee to any patent rights of which the proposer is aware and considers to cover any item of the proposal. Any party involved in the preparation of a document shall draw the attention of the committee to any patent rights of which it becomes aware during any stage in the development of the document.

b) If the proposal is accepted on technical grounds, the proposer shall ask any holder of such identified patent rights for a statement that the holder would be willing to negotiate worldwide licenses under his rights with applicants throughout the world on reasonable and non-discriminatory terms and conditions. Such negotiations are left to the parties concerned and are performed outside ISO and/or IEC. A record of the right holder' s statement shall be placed in the registry of the ISO Central Secretariat or IEC Central Office as appropriate, and shall be referred to in the introduction to the relevant document. If the right holder does not provide such a statement, the committee concerned shall not proceed with inclusion of an item covered by a patent right in the document without authorization from ISO Council or IEC Council Board as appropriate.

c) A document shall not be published until the statements of the holders of all identified patent rights have been received, unless the council board concerned gives authorization.

ISO/IEC 导则第 1 部分（2016 年版本）附录 I 规定：

II.2　ISO 和 IEC 的具体规定

ISO/IEC-1　已交付草案的磋商

提交征求意见的所有标准草案，应在封面上列入下列内容："请本文件接收者在提出评论意见的同时，将其了解的任何有关的专利权问题一并提交，并提供支持性文件。"

ISO/IEC-2　公示

在编制过程中没有发现专利权的公开文件，应在前言中包含以下通知：

"请注意本文件的某些内容可能涉及专利权的主题。ISO [和 / 或] IEC 不负责确定任何或所有此类专利权。"

在编制过程中已经确定了专利权的公开文件，应在前言中包括以下通知：

"国际标准化组织（ISO）[和 / 或] 国际组织电工委员会（IEC）提请注意，执行本文件可能涉及使用（……条款……）中给出的（……主题……）的专利。"

ISO[和 / 或] IEC 对本专利权的证据，有效性和范围没有任何立场。

该专利权持有人向 ISO [和 / 或] IEC 保证，他 / 她愿意在合理和非歧视性条款和条件下与世界各地的申请人谈判许可证。在这方面，本专利权持有人的声明已经向 ISO[和 / 或] IEC 注册。信息可以从：

专利权持有人的名称：……

地址：……

请注意本文件的某些内容可能是以上所述以外的专利权的主题。ISO [和 / 或] IEC

不负责确定任何或所有此类专利权。

ISO/IEC–3 国家采标

ISO [和 / 或] IEC 中的专利声明交付方式，仅适用于声明表中所示的 ISO [和 / 或] IEC 文件。声明不适用于被更改的文件（例如通过国家或地区采用）。然而，符合相同的国家和地区采用以及相应的 ISO 和 / 或 IEC 可交付项目的实施，可能依赖于提交给 ISO 和 / 或 IEC 的此类可交付成果的声明。

原文如下：

II.2 Specific provisions for ISO and IEC

ISO/IEC–1 Consultations on draft Deliverables

All drafts submitted for comment shall include on the cover page the following text: "Recipients of this draft are invited to submit, with their comments, notification of any relevant patent rights of which they are aware and to provide supporting documentation."

ISO/IEC–2 Notification

A published document, for which no patent rights are identified during the preparation thereof, shall contain the following notice in the foreword:

"Attention is drawn to the possibility that some of the elements of this document may be the subject of patent rights. ISO [and/or] IEC shall not be held responsible for identifying any or all such patent rights."

A published document, for which patent rights have been identified during the preparation thereof, shall include the following notice in the introduction:

"The International Organization for Standardization (ISO) [and/or] International Electrotechnical Commission (IEC) draws attention to the fact that it is claimed that compliance with this document may involve the use of a patent concerning (…subject matter…) given in (…subclause…) ."

ISO[and/or] IEC take[s] no position concerning the evidence, validity and scope of this patent right.

The holder of this patent right has assured the ISO [and/or] IEC that he/she is willing to negotiate licenses under reasonable and non–discriminatory terms and conditions with applicants throughout the world. In this respect, the statement of the holder of this patent right is registered with ISO [and/or] IEC. Information may be obtained from:

name of holder of patent right …
address …

Attention is drawn to the possibility that some of the elements of this document may be the subject of patent rights other than those identified above. ISO [and/or] IEC shall not be held responsible for identifying any or all such patent rights.

ISO/IEC-3　National Adoptions

Patent Declarations in ISO，IEC and ISO/IEC Deliverables apply only to the ISO and/or IEC documents indicated in the Declaration Forms. Declarations do not apply to documents that are altered（such as through national or regional adoption）. However，implementations that conform to identical national and regional adoptions and the respective ISO and/or IEC Deliverables，may rely on Declarations submitted to ISO and/or IEC for such Deliverables.

国际标准出版后，应当有一个复查的工作程序，以衡量专利技术的许可效果。假如不能在合理的非歧视的条件下得到专利权人的专利许可，那么此国际标准应当回到ISO相关的TC和SC工作部门进行下一步的考察。

（2）ITU的知识产权政策

ITU是电信界最权威的标准制定机构，成立于1865年5月17日，当时的名称是“国际电报联盟”，1932年更名为“国际电信联盟”。1947年10月15日成为联合国的一个专门机构，总部设在瑞士日内瓦。为了适应电信技术的发展，当时的国际电报联盟先后成立了三个咨询委员会：1924年在巴黎成立的“国际电话咨询委员会（CCIF）”；1925年在巴黎成立“国际电报咨询委员会（CCIT）”；1927年在华盛顿成立“国际无线电咨询委员会（CCIR）”。1956年又将CCIF和CCIT合并成为“国际电报电话咨询委员会”，即CCITT。

经过100多年的变迁，1972年12月，为适应不断变化的国际电信环境，保证ITU在世界电信标准领域的地位，ITU决定对其体制、机构和职能进行改革。ITU的实质性工作由三大部门承担，它们是：国际电信联盟标准化部门（ITU2T）、国际电信联盟无线电通信部门和国际电信联盟电信发展部门。其中ITU2T由原来的国际电报电话咨询委员会（CCITT）和国际无线电咨询委员会（CCIR）的标准化工作部门合并而成，主要职责是完成国际电信联盟有关电信标准化的目标，使全世界的电信标准化。改革后的ITU最高权力机构仍是全权代表大会。全权代表大会下设理事会、电信标准部门、无线电通信部门和电信发展部门。理事会下设秘书处，设有正、副秘书长。电信标准部、无线电通信部和电信发展部承担着实质性标准制定工作，各设1位主任。

电信发展部门旨在促进第三世界国家的电信发展。1998年国际电联全权代表大会再次就其改革与发展展开讨论，并决定采取一系列措施，广泛听取意见，成立专门的工作组进行研究。ITU改革工作组已于1999年12月15～17日、2000年4月3～7日分别举行第一、二次会议。国际电联为提高技术标准的质量，增强其及时性和预见性，决定在2000—2004年研究期建立试验性热点专题小组，就某一专题进行9～12个月的研究。此外由于很多研究热点涉及多个研究组，为有利于这些研究热点的平衡发展，确保所制定标准的一致性、完整性、及时性，ITU还成立了若干个牵头研究组。ITU成员由各国电信主管部门组成，同时也欢迎那些经过主管部门批准、ITU认可的私营电信机构、工业和科学组织、金融机构、开发机构和从事电信的实体参与电联活动。ITU每年召开1

次理事会；每4年召开1次全权代表大会、世界电信标准大会和世界电信发展大会；每2年召开1次世界无线电通信大会。

我国于1920年加入国际电报联盟，1932年派代表参加了马德里国际电信联盟全权代表大会，1947年在美国大西洋城召开的全权代表大会上被选为行政理事会的理事国和国际频率登记委员会委员。中华人民共和国成立后，我国的合法席位一度被非法剥夺，1972年5月30日在国际电信联盟第27届行政理事会上，正式恢复了我国在国际电信联盟的合法权利和席位。

ITU颁布知识产权政策文件的目的就是为了帮助电信标准化局（TSB）在ITU的标准化工作中更好地处理好有关的知识产权问题。这个知识产权政策的宗旨就是要尽可能早地披露和确认与ITU标准制定中有关系的专利，以尽最大可能避免潜在专利（Potential Patent）对标准化工作的影响。

ITU知识产权政策最早可以从1985年的ITU的前身CCITT颁布的《CCITT知识产权政策》算起，当时的内容比较少，目的就是要将标准化组织的工作与解决专利权的权属分开。但是随着发展，ITU和其他标准化组织一样，颁布了更加详细的知识产权政策。

ITU知识产权政策的定位就是只负责收集有关的知识产权信息，而不介入专利的有效性和实用性的审核，也不介入专利争端的解决。

关于专利信息尽早披露的原则。ITU要求其成员尽最大努力关注与ITU标准提案有关的专利技术，并尽快上报给ITU的电信标准化局TSB。

要求权利人进行声明的原则。ITU在标准建立的过程中会向ITU已经知道的权利人提供一份格式文本，需要ITU标准涉及的专利技术的专利权人就此发布声明。声明的目的就是保证标准建立后，能够使权利人尽快地按照声明对外实施技术许可，使标准尽快得到普及。如果专利权人拒绝作出同意的声明，那么ITU主任就应该迅速地通知有关部门对标准提案进行讨论，是否能够绕开此专利技术或者找到替换技术，否则标准提案将被搁置。还有一种情况就是标准被通过乃至标准文本已经发布后，又有新的专利权人出现了。ITU主任会向专利权人要求按上述文本进行承诺声明；如果专利权人拒绝作出同意的声明，那么ITU主任就应该迅速要求标准文本的发布工作进行搁置，并通知有关部门讨论是否能够绕开此专利技术或者找到替换技术，进行标准的修改，否则标准将被撤回。

为了方便建立标准和方便标准的应用，ITU的电信标准化局TSB建立了专门的ITU专利数据库，内容主要是同ITU有联系的专利权人的专利技术简介以及专利权人向ITU作出的有关声明。此数据库的功能主要是向准备采用标准的人指明应该向谁获得专利技术的许可。

6.1.2 2007年ISO/IEC/ITU的专利政策

国际标准化组织ISO、国际电工委员会IEC和国际电信联盟ITU为了确保全世界范围内技术和系统的兼容性，在处理专利问题上达成了一致，允许在标准中采用企业的研究和技术发展成果，并保护其知识产权，维护其技术安全。以ITU-T的专利政策为基础制定了三个组织共同的专利政策《ITU-T，ITU-R / ISO/IEC共同专利政策实施指南》（Guidelines for Implementation of the Common Patent Policy for ITU-T/ITU-R/ISO/IEC），并于2007年3月1日联合发布。

三大国际标准组织的专利政策只是对标准和专利问题进行了原则性的规定。此前，ISO/IEC和ITU各自有自己的知识产权政策，专利政策的基本原则相同，但具体条款也存在一定差别。这次发布该执行指南主要是要清晰界定专利问题并使专利政策执行起来更加方便可行。考虑到技术专家普遍不熟悉复杂的专利法律事务，因此还起草了一些方便使用的表格。

和此前的政策相同，ISO/IEC/ITU的专利政策鼓励专利尽早披露或鉴别出来，这样有利于提高标准制订的效率而且能尽可能避免潜在的专利问题；同时，不负责评估专利的有效性和必要性，不参与授权谈判的有关事宜，不参与解决专利纠纷的事务。另外，在该指南的第二部分列出了一些特别条款，这些特别条款是ISO/IEC或ITU的专用条款，且不能违背ISO/IEC/ITU共同的专利政策。此外，IEC、ISO和ITU还联合采纳了共同专利政策的执行指南以及专利权声明和许可申报单。

ISO/IEC在解决标准涉及专利的问题上的总原则是允许专利技术加入到标准中，但不负责专利技术的许可谈判，而是通过专利权人自己的许可使用声明来确定在标准使用中发生的权利义务关系。

6.1.3 2012年后ISO/IEC/ITU的专利政策

面对世界经济形势的不断变化和热点问题的不断出现，三大国际标准组织在经过多年的讨论和修改后于2012年4月发布《ITU-T/ITU-R/ISO/IEC共同专利政策实施指南》（Guidelines for Implementation of the Common Patent Policy for ITU-T/ITU-R/ISO/IEC）修订版。

新版的实施指南与上一版本相比，主要是对一些模糊的概念，容易引起歧义的方面进行了详细说明，主要体现在以下方面：

（1）对专利重新进行了定义

在上一版本的实施指南中，对专利的定义是："专利是基于发明产生的发明专利、实用新型专利和其他类似的法定权利，也包括上述权利的申请。"新修订的实施指南对专利的定义是："专利仅指基于发明创造的发明专利、实用新型专利和其他类似法定权利（包括上述任何权利的申请）中所包含和确定的权利要求。且这些权利要求对于某项建议或可提供使用文件的实施是必要的。必要专利是实施某项特定的建议或可提供使用文件所必需的专利。"

新修订的实施指南对专利的定义更加明确，更加符合专利法中对专利的定义。此处指出了标准中的专利仅指权利要求。明确这一点很关键，因为后面的专利说明和许可声明表都是基于专利所做的承诺。明确了专利的定义和范围，对于专利人来说，其在进行专利许可承诺的时候能够更加明确自己可能授权对象的范围，是某项专利中的必要权利要求，而非整项专利。对于某项专利中的不同权利要求，专利权人可以做出不同的许可承诺。对于标准实施者来说，其在实施标准的时候能够对自己产生可能的实施成本进行更加明确的估算。

（2）明确了专利政策的适用对象

在实施指南第一部分的“专利披露”中写道：“凡是参与组织工作的任何各方应该从一开始就请组织注意任何已知专利或已知专利申请，无论是他们自己的还是其他组织的。”此处对“任何各方”一词增加了一个脚注：“在 ISO 和 IEC，此处的‘任何各方’包括在标准制定过程的任何阶段接收到标准草案的任何接收者。”

此处“请组织注意任何已知专利或已知专利申请”实际上就是专利的披露。在标准制定出来之前尽量披露其中可能涉及的专利，即事前披露，已经成为一种被标准组织广为接受的知识产权策略。它有利于在标准制定之前建立透明的技术竞争市场，保证标准化组织对技术方案从技术和使用成本两个方面进行评估，同时也能帮助标准实施者在使用标准之前对标准的使用成本进行估量，减少标准实施的阻力和可能带来的纠纷诉讼。对于不同的主体，其披露义务也不尽相同。

总的来说，根据不同主体在标准制定中所充当的角色和发挥的作用不同，可以将其分为两类。一类是参与标准制定的主体，另一类则是没有参与标准制定的第三方。对于没有参与标准制定的第三方而言，由于其不是标准化组织的成员，没有义务必须遵守标准化组织的专利政策，他可以不承担专利披露义务。而对于参与标准制定的主体而言，由于其在标准的制定过程中起到了一定的作用，其披露义务应比没有参与标准制定的第三方更多。

因此，新修改专利政策对参与标准制定工作主体的说明进一步明确了应当进行专利披露的主体。这充分体现了权利与义务对等的原则。

（3）指出了许可声明表的效力

在实施指南第一部分的“专利说明和许可声明表”中，增加了一段对于专利许可声明表效力描述的话：“声明表中的信息在有明显错误的情况下可以改正，例如标准号或专利序号的印刷错误。声明表中的许可声明一直有效，除非从被许可方的角度来看后提交的声明表中的许可条件和条款更优惠才可被取代：（a）许可承诺从选项 3 变为选项 1 或选项 2；（b）许可承诺从选项 2 变成选项 1；（c）在选项 1 或选项 2 下不选一个或多个子选项。”

一般来说，许可承诺一旦做出，即不可改变。但对于标准制定组织来说，由于其目的是要保证标准的顺利制定和实施，因此如果专利权人想要改变其许可承诺，而且改变后的许可承诺能更有利于标准的制定和实施，则标准制定组织应考虑接受其新的许可承诺。在这种情况下，国际标准组织规定在以下情况下可以接受专利权人做出的新的许可承诺：

（a）如果专利权人的许可承诺由选项 3 变为选项 1 或选项 2，即由过去的不同意许可承诺，变为同意许可承诺，则可以将其专利纳入标准。增加该说明，可以有效扩大标准中涉及专利的范围，更好地促进标准的制定和实施。

（b）如果专利权人的许可承诺由选项 2 变为选项 1，即由过去的在合理无歧视基础上进行许可变为免费许可，这样可以促使更多的用户来实施该项标准，因此标准制定组织可以将其后提交的许可声明替代之前提交的许可声明。

（c）如果专利权人过去选择的许可承诺为选项 1 或选项 2，并且在选项 1 或选项 2 下面勾选了一个或多个子选项。这就意味着，专利持有人的免费许可或者在合理无歧视基础上许可是有条件的。在这种情况下如果专利持有人改变许可条件，只选择选项 1，而不勾选选项 1 下面的任何子选项，也就是不对许可条件进行任何限制。这样做，实际上是扩大了许可的范围。标准制定组织可以将其后提交的许可声明替代之前提交的许可声明。

新修改的实施指南增加此段对“专利说明和许可声明表”效力的说明充分体现了标准制定组织鼓励专利权人以尽量宽松的条件对其专利进行许可的态度。

（4）对专利权发生转移的情况进行了规定

在实施指南第一部分中增加了一款内容，即：“专利权的转让或转移。如果参与组织工作的专利持有人转让或转移该专利持有人合理地认为他已经向 ITU / ISO / IEC 作出许可声明的专利的所有权或控制权，该专利持有人应尽合理努力告知受让人或承让人该许可声明的存在。此外，如果专利持有人向 ITU / ISO / IEC 明确识别出专利，那么对于同一专利，该专利持有人应使受让人或承让人同意遵守与该专利持有人做出的许可声明一样的许可声明。

如果专利持有人没有向 ITU / ISO / IEC 明确识别出专利，那么他应尽合理努力（但不需要专利检索）使受让人或承让人同意遵守与该专利持有人做出的许可声明一样的许可声明。这样就使专利持有人在专利权转让或转移之后完全卸掉了与许可声明有关的所有责任和义务。此处并不想在专利权转移发生后向专利持有人强加任何责任以迫使受让人或承让人遵守许可声明”。

增加对专利权转移的说明是非常有必要的，因为由于对专利权转移而导致的纠纷已经陆续出现。其中以美国联邦贸易委员会 N-Data 案件较为著名。1993 年，美国电气及电子工程师学会（Institute of Electrical and Electronics Engineers，以下简称 IEEE）组建工作组，研发第二代以太网标准。国家半导体公司作为工作组成员参与了该标准的制定。1994 年国家半导体公司的“NWay”的专利技术写入该标准，并承诺：“如果该专利技术被本标准采用，任何人在实施该标准的时候，只需一次性支付 1000 美元之后，就可以实施其专利。”1998 年国家半导体公司将上述专利转让给垂直网络公司。2003 年垂直网络公司又将“NWay”专利转让给 N-Data 公司，并附上了 1994 年的承诺书。N-Data 公司为了收取更高的专利许可费用，开始拒绝相关厂商关于沿用 1994 年许可条件的请求。

2008 年 FTC 指控 N-Data 公司违反了《联邦贸易委员会法》实施了不公平的竞争方式和不正当竞争行为，并作出裁定，其主要内容包括：

（a）N-Data 公司不得起诉那些没有支付更多许可费的企业；

（b）N-Data 公司在进行专利许可时必须遵守国家半导体公司 1994 年的承诺；

（c）N-Data 公司不得为了规避该裁定而转让“NWay”专利，并且 FTC 的裁定对以后的专利受让人也有约束力。

从 N-Ddata 案例中我们也可以看出，尽管标准制定组织已经要求专利权人对其许可的专利做出书面承诺。但专利权人也很容易通过转让专利来规避其责任。因此标准制定组织有必要通过对专利转让做出规定来规制这种风险。通过这样做，标准组织至少能够在事先对专利权人的行为给予正确引导和适当规范。而且标准组织的专利政策越规范，越容易收集相关证据以便于其在纠纷发生后寻求法律救济途径。

（5）对采标中专利权的处置进行了说明

在实施指南第二部分的“组织专用条款”中的“ISO 和 IEC 专用条款”中增加了一项内容，即“ISO / IEC- 国家采用”。其中说道：“ISO、IEC 和 ISO / IEC 可提供使用文件中的专利声明仅适用于声明表中所列出的 ISO 和 / 或 IEC 文件。该声明不适用于在国家采标或区域采标过程中修改了的文件。然而，在按照国家等同采标标准、区域等同采标标准和相应 ISO 和 / 或 IEC 可提供使用文件实施的情况下，可以使用专利持有人针对该可提供使用文件提交给 ISO 和 / 或 IEC 的声明。”

新增加的对采标中专利权的处置说明无疑是国际标准组织专利政策的一大进步。在我国的《采用国际标准管理办法》中规定：“我国标准采用国际标准的程度，分为等同采用和修改采用。”对于这两种不同的采标方式，标准中的专利问题应当分别处置。如果是等同采用国际标准，其与国际标准在技术内容和文本结构上相同，或者与国际标准在技术内容上相同，只存在少量编辑性修改。因此，可以认为采标后的标准与国际标准是一致的。实施采标后的标准实际上也是在实施国际标准。故而，专利权人对于国际标准做出的许可承诺对于采标后的标准也同样适用。然而对于修改采用国际标准来说则不同。修改采用是指与国际标准之间存在技术性差异，并清楚地标明这些差异以及解释其产生的原因。由此可见修改采用后的标准与国际标准已经存在技术差异，对于这些修改后的条款如果其中涉及专利的话，就应该重新获得专利权人的许可。[1]

6.2　区域和国家标准化机构的专利政策

6.2.1　CEN/CENELEC

欧洲标准化委员会（CEN）和欧洲电工标准化委员会（CENELEC）的基本政策与 ISO 和 IEC 基本一致，其主要规定如下：如果由于技术原因需要在欧洲标准中引用专利，

[1] 朱翔华 . 国际标准组织专利政策的最新进展 [J]. 中国标准化，2014（3）.

原则上不反对。在这种情况下，应遵循下述规则：

（1）CEN 和 CENELEC 不应就专利权和类似权利的范围、有效性和证据方面提供权威性或理解性信息，但是希望得到这方面的详细信息；

（2）如果从技术上接受了在标准中使用专利项目的建议，应该询问拟引用的专利持有者是否愿意按照合理的费用和条件与全世界的专利使用申请者协商他的专利和类似权利的许可事项。专利持有者的声明应该存放在 CEN 和 CENELEC 的档案中，并且应该在有关的欧洲标准中引用。如果专利持有者没有提供这类声明，负责准备标准的技术团体不应该继续推进关于在标准中包含该专利项目的工作。

（3）如果某项欧洲标准发布后，该标准用户不能享受按照合理的费用和条件的使用许可，则应该提请负责该欧洲标准制定机构对该欧洲标准作进一步考虑。

6.2.2 ANSI

与国际化标准组织对专利权的政策类似，美国在国家标准化组织层面处理专利权问题时,除了对专利权的尊重和对标准使用者的利益的保护外,也大体上采取了“责任自负”的态度。美国国家标准协会（ANSI）关于标准中引用专利的政策典型地代表了美国国家级标准中引用专利问题的处理方式。

《美国国家标准的制定和协调程序》的 1.2.11 条款规定了 ANSI 的专利政策：

1.2.11　ANSI 专利政策——如果认为在技术上有理由在标准条款中引用专利项目，原则上不反对在标准中引用该专利项目。如果向美国国家标准要求引用专利项目，则应遵循以下相关规定的程序。

1.2.11.1　专利持有者的声明：其内容与 ISO、IEC 的专利政策一致；

1.2.11.2　声明的记录（专利持有者的声明的记录应保存在 ANSI 的档案中）；

1.2.11.3　通知（请用户注意，为了符合本标准可能需要使用某项专利），它表明专利持有者已经发表了如下声明：即愿意按照合理的、非歧视的费用和条件向那些希望得到这些专利许可的申请者提供使用许可，其详细资料可从标准制定者那里获得；

1.2.11.4　识别专利的职责：ANSI 不应负责识别美国国家标准可能需要的某项专利，也不应该负责对那些引起关注的专利的法律有效范围进行查询。

由于 ANSI 在美国标准发展中的地位，美国其他标准制定机构也参考 ANSI 的专利政策，例如 EIA，TIA，ATIS，JEDEC 等，与 ANSI 的专利政策几乎一致。

6.2.3 BSI

英国标准协会（BSI）在英国标准《标准的编制规定》中明确规定：无论标准在编或者已出版，会员认为与在编标准相关的专利或已被标准使用的专利都应该告知相关的技术委员会或分会。如果必要，英国国家标准（非采标）可以包含涉及专利的内容，但是必须获得专利权人合理的无歧视的许可证明。对于国际标准（或欧洲标准）被采标为英国标准，应该遵从相关的国际标准（或欧洲标准）关于专利的规定。出版时，在标准文本的合适位置应提示使用者涉及的专利内容。

6.2.4 JISC

2001年日本工业标准调查会（JISC）编写了《JIS标准制订程序——包括专利权等》（Procedures Concerning Establishment of JIS, Including Patent Rights, etc），其中规定专利权的管理也是JIS标准制订工作的一部分。2006年，为了顺应国际标准化的潮流，JISC修订了标准制订程序，使其标准的专利政策与ITU-T/ITU-R/ISO/IEC的政策一致。日本政府也充分认识到了标准化过程中知识产权政策的重要性。日本的2006年知识产权战略中知识产权外延（Intellectual Property Exploitation）也阐述了知识产权和国际标准化活动的关系。[1]

JISC将标准制定中的专利工作划分为四个阶段：

第一阶段：提请日本工业标准调查会讨论前

无论是否是专利的利害相关人，标准提案者应该提出专利的调查情况以及合理的无歧视的许可声明，并且提请日本工业标准调查会讨论。

第二阶段：日本工业标准调查会答复

日本工业标准（JIS）的有关责任部门应该进行专利权调查，如果发现还存在其他专利权人，那么会要求专利权人提交合理的无歧视的许可声明。如果专利权人不提交，那么标准提案将被修订。如果手续都具备，那么日本工业标准调查会给出答复。

第三阶段：关于JIS标准中的专利信息披露

如果标准中包含专利，那么前言应包括如下内容（大意）：

此标准内容可能涉及下列人员的专利，敬请留意。

“姓名：　　　　　住址：　　　　　”

上述专利权人在平等、合理、无歧视的条件下，允许实施专利。除上述专利外，本标准的其中一部分也存在涉及其他专利的可能性。标准编制者以及日本工业标准调查会对此不承担任何责任。

如相关专利数量较多，关于专利权利人的一览表可以放在附录中，但是前言中必须标明。另外，如果标准不包含专利，前言部分的说明如下：

本标准中个别部分可能涉及专利、公开的专利申请、实用新型、公开的实用新型申请，请引起注意。关于这种专利、公开的专利申请、实用新型或是公开的实用新型申请的相关确认事宜，标准编制者以及日本工业标准调查会对此不承担任何责任。

第四阶段：JIS标准制定后

尽管专利权利人提出了合理的无歧视的许可声明，但是如果专利还是不能得到公平合理的实施，那么责任部门为了确保合理利用JIS标准，将对该专利权等相关声明书的申请人实行必要的措施。实行措施后，如果尚未做出适当的处理，按照需要，将对修改、废除JIS给公共利益带来的影响进行调查。公布调查结果的同时，根据该调查结果，修

[1] [EB/OL]. http://www.jisc.go.jp/eng/policy/chitekizaisan_e.html, 2007.

订标准以回避专利或者废除标准。

如果标准出台后又发现包含了其他的专利，那么责任部门将要求专利权利人提出合理的无歧视的许可声明；如果不能得到这样的声明，那么必须修订标准以回避专利或者废除标准。

6.3 行业性标准化组织的专利政策

6.3.1 ASTM

美国材料与试验协会（ASTM）标准体系有专门的《ASTM 标准体系知识产权政策》（Intellectual Property Policy of ASTM），于 1999 年 4 月 28 日制定。由于制定时间偏早，所以内容多是纲要性的，相对简单。在该政策中，ASTM 主要列举了以下几项知识产权政策：

（1）ASTM 标准体系知识产权的种类。ASTM 规定 ASTM 标准体系知识产权的种类包括专利权、版权和商标权，并明确标准中涉及的上述知识产权归 ASTM 所有。ASTM 成员在加入 ASTM 时，就承诺接受《ASTM 标准体系知识产权政策》的管理，明确遵守《ASTM 标准体系知识产权政策》是成为成员的一个必要条件。

（2）强调版权。ASTM 对版权规定得很全面，涉及标准文本的出版和电子文档的上网和 CD 光碟的出版等。

（3）知识产权向 ASTM 的转让。《ASTM 标准体系知识产权政策》原则规定，凡是加入ASTM，成员都要将与标准有关的知识产权权利转让给 ASTM，使权利归ASTM管理。

6.3.2 ASCE

美国土木工程师学会（The American Society of Civil Engineers，ASCE）规定，如果标准委员会一致同意，原则上不反对 ASCE 标准条款中包含专利。但首先必须获得专利持有者的弃权的许可声明或者合理的无歧视的许可声明，相关文件应进行存档；然后通过投票过程及公示收集可替代的技术，如果有可替代技术尽量不在标准中纳入专利技术。

6.3.3 ETSI

欧洲电信标准协会（ETSI）制定了包含专利的知识产权政策。该政策经历了四个阶段：强制许可；“王冠之钻”例外；缺省许可；RAND 许可。

（1）强制许可阶段

1989 年，ETSI 的知识产权委员会起草了最初的知识产权政策。该政策要求所有成员向其他成员许可他们自己或关联公司拥有或控制的必要知识产权。该政策有利于那些研发经费有限、知识产权较少而技术需求很大的制造商，不利于拥有大量知识产权的大制造商和只有少量核心知识产权的小制造商。

（2）“王冠之钻”例外阶段

要求强制许可的政策草案遭到以北美制造商为主的“少数者联盟”的强烈反对，因此，ETSI 做出了让步，采取了“王冠之钻”例外的做法。“王冠之钻”例外的意思是，如果知识产权人认为某一知识产权对其有核心价值，强制许可该知识产权会给知识产权人的商业造成重大损害，那么该项知识产权可以免予被强制许可。但是，政策没有明确什么条件构成例外。

（3）缺省许可阶段

1993年，ETSI以88%的多数通过了新的知识产权政策。该政策进一步向知识产权人退让，采取了缺省许可的做法。也就是说，要求成员检索自己及关联公司的知识产权，并在180日内通知ETSI希望豁免的知识产权，否则一律强制许可。对于豁免的知识产权，权利人可以在无限制的基础上进行许可。

然而，由于以下原因，1993年知识产权政策的政策最终没有付诸实施：

——1993年6月22日，由IBM、AT&T等几家公司组成的CBEMA联盟向欧洲委员会指控ETSI企图将反对强制许可的成员驱逐出协会，扭曲竞争，违反《罗马条约》第85条和86条。

——美国政府的施压。据称，克林顿政府以从英国撤走某些工厂为威胁，要求英国政府不支持该政策。同时，据说美国大使馆也向各投票成员施压，要求他们撤回对该政策的支持。

——ETSI收到了12~14封成员来信，这些信称，如果执行该政策，他们将退出ETSI。

（4）RAND许可阶段

1994年，ETSI通过了新的知识产权政策。1994年政策规定，成员有义务告知ETSI必要知识产权，但以成员知晓这些必要知识产权为前提，并且成员没有检索的义务。政策还规定，成员有诚信的义务声明其知识产权并同意是否以公平、合理且无歧视的条款进行许可；如果不同意，必须做出书面声明。

（5）现行ETSI的专利政策

现行ETSI的专利政策主要体现在ETSI在2005年12月23日推出的《ETSI程序规则》的附录6中。

1）披露义务

依据政策第4节，ETSI要求每个成员应该在合理的范围内及时地向组织汇报一些明知或应当知道的专利的重要情况。特别是一个正在为某一标准或者技术规范提供技术性建议的成员应该让ETSI知道，如果建议被采纳，哪些专利将是必须要用到的，以及这些专利是归属于哪个成员的。但是每个成员并不因此负有专利检索义务。

2）许可承诺

依据政策第6节，当关于某项标准或者技术规范的核心专利被提交到ETSI时，ETSI的常委会将立即要求专利的权利人在三个月内提交书面承诺，同意合理非歧视地提供永久许可。如果潜在的被许可人希望互惠许可，上述承诺可以遵循互惠许可的条件。

3）拒绝许可的处理

依据ETSI专利政策第8节，当一个成员通知ETSI它不准备许可一项关于标准或者技术规范的专利时，会员大会将重新审视此项标准或者技术规范的需要，寻找可行的替代技术。替代技术需要满足两个条件：不被拒绝许可的专利所锁定；满足 ETSI 的要求。

如果会员大会认为不存在此种替代技术，那么标准或者技术规范的工作将会被中止，然后 ETSI 的常委会将要求该成员重新考虑它的立场。如果该成员决定不收回拒绝许可的决定，它应该在收到重新考虑要求之后三个月内告知 ETSI 常委会它的决定，并且提交书面的拒绝许可的理由。常委会将把该成员的解释和相关的会员大会记录的摘要一起送给 ETSI 的法律顾问以寻求帮助。

如果该拒绝许可是来自非成员的，则该项标准或者技术规范将被提交 ETSI 的常委会，以进行更进一步的考虑。常委会将致函该专利的拥有者，寻求不愿许可的解释并且要求依照 ETSI 的许可政策得到许可。

如果专利的所有者依然拒绝许可或者在三个月内未回函，常委会将通知会员大会。然后将由会员大会进行表决，依据个案处理的原则，迅速地将该标准或技术规范交由相关组织修改，以使未得到许可的专利不再是必不可少的。

如果会员大会的表决不成功，那么会员大会将求助于 ETSI 顾问来寻求解决问题的方法。同时，会员大会也可以要求一些特定的成员动用其特殊的影响力来寻找解决的方法。如果还是没能解决问题，那么会员大会将请求欧盟提供合适的进一步行动方案，例如否认正在制定的标准或技术规范。

4）违反政策的责任

政策第 12 节规定，任何赋予成员的权利或者施加的义务，如果该成员的国内法或国际法没有规定，那么仅仅是合同性质的。

政策第 14 节规定，对于任何违反本政策的行为将被视为成员对于 ETSI 义务的违反。ETSI 会员大会有权依据 ETSI 规则采取行动。

现行 ETSI 专利政策明确了所有成员的披露义务，但没有规定成员的检索义务。政策也没有对 RAND 做出具体规定，而是留给当事人去协商。

6.3.4 IEEE 的专利政策

2007 年 4 月 30 日，美国司法部通过了对美国电气电子工程师协会（IEEE）最新专利政策的反垄断审查。IEEE 的最新专利政策主要包括以下内容：

（1）标准中采纳专利的原则

IEEE 标准可以包含专利。如果 IEEE 收到某标准可能包含必要专利的通知，那么 IEEE 应当向专利权人或专利申请人请求许可保证。

（2）专利披露制度

任何参与 IEEE 标准制定活动的个人有义务披露其个人所知晓的、己方的必要专利（包括专利申请）。

（3）许可保证制度

许可保证有两个选项，专利权人或专利申请人必须选择其一。该两个选项为：

——对于任何标准实施者，承诺无条件放弃执行已有的或者将来的必要专利。

——在全球范围内给予任何标准实施者：免费、RAND许可，或者合理费用、RAND许可。

专利权人或专利申请人可以在许可保证中附加最高许可费承诺，可以附加许可合同样本，可以附加一个或多个实质性的许可条款。

6.3.5 VITA的专利政策

VMEbus国际贸易协会（VITA）是美国国家标准协会ANSI所认证的标准化组织，其现行专利政策于2006年通过美国司法部的反垄断审查。在各大标准组织的专利政策中，VITA的专利政策对于专利权人的约束几乎是最为严格的。VITA专利政策的严格之处主要体现为：

——VITA不仅规定了所有工作组成员对于己方的必要专利和专利申请的披露义务，而且规定了工作组成员对于所知晓的、第三方的必要专利或专利申请的披露义务（除非此种披露会违反保密协定）；

——要求工作组成员对于己方专利的披露应当基于诚实信用与合理调查原则；

——明确规定了违反专利披露义务的后果，免费许可，并且专利回授、互惠、不起诉保证等其他许可条款要遵守VITA的规定；

——要求披露具体许可条款，如果只披露最大许可费率，那么专利回授、互惠、不起诉保证等其他非价格条款应当遵守VITA专利政策的规定。

VITA现行专利政策不仅要求专利披露，而且要求具体许可条款的披露。并且，在专利披露上，规定了诚信和合理调查的义务，规定了不披露的后果为免费许可。美国司法部对这些严格的规定都给予了肯定和认可，认为这些规定有助于解决标准实施被专利阻碍的问题。

6.3.6 HAVI标准[1]

家庭音视频互操作（HAVI）标准是一个数字电器设备同家用电器间能实现接口匹配的软、硬件标准。HAVI标准设立的目的是为了实现“操作性强，品牌独立，上下兼容”的目标。HAVI技术文献等资料来源于8家企业，因此HAVI标准体系不涉及从知识产权人手中获得许可的工作，HAVI知识产权政策的重点就是如何管理向外许可其技术标准。换言之，HAVI标准体系既是一个标准的管理者，又是一个标准的知识产权的所有者。

HAVI依据标准机构所在地美国纽约州的法律，受保护的具体知识产权内容有：

（1）所有的HAVI标准族中的各项标准的著作权；

（2）HAVI产品所必需的并符合HAVI规范的“必要专利”权；

（3）HAVI组织的标记、徽记等标识权等。

[1] 邢造宇．标准的知识产权管理策略刍议[J]. 浙江工商大学学报，2005（5）．

6.3.7 DVB联盟

欧洲数字电视广播联盟（DVB）对知识产权的思路是列出一个技术标准所必须涉及的技术，看这些技术会涵盖多少已有的专利技术。DVB再去与这些知识产权权利人谈判。获得权利人的许可，以将这些专利纳入DVB技术标准。DVB作为知识产权的“监护”机构来管理这些技术，向DVB的成员收取使用费。[1]

6.4 标准化组织专利政策的发展过程

标准化组织，尤其是国际标准化组织，最初在专利问题上采取的态度是保守的。以国际互联网工程任务组（Internet Engineering Task Force，IETF）为典型的一些组织在专利方面的原则是“尽量采用非专利技术的优秀技术”。该组织对此解释为：“IEIF的目的是使其制定的标准广为接受。如果涉及专利问题，标准的使用将涉及专利的授权问题，从而影响人们采用该标准的兴趣。为此我们采取上述原则，尽量选用不涉及专利权的技术来制定标准。”这也是与人们传统观念的认知一致的：专利与技术标准本无关联，前者处于私有领域，由专利权人独占，往往是比较先进的技术；而后者则处于公知领域，可以被任何人使用，通常是判断产品或服务的平均尺度，有时甚至是基本要求。

随着高新技术产业的蓬勃兴起，专利技术与技术标准的结合已成趋势。一方面，由于部分标准的拥有者总是把实现这种标准的最佳路径注册为专利，要想达到技术标准的要求就必须使用其专利技术；另一方面，随着信息技术和数字技术的发展，技术标准更新频繁，避开现有的专利技术去设定技术标准已不现实，技术标准对专利技术的需要更加成为必然。从这个意义上说，现代标准化组织制定出的技术标准基本上也只是在专利的基础上对标准技术的整体化、系统化进行的一种权威性确认。

基于这一事实，很多国际和区域性标准组织都改变了自己的专利政策定位，并针对纳入标准的专利制订了相应的专利政策使自己制订的标准在更广泛的范围内得到应用。因此IETF也不得不改变对专利技术的态度，“如果专利技术是最佳的且能以合理的条件获得时，专利技术可以被包含在标准之内”，并且开始制定新的专利政策以调整有相互依赖性的相关专利权人之间的关系。[2]

从标准化组织拒绝专利，或者必须掌握专利，到现在大部分标准化组织愿意接受专利的过程，是专利权人与标准化组织利益冲突的协调的结果。这种冲突的实质是私权益与公共利益的矛盾。专利政策是就作为标准化组织的一种利益平衡路径而出现的。

6.5 标准化组织专利政策的立足点

不同标准化组织的功能与立足点不同，它们的专利政策也有较大的差别。实际中主要是两类，一类是国际、区域和国家标准化组织，它们制定的标准更多的是法定标准、

[1] 李广强，甘路．标准化和知识产权初探[J]．军民两用技术与产品，2007（7）．

[2] 郭玲．标准化组织的专利政策研究[D]．成都：西南财经大学学位论文，2007．

正式标准，其角色与功能用桑德斯的概括就是：“简化产品品种及人类生活，传递信息，经济安全、保护消费者利益，保护社会公共利益和消除贸易壁垒”。这些标准化组织在标准化的过程中不仅要协调众多企业的利益，还必须要考虑保护消费者利益以及对正常国际贸易的促进。国际标准化组织的专利政策就必须在保护知识产权人合法权利和维护正常国际贸易之间进行平衡，其专利政策更多地体现了对供需双方意见的征求和讨论以及对消费者利益的保护。

另一类就是由市场中的企业或产业联盟通过产品占领市场过程中形成的标准或者通过彼此间合作、战略联合等方式开发出来，在市场中推行并获得广泛使用形成事实标准而建立的私人化的行业标准化组织，其定位侧重不同于 ISO/IEC 等国际、区域和国家标准化组织，主要解决专利权人个体利益与相关行业集体利益间的冲突，尽量在不引起反垄断审查和规制的情况下更好地维护知识产权持有者的私有利益。

前者是标准之专利，后者是专利之标准。前者站在标准化组织的角度，维护标准的本质特征，它致力于降低一定市场范围内商品和劳务的供需双方的成本，让市场竞争各方达到此要求，同时需保证由其认证的商品和服务不会违反其所规定的质量要求。在涉及专利技术时，前者力争能将其设置于公共领域，促进社会公共利益，力求以最小的成本集体使用该项技术。而后者，是站在企业或者团体利益的出发点，主观上积极将专利转化为标准，通过专利进入标准为企业或团体创造更大的经济利益。

我国的国家标准、行业标准和地方标准，本质上是一种社会公共资源，为社会服务。因此，这些标准制定机构应该属于第一种情况，为标准而专利。而我国的团体标准和企业标准，应该是属于后者，为专利而标准。事实上，不论哪一种标准化组织类型在制定政策时，无论其角色定位与功能更侧重哪方面都不可能走极端，相应的专利政策或多或少都协调着技术标准的推广使用中与专利权人的利益冲突。[1]

6.6　标准化组织的专利政策的共同点

在技术标准与专利结合的趋势下，各标准化组织都会制定一些专利政策，并且这些政策都以平衡专利权人利益与公众利益为核心。表 6.1 是部分标准化组织的专利政策对比表。通过对比分析可以发现，国际、国外或区域标准化组织的专利政策与行业性标准化组织的专利政策有所差异。

标准化组织的专利政策[2]　　表 6.1

标准化组织名称	是否允许标准包含专利	是否有专利权信息披露要求	对专利权人的许可要求
ISO/IEC/ ITU	是	有	RAND 或 RF
ANSI	是	有	RAND

[1] 郭玲．标准化组织的专利政策研究 [D]. 成都：西南财经大学学位论文，2007.

[2] 张平，马骁．标准化与知识产权战略 [M]. 北京：知识产权出版社，2005.

续表

标准化组织名称	是否允许标准包含专利	是否有专利权信息披露要求	对专利权人的许可要求
CEN/ CENELEC	是	有	RAND
ASCE	是	有	RAND 或 RF
ASTM	否	—	—
BSI	是	有	RAND
JISC	是	有	RAND
IEEE	是	有	RAND 或 RF
ETSI	是	有	RAND
WAP Forum	是	有	RAND
ATSC	是	有	RAND
HAVI	是	有	—

注：RAND 为合理无歧视许可；RF 为免费许可。

国际、国外或区域标准化组织的专利政策一般具有以下共同点：

（1）对于推荐性标准，原则上不反对纳入专利

随着技术的发展，标准与专利的结合已成为必然趋势。这种必然性体现在以下两个方面：

1）社会进步与提升公众福利的需要。整个人类社会一代又一代地存在并延续的根本目的在于进步，公众对于生活价值的追求也将永无止境，至少在较长一段时期内是如此。随着社会的发展，公众对于产品的质量与安全或环保等性能的要求也越来越高。对于兼容产品，也不再仅仅满足于兼容所带来的时间上和空间上的便利，而是积极追求可以提升生活福利的先进产品。而在知识创新时代，新兴技术大多以专利的状态存在。各国对于发明专利的保护期一般为 20 年，如果采用 20 年前的技术，显然与公众对于高质量的生活价值的追求相悖。

2）专利权人实施专利的需要。标准，作为某一领域共同遵守的准则，需要标准实施者和公众的广泛采用。因此，专利技术的标准化无疑成为专利效用最大化的重要手段，专利权人具有积极推动自己专利技术标准化的动机。对于国家而言，为了扩大自主专利的实施与应用，自主专利的标准化无一例外地成为各国标准战略的重要组成部分。

专利保护的不断完善使标准中含有专利在所难免。专利数量的巨大与覆盖领域的广泛，使得人们几乎不可能知道什么时候一种想法就可能侵犯某一专利。为了避免潜在的专利侵权，现有的标准化组织纷纷要求在标准被批准前披露相关专利信息。然而，信息的披露以披露者知晓相关信息为前提，披露义务无法保证批准后的标准不包含任何专利。或许，我们会说，不描述具体技术特征的功能性标准可以将专利排除出标准。功能性标准固然可以大大减小标准包含专利的可能性，但也无法将专利绝对排除在标准之外。因为，专利法允许用适当的功能性语言来描述权利要求的保护范围，即使某一标准采用功

能性描述方式，也可能侵犯他人专利权。

由于专利与标准相结合的必然性，绝大多数标准化组织原则上都不反对专利纳入标准，但同时也要求，标准中纳入专利需要遵循技术正当性原则，即选择某一专利技术作为标准应有技术上的正当理由。

对于强制性标准，则难以找到相应的专利政策。这是因为，欧美一般不再直接制定强制性标准，而是在技术法规中引用私人机构制定的标准。这种做法至少有两种好处。首先，把实施一段时间后的推荐性标准上升为强制性标准，可以减少标准中的专利问题。其次，不直接制定强制性标准，可以避免专利权人恶意规避在政府立法活动中的责任。[1]

正如上面的分析，专利与标准的结合已成为必然趋势。无论是推荐性标准，还是强制性标准，在客观上都无法避免涉及专利。

（2）要求参与者事前披露专利信息

目前，绝大多数标准化组织都要求参与者披露专利信息。通常都要求，标准文件议案的发起者，应将其知晓并认为文件议案涵盖的任何专利提请委员会（或其他标准化组织机构）注意。对于参与标准草案起草的相关方，应将其知晓的任何专利提请委员会注意。

也就是说，在披露义务的责任主体上，限定为参与标准化活动的组织或个人；在披露的对象上，限定为知晓的专利信息，包括自己的专利信息，也包括他人的专利信息；在披露的范围上，不仅要求披露已授权专利，而且要求披露尚未授权的专利申请。

（3）要求专利权人提供合理无歧视许可声明或承诺

为确保标准能基于公平合理的基础在全世界范围被采用，标准化组织需要从权利人处收到陈述，该陈述表明其愿意基于合理无歧视条件向全世界申请人授予许可。根据该原则，鼓励专利权利人对进入标准的专利免费许可，或者基于合理和非歧视的条件（RAND）与标准实施者谈判专利许可条款。如果专利权利人不接受该原则，则标准将不会发布。

（4）不负责专利有效性审查

各大标准化组织一般都不负责对所披露专利进行有效性审查。例如：ITU 专利政策规定，电信化标准局不负责对专利或类似权利的证据、有效性以及范围提供权威或全面的信息；CEN 和 CENELEC 不应就专利权和类似权利的范围、有效性和证据方面提供权威性或理解性信息，但是希望得到这方面的详细信息；ANSI《美国国家标准的制定和协调程序》第 1.2.11.4 条关于“识别专利的职责”规定，ANSI 不负责识别美国国家标准可能需要的某项专利，也不负责对那些引起关注的专利的有效性或范围进行查询。

标准化组织纷纷回避专利审查，主要有两个原因。首先，标准化组织不具有鉴别专利或专利申请的必要性的能力和资源。专利或专利申请是否覆盖标准是一个复杂的技术问题和法律问题，需要考虑绕开设计的难易程度、是否存在替代技术等因素，而等同侵

[1] 吴成剑．国家标准与专利的冲突与协调 [J]. 互联网法律通讯，2006，3（1）．

权原则的适用更是加剧了判断的困难。为了鉴别必要专利的真实性、有效性和合法性，标准化组织将不得不进行繁重的检索，并且还要引入或增加既知晓技术又精通法律的专家，必然增加成本。其次，某一专利是否为必要专利、是否有效，最终由法院来判断，标准化组织的判断不具有权威性。如果标准化组织判断失误或者判断不完整，向标准实施者许可非必要专利、无效专利或已过期专利，可能引发竞争法或反垄断法上的责任；另一方面，如果标准化组织把必要专利认定为非必要专利，可能导致教唆侵权的责任。

（5）不介入专利纠纷解决

ITU 专利政策规定，ITU 不应卷入专利争端解决，而应留给当事方。坚持这一立场有多种原因，其中最重要的有两点：第一，标准化组织直接卷入专利权问题需支持成本。这需要另外的专业人员，或不得不将此类工作外包给专利代理。无论哪种情形，都将产生大量成本。第二，即使成本问题不重要，标准化组织最好不要在专利纠纷中充当真正的公断人，因为标准化组织不一定能够获得充当一个公正法官所需的所有信息，尤其是从争议相关权利人处可能很难获得准确信息。❶

而有些行业性标准化组织的专利政策与此不同，会涉及专利的管理细则。行业性标准化组织形成的标准有时是“事实标准”，他们在专利政策制定的时候更加关注的是专利持有者的利益。事实标准可能是具有垄断地位的某企业利用其市场优势形成的统一或单一的产品格式，也可能是同一行业中实力相当的企业通过技术的交叉许可，形成企业联盟，逐渐构成对整个行业的技术控制。事实标准原来都是企业标准，也可能转化为行业标准或者国际标准。

行业性标准化组织或企业制定专利政策的出发点是为了获得更多的市场利益，因此往往实行横向联合，将标准作为扩展市场的武器。企业一般以利益最大化为目标，很少兼顾公共利益，最多是考虑规避“反垄断审查”。因此，行业性标准化组织或企业在制定专利政策时可能会包含专利管理的相关事项。这类标准的知识产权政策中相当多的内容是解决专利技术的许可问题，有的企业联盟甚至可以代理专利权人对标准涉及的众多专利技术进行一揽子许可，也允许标准的使用者同单个专利技术的权利人个别谈判。这充分体现了这类标准的私权性质。例如 DVB 标准通过欧洲电信标准机构全权管理知识产权业务，在专利方面主要负责专利获取和专利许可两块业务，以“代理人”的身份统一行使专利权；DVD 标准有专门的机构进行专利许可，专利许可费用是其不菲的一笔收入。自 2000 年以来，6C 和 3C 还轮流在中国掀起了 DVD 核心技术专利许可费的波澜，引起了颇多争议。

6.7 强制性标准的专利问题

各个标准化组织制定的标准一般都是推荐性的，只有被某国或者某地区采标后，才

❶ 徐曾沧．技术标准中专利侵权法律适用问题探析 [EB/OL]. http：//wkjd.gdcc.edu.cn/ViewInfo.asp?id=1026，2008.

可能变成强制性的。各个标准化组织的专利政策一般都缺少对强制性标准的相关规定，但是一旦标准被采标为强制性的，那么对于其中的专利技术必须要有合理的处理方式。

欧美国家一般是通过在技术法规中引用相关标准或者通过政府采购的方式为推荐性标准赋予强制性效力的。对于涉及公共资源、生产安全和公众健康的标准，一般是在相关的技术法规中直接引用，或者直接制定相关的技术法规。除了公共资源、生产安全和公众健康以外，政府无权颁布强制性的技术法规。有些国家往往采用政府采购的方式将一些自愿性标准强制化。由于对这部分标准没有专门的专利政策，只能通过相关的法律法规来约束，例如利用"因公共利益"而强制许可或者反垄断法和合同法等来解决其中的矛盾。

6.8 我国相关政策

6.8.1 我国相关研究现状

虽然国外对标准的知识产权问题的研究起步很早，但在国内，标准的知识产权问题研究一直没有得到充分的重视。直到 2000 年，一系列的事件，例如"DVD"事件、2003 年思科诉华为案件，WAPI 标准的无限期延迟等，才将标准的知识产权问题提到了令人瞩目的位置，也从此掀起了我国标准的知识产权问题研究的热潮。

（1）工程建设标准领域相关研究较少

北京大学的张平教授是国内较早地、系统地研究标准的知识产权问题的学者之一。2002 年，张平教授完成了《标准化与知识产权战略》一书，其中对标准与知识产权、标准制订中的反垄断审查、国际标准化组织的知识产权政策等问题进行了详细的论述，为我国相关研究奠定了基础；2006 年，山西大学的李冰、白婕对标准化与反垄断进行了研究，他们从思科诉华为案件入手，通过案例分析法对法定标准与事实标准的关系，标准与垄断的结合，标准化给企业、消费者、社会带来的利弊等问题进行了分析；2006 年 3 月，山东大学的李宇兵、王红梅研究了技术标准的专利化对我国企业技术创新的影响；2006 年 4 月，对外经济贸易大学的冷柏军、曾明月研究了专利型技术标准引发的贸易壁垒及应对之策；2006 年 5 月，湘潭大学的王太平、黄献等进行了专利标准战略法律问题研究；2007 年 4 月，西南财经大学的郭玲进行了标准化组织的专利政策研究等。虽然近几年国内掀起了标准与知识产权问题的研究热潮，但是大多集中在高新技术行业，针对工程建设标准的专利问题的专题研究很少。

（2）反垄断问题是焦点

经过对标准与专利问题的理论分析后，近几年，部分学者又把焦点集中在了标准与专利结合后反垄断问题的研究。部分学者在分析标准与专利结合后，发现其实质是产生了 1+1 ＞ 2 的威力，容易出现垄断等限制竞争、损害社会公共利益的后果。一些学者对同时期国外研究状况的密切关注，提出了从反垄断角度来解决二者结合产生的私权利益与社会公共利益的矛盾。鲁篱教授通过对标准化市场效应的分析，表明标准化同样也应当进行反垄断法律分析的观点。冯晓青、杨利华等合作的专著《知识产权法热点问题研究》第三章专门分析了知识产权滥用导致的垄断问题。王为农对美国、欧盟、日本的标准专利引发的反垄断问题进行了介绍。李素华、韩灵丽等不断从标准与专利的博弈各个角度进行推进、深化[1]。

6.8.2 我国相关政策规定

总的来说，发达国家对标准和专利的关系问题研究起步较早，相关的理论研究和实践经验积累也较为丰富，相关研究对我们有借鉴意义。但我国标准管理体制以及法制背景与国外不同，因此还不能完全照搬国外的经验。我国标准主管部门在处理法定标准的专利政策问题上应处于主导地位，积极出台有关专利政策。首先，作为政策的制定者，应该积极提供政策平台，表明对标准的专利问题的基本态度；其次，要建立配套的管理模式，完善标准制定程序，促进政策实施，建立咨询协调机制，促进标准化与知识产权冲突的解决，保护标准使用者免受不合理、不公平的区别对待。

为了合理处置我国标准中涉及的专利问题，国家标准化管理委员会和国家知识产权局于2013年12月19日联合发布了我国的标准和专利政策——《国家标准涉及专利的管理规定（暂行）》（以下简称《管理规定》），并于2014年1月1日起开始实施。《管理规定》是我国首部关于标准和专利的部门规范性文件。它首次从管理制度层面明确规定了我国国家标准涉及专利相关问题的处置办法。这对于规范我国国家标准中涉及专利问题的处理、促进国家标准合理采用新技术将发挥重要的作用。《管理规定》的要点如下：

（1）专利信息的披露

标准制修订过程涉及两类主体，一类是“参与标准制修订的组织或个人”，另一类是“没有参与标准制修订的组织或个人”。这两类主体因其对标准影响作用的不同，故而管理规定对其进行披露的要求也不同。

1）“参与标准制修订的组织或个人”的披露要求

“参与标准制修订的组织或个人”随着标准制修订过程的推进在不断变化，这类主体主要包括项目提案方、技术委员会的全体委员、工作组所有成员以及提供技术建议的单位或个人。对于这类主体，由于它们能直接影响标准草案文本或决定标准草案能否通过，因此披露要求是“应披露其拥有和知悉的必要专利”。不仅如此，这类主体除了要披露自身拥有和知悉的必要专利外，还要披露其关联者所拥有的必要专利。在进行专利信息披露的时候，这类主体应通过提交书面材料的方式进行披露。这些书面材料包括专利披露者填写的必要专利信息披露表，以及相关证明材料。对于已授权专利来说，证明材料是专利证书复印件或扉页；对于已公开但尚未授权的专利申请来说，证明材料是专利公开通知书复印件或扉页；对于未公开的专利申请来说，则是专利申请号和申请日期。同时，这类主体应对其所提交的证明材料的真实性负责。此外，如果这类主体未按要求

[1] 郭玲．标准化组织的专利政策研究[D]成都：西南财经大学硕士论文，2007.

披露其拥有的专利，违反诚实信用原则的，应当承担相应的法律责任。

2）“没有参与标准制修订的组织或者个人”的披露要求

“没有参与国家标准制修订的组织或者个人”是指除上述“参与标准制修订的组织或者个人”之外的其他主体。对于这类主体，由于它们没有直接参与标准的制修订工作，只能通过公开的信息获取标准中相关的专利信息。因此，标准制订组织鼓励这类主体在标准制修订的任何阶段披露其拥有和知悉的必要专利。

在进行专利披露的时候，“没有参与国家标准制修订的组织或者个人”披露的专利可以是自己的，也可以是他人的。在进行专利披露的时候，这类主体应提交专利信息披露表，同时还要提交相关证明材料。证明材料与参与标准制修订主体进行专利信息披露时提交的材料是一致的。

3）技术委员会对所披露专利信息的报送要求

对于涉及专利的国家标准来说，在其立项和批准阶段，技术委员会需要向国家标准化管理委员会提交标准涉及专利的情况及相关材料。这些材料包括：搜集到的必要专利信息披露表、证明材料、已披露的专利清单和必要专利实施许可声明表。除此之外，标准立项后，一旦披露了新的必要专利，技术委员会都要按要求获得专利权人的许可声明，并将新获得的专利信息披露表、证明材料、必要专利实施许可声明和更新的专利清单尽早报送国家标准化管理委员会。

4）国家标准化管理委员会在收到专利信息后的公布要求

国家标准化管理委员会在批准发布国家标准之前，应对其中涉及或可能涉及专利的情况进行公示。公示渠道为国家标准化管理委员会的网站或国家级期刊等。公示内容包括：标准或标准草案；标准或标准草案中涉及专利的信息（至少包括已披露的专利清单和技术委员会的联系方式）；向社会公众征集有关标准涉及专利的信息的陈述。已披露的专利清单由技术委员会根据收到的专利信息披露表和必要专利实施许可声明表等填写。

为了确保涉及专利的国家标准制修订的公开性，国家标准化管理委员会在涉及专利的标准正式批准发布之前设立一段公示期，公示期30天。在公示期内，任何组织或者个人可以将其知悉的其他专利信息书面通知国家标准化管理委员会。

（2）专利实施许可

《管理规定》中明确了对标准中涉及的必要专利进行许可的三种许可方式，以及必要专利实施许可声明的必需性，并对国家标准批准发布后发现新专利的处理进行了规定。

1）对标准中涉及的必要专利进行许可的方式

a. 专利实施许可声明的提交

在收到披露的专利信息后，技术委员会应及时联系必要专利的权利人，获取其填写的专利实施许可声明表。填写专利实施许可声明表的目的是为了事先获得专利权人的许可承诺，以避免在标准实施阶段专利权人拒绝标准实施者实施标准时实施其专利，保障标准的顺利实施。值得注意的是专利权人提交的许可声明表只代表其对专利许可条件作出了一种承诺，并不是真正的许可。关于专利许可的具体事宜，将由专利权人和标准实施者在实践过程中 进行协商。

b. 许可承诺的条件

必要专利权人在进行许可承诺的时候，必须填写许可声明表。许可声明表按照《管理规定》第 9 条的要求给出了三种许可方式，专利权人只能在其中选择一种。这三种许可方式参考了三大国际标准组织专利政策的做法。第一种许可方式是公平、合理、无歧视基础上的免费许可，指专利权人不对专利实施者收取许可费，但专利权人仍然有权要求专利实施者在合理的基础上签署相关许可协议，例如要求专利实施者承诺专利的使用范围、要求专利实施者提供一定的担保等。第二种许可方式是公平、合理、无歧视基础上的收费许可。第一种和第二种许可方式中的“公平”意味着专利权人不能在相关市场上利用专利许可限制竞争，“合理”意指专利许可费或者许可费率应该合理，“无歧视”则要求专利权人对每个条件相似的被许可人采取相同的许可基准。此外，对于第一种和第二种许可方式来说，专利权人或专利申请人可以在互惠防御性终止条件下作出上述声明。

专利权人如果同意许可的话，应选择第一种或第二种许可方式。如果专利权人选择了第三种许可方式的话，实际上是不同意将其专利纳入标准。

2）必要专利实施许可声明的必需性

必要专利实施许可声明的必需性表现在两个方面。一是在专利纳入标准方面。获得专利权人作出的实施许可声明是专利进入标准的前提条件。不仅如此，专利权人在作出实施许可声明的时候，只有当其选择第 9 条中的第（一）项或第（二）项时，其专利才能被纳入标准中。否则，工作组应考虑修改涉及该专利的条款，以绕开该项专利技术。如果实在绕不开该项专利技术，又得不到专利权人的许可承诺，那么，工作组应考虑删除该涉及专利的条款。对于强制性国家标准来说，如果未获得专利权人或专利申请人根据《 管理规定》第 9 条第（一）项或第（二）项规定作出的专利实施许可声明，则按照《管理规定》的第四章第 15 条进行处理。

二是体现在标准报批方面。涉及专利的国家标准在报批时除了要提交标准报批稿外，还要提交必要专利信息露表、已披露的专利清单、证明材料和专利实施许可声明。否则的话，该标准报批稿被视为不符合报批要求，应退回技术委员会，限时解决问题后再行报批。

3）标准中涉及的必要专利的实施许可依据

对于已发布的国家标准来说，纳入其中的专利一定获得了专利权人的许可承诺。因此，标准实施者在实施这类标准的时候，可以依据专利权人事先作出的许可承诺来获得其许可。对于国家标准中所涉及专利的许可及许可费问题，由标准实施者和专利权人或专利申请人协商处理。国家标准化管理委员会不负责专利的许可和许可费事宜。

（3）国家标准批准发布后发现新专利的处理

如果国家标准发布后发现了新专利，首先应该由技术委员会联系专利权人，并通知其在规定的期限内作出许可声明。该具体时间期限可以由技术委员会根据具体情况作出要求。如果专利权人在规定期限内，按照《管理规定》第 9 条的第（一）项或第（二）项作出了许可声明，技术委员会应将获得的新的专利信息披露表、专利许可声明表，以及更新后的专利清单提交国家标准化管理委员会。

除强制性国家标准外，如果技术委员会在规定的时间内未能获得专利权人的许可承诺，或者专利权人是根据《管理规定》第 9 条第（三）项作出的许可声明，技术委员会应该及时将这一情况上报国家标准化管理委员会。如果有充分的证据证明该专利权人并没有违反《管理规定》或《标准制定的特殊程序 第 1 部分：涉及专利的标准》GB/T 20003.1-2014 的有关要求，国家标准化管理委员会则可暂停实施该国家标准，并责成相应的技术委员会修订该标准。如果有证据证明该专利权人违反了《管理规定》或《标准制定的特殊程序 第 1 部分：涉及专利的标准》GB/T 20003.1-2014 的有关规定，则出于保障公众利益的考虑，可以由国家标准化管理委员会、国家知识产权局和专利权人协商处理。对于强制性国家标准来说，如果其在实施过程中发现了新的必要专利，对新必要专利的处理按照《管理规定》的第四章第 15 条进行。

（4）已经提交实施许可声明的专利进行转让或转移时的要求

专利权人一旦向技术委员会作出了许可承诺，就应该遵守其承诺，不应为了规避该承诺而故意去转让或转移专利权。专利权人或专利申请人在转让或转移该专利时，应事先告知受让人这一事实，让受让人了解该许可承诺的内容，并确保受让人同意继续受该许可承诺的约束。

（5）强制性国家标准涉及专利的特殊规定

按照标准化法的规定，强制性国家标准发布后必须执行，其实施的范围覆盖全国。各领域的生产活动必须满足相关强制性国家标准的要求。如果不执行强制性国家标准，就要承担相应的法律后果。正是由于强制性国家标准的特殊效力，一旦其中涉及专利，则所有标准实施者在实施该项标准时都必须获得专利权人的许可。此时，一旦发生专利权人不同意许可或者提出不合理的许可条件，都会影响强制性国家标准的实施。因此，为了更好地促进强制性标准的实施，强制性国家标准原则上不应涉及专利。

强制性国家标准涉及专利的时候，应该由技术委员会联系必要专利权人，并获取必要专利权人的许可声明。当必要专利权人按照《管理规定》中第 9 条的第（一）项或者第（二）项作出许可声明时，标准可以继续制定或实施。如果必要专利权人不愿意作出许可承诺，或者选择第（三）项许可选项，此时，为了保证强制性标准的顺利制定，国家标准化管理委员会、国家知识产权局和相关部门应和专利权人进行协商。根据国家标准化管理委员会 2002 年发布的《关于加强强制性标准管理的若干规定》（国标委计划［2002］15 号）中第 20 条的规定："强制性标准的批准、发布实行公告制度，并在指定的媒体上刊登已批准发布的强制性标准的有关信息。"因此，对于涉及专利的强制性国家标准来说，国家标准化管理委员会应在其批准发布前将标准草案和专利信息进行公示，其公示期为 30 天。根据世界贸易组织 1980 年发布实施的《世界贸易组织贸易技术壁垒协议》中规定：

“在批准一个标准之前，标准化机构须留出至少60天的时间让其他世界贸易组织成员境内有利害关系的各方对标准草案提出意见。”按照该要求，对于涉及或可能涉及专利的强制性国家标准在批准发布前，其公示期可以依有关组织申请延长至60天。

（6）采用国际标准时专利问题的处置

《标准化工作指南第2部分：采用国际标准》GB/T 20000.2-2009中规定：“国家标准与相应国际标准的一致性程度分为：等同、修改和非等效。”GB/T 20000.2-2009还规定：“国际标准是国际标准化组织（ISO）、国际电工委员会（IEC）和国际电信联盟（ITU）确认并公布的其他国际组织制定的标准。”在2012年发布的《ITU-T/ITU-R/ISO/IEC共同专利政策实施指南》（Guidelines for Implementation of the Common Patent Policy for ITU-T/ITU-R/ISO/IEC）修订版的第二部分“ISO和IEC专用条款”中对采用国际标准作出了以下规定：“ISO、IEC和ISO/IEC标准化文件中的专利声明仅适用于声明表中所列出的ISO和/或IEC文件，该声明不适用于在国家采标或区域采标过程中修改了的文件。然而，在实施ISO和/或IEC文件标准化文件，以及实施国家或区域等同采标的标准时，则可以按照专利权人提供的许可声明获得其许可。”根据该规定，在等同采用ISO或IEC标准制定我国国家标准时，专利权人针对国际标准作出的许可承诺对于该项国家标准依然有效，不需要重新获得专利权人的实施许可声明。除此之外，其他情况均应遵照《管理规定》的要求重新获得专利权人的许可声明。

（7）引用涉及专利的标准的问题

编写标准时，如果有些条款在其他文件中已经进行了规定并且适用，可以采用规范性引用的方法。在制修订国家标准过程中，如果规范性引用了涉及专利的标准，尽管专利权人已经对被引用的标准作出了许可承诺，然而，由于新制定或修订的标准可能会涉及新的领域，也可能会扩大专利的实施范围或改变专利的实施目的。因此，也应由技术委员会联系专利权人并获得其许可声明。

《管理规定》既与国际规则保持了高度一致，坚持了必要专利原则、披露原则和许可声明原则；又考虑到我国标准体系的特点，对强制性标准中专利问题的处置进行了特殊规定。然而，《管理规定》只是从原则层面对标准中专利问题的处理进行了规定。为便于理解和实施管理规定，国家标准化管理委员会还组织起草了配套标准《标准制定的特殊程序 第1部分：涉及专利的标准》GB/T 20003.1-2014，对国家标准制修订过程中各利益相关方的操作细节进行了详细规定。《管理规定》和GB/T 20003.1-2014共同构筑了我国处理标准与专利结合问题的具体框架，然而，由于标准涉及专利的问题极其错综复杂，《管理规定》及其配套标准只是处理标准和专利问题的事前规制规则，未来还需要建立和完善事后处理机制，相应的司法处理规制，如国务院反垄断委员会2015年12月31日发布《关于滥用知识产权的反垄断指南》（征求意见稿），已取得相得益彰的效果。[1]

[1] 王益宜. 我国的标准和专利政策——对《国家标准涉及专利的管理规定（暂行）》解读.

6.9 国际标准化组织专利政策的借鉴

（1）尽管国际标准组织一直在对其专利政策进行维护和完善，但我们可以看到在知识经济日益发展的今天，标准和专利的结合越来越紧密，标准中的专利问题也越来越复杂，这也给标准和专利政策的制定和实施带来一定挑战。

我国制定国家标准、行业标准、地方标准等政府主导编制的标准的专利政策，可以在以下方面借鉴国际标准化组织的专利政策：

1）在专利纳入标准的态度上，基于专利与标准相结合的必然趋势，建议推荐性标准原则上不反对纳入专利。对于强制性标准，原则上不纳入专利，如果不得不纳入的，应对专利权严格限制。

2）设置事前的专利信息披露机制与许可承诺制度，以减少专利权人阻碍标准实施的风险。在披露机制的具体设置上，例如披露的主体、披露的对象、披露的范围、披露的时间等方面，可以参考国际或国外标准化组织的经验，同时结合我国工程建设标准的操作实践，做出适应性调整。在许可承诺的选择上，建议对于推荐性标准，至少要求合理无歧视许可；对于强制性标准，应要求免费许可。

3）标准制定方不审查所披露专利的有效性。但是，为了尽可能保护公众利益，建议对所披露专利信息进行形式审查。例如，对专利的申请号等信息是否正确进行确认，对专利是否已经过期进行审查。

4）不要求专利权人披露具体的许可条件，在标准实施过程中，不对许可谈判是否符合合理无歧视条件进行裁判，而是留给法院或相关机构。

在制定我国标准的专利政策时，既要借鉴国际经验，也要考虑到我国标准管理体制以及法制背景与国外不同，从而作出有针对性的制度设计。

（2）中国工程建设标准化协会属于行业性标准化组织，其标准的专利政策可以参考国外行业性标准化组织的专利政策。条件允许的情况下，中国工程建设标准化协会可以尝试管理其标准中包含的专利，甚至可以逐渐建立专利池，来管理协会会员所有的专利。

（3）对于团体标准中的专利问题

团体标准涉及专利的政策宜按照《标准制定的特殊 第1部分：涉及专利的标准》GB/T 20003.1—2014 制定。该标准对于国家标准制定和实施过程中每一阶段可能涉及的专利事务进行了详细规定，是团体标准专利政策的最佳借鉴。不同社会团体其专利政策可能不尽相同。不论各社会团体如何设计其专利政策，从解决标准中专利问题的角度出发，团体标准的专利政策宜至少包括以下内容，并符合良好行为的规范：

1）团体标准涉及专利问题处置的目标或宗旨

其专利政策的目标应是：妥善处理团体标准中涉及的专利问题，平衡专利权人与标准实施者的利益，确保团体标准的顺利制定和实施。

2）专利信息的披露

对于团体标准制定的不同参与主体，应明确其不同的披露要求。

3）许可承诺

对于团体标准中涉及的必要专利，应获得专利权人基于公平、合理和无歧视条件的许可承诺。

4）专利信息的公布

对团体标准中所涉及的必要专利信息，应及时公开标准文本的内容以及其中所涉及专利信息的情况，以便鼓励相关方对团体标准中可能涉及的专利进行披露。

5）专利转让后许可承诺的存续要求

对于已经向社会团体提交实施许可承诺的专利，专利权人在转移或转让该专利时，应事先告知受让人该专利实施许可承诺的内容，并保证受让人同意受该实施许可声明的约束。

（4）对于企业标准中的专利问题，应留给企业自行处理，并由相关法律法规进行规范和约束。

7 标准涉及专利问题的理论分析

7.1 标准与专利对比分析

7.1.1 二者的共有特点

标准和专利均以知识产品为内容，都具有知识产品的共同特点。知识产品也可称为“信息产品”，该“信息产品”具有公共性，一旦在公众中传播，要想阻止其为他人获悉将极其困难。有学者认为，知识产品与有形财产相比具有无形性、非排他性、非消耗性和通过私人手段难以控制性。[1] 而标准与专利技术除具有上述知识产品的特征外，还共同具有以下特点：

（1）先进性

一项技术、一项成果要纳入标准，应当能够代表某一个行业、某一领域当前发展的整体水平，以适应社会、经济、技术发展的需要，具有先进性。很显然，一项科学技术成果虽然经过了科学论证和实践检验，但如果内容陈旧，不能反映当前科学技术发展的新水平，该项成果就不应纳入当前的标准，已经纳入标准的应当就该内容进行修订。同样，先进性也是专利技术应当具备的一个特点，它反映在授予专利权的科学技术成果应当具有的创造性特征上。创造性是各国专利法对申请专利的发明创造之共同要求。我国《专利法》第22条对申请专利内容的创造性作了规定，即与现有技术相比，该发明具有突出的实质性特点和显著的进步，该实用新型具有实质性特点和进步。[2] 可见，不管是标准中的科学技术成果还是授予专利权的专利技术，均应不同程度地反映社会和科学技术发展的新成果、新水平，具有反映时代特点的先进性。

（2）实用性

制定标准的目的之一，即在于将其作为传达的手段，指导人们的社会实践，“标准化的效果只有在标准被实行时才能表现出来。制订、出版标准不过是为了达到目标而采用的手段。即使出版的标准内容很好，但在生产或消费的所有场合中没有被实施，那就没有任何价值。”[3] 这就决定了标准中所采用的科学技术成果不但要有科学性，必然还要具有可实施性，否则就失去了标准制定的意义。而法律保护的发明创造，不能是抽象的思想和愿望，必须能够达到运用于实际的目的。我国《专利法》第22条规定，授予专利权的发明和实用新型应当具备实用性，即能够制造或者使用，并且能产生积极效果，

[1] 冯晓青．知识产权法利益平衡理论 [M]. 北京：中国政法大学出版社，2006.

[2] 外观设计专利保护不涉及产品本身的技术性能，而重在强调产品外表的设计和所达到的美感，因此，这里的“专利技术”不包括外观设计专利的内容。

[3] 桑德斯．标准化的目的与原理 [M]. 北京：中国科学技术情报研究所，1974.

有学者将其概括为“可实施性、可再现性和有益性”。[1]

（3）公开性

为达到规范、传达和实施的目的，标准当然应当具有公开性。而一项科学技术成果只要获得了专利权保护，就必须公开其发明的技术方案内容。专利技术的公开一般采用公告的方式。我国对实用新型专利的审批采用登记制，即经过初步审查就可以授予专利权，并予以登记和公告。发明专利审批则采用“早期公开、延期审查”制度。我国《专利法》第 34 条规定，对发明专利申请经初步审查认为符合法律要求的，自申请日起满 18 个月即行公布，国务院专利行政部门也可以根据申请人的请求早日公布其申请。

7.1.2 二者的差异

（1）标准具有科学性和成熟性，而专利技术具有新颖性

标准必须以科学、技术和实践经验的综合成果为基础，具有科学性和成熟性。首先，纳入标准的内容应当经过科学论证，是成熟的科学技术成果。即使是经过实践检验的成果，也要经过普遍性和规律性的科学论证。一个新事物产生了，其科学技术还不成熟，实践经验不够丰富，就不应急于纳入标准，否则会产生不良后果。[2] 其次，经过科学论证，认为可以纳入标准的科学技术成果还应经过简单化、统一化和择优处理，以符合标准化的统一、优化要求。桑德斯在其著作《标准化的目的与原理》中就曾指出，“简单化是标准化的首要目的”，标准化的过程即是“从许多可取的项目中合理地选择最适合的”。[3]

而一项科学技术成果要获得专利权，则必须具有新颖性，各国对此均有相应规定。我国《专利法》第 22 条第 2 款规定：“新颖性，是指该发明或者实用新型不属于现有技术；也没有任何单位或者个人就同样的发明或者实用新型在申请日以前向国务院专利行政部门提出过申请，并记载在申请日以后公布的专利申请文件或者公告的专利文件中。”专利技术的新颖性具有时点性，即其在公开前是现有技术中所没有的。

由此可见，标准中的成果与专利技术的主要区别在于，专利技术在其获得专利权的初期，不一定经过了大量的实践检验和严密的科学论证，更未经过简单化、统一化的处理，技术上往往还不成熟，但它一定是具有新颖性特征的。当然，经过实践检验和科学论证，专利技术也是可以符合标准内容要求的。

（2）标准具有协调性，而专利技术具有相对独立性

标准化的实质在于统一，那么，纳入标准的内容就必须经过协调过程，在相关的具体事项上达到相互适应。[4] 反映在内容上，主要表现为标准与标准中有关规定的协调及标准本身内容之间的协调，以便为人们提供普遍可以接受的规则。

而各项专利技术之间以及专利技术与其他技术成果之间则不需要进行专门的协调，

[1] 吴汉东．知识产权法 [M]. 北京：中国政法大学出版社，2004.

[2] 杨瑾峰．工程建设标准化实用知识问答 [M]. 北京：中国计划出版社，2004.

[3] 桑德斯．标准化的目的与原理 [M]. 北京：中国科学技术情报研究所，1974.

[4] 杨瑾峰．工程建设标准化实用知识问答 [M]. 北京：中国计划出版社，2004.

每项专利的技术方案都是完整和相对独立的。虽然有的发明专利是建立在其他发明的基础之上的改进发明,其实施对原发明存在不同程度地依赖,但它们之间并不是协调的关系。

（3）引入标准的专利与原始专利的表现形式不一定统一

若将专利引入标准，则专利技术在标准中的表现形式与原始专利的表现形式不一定完全统一。为符合标准化的统一、简化、协调和优化原理，实践检验和科学论证过的专利技术在引入标准的过程中，要经过一系列合并归一、删繁就简、比较选择、协调适应和归纳提炼的过程，最后所形成的体现在标准中的有关规定，往往与原始专利之权利要求书中所明确记载的必要技术特征不完全一致。标准中的专利技术应当更加体现其普适性和协调性，而原始专利技术应当更加体现其新颖性和创造性。

7.1.3 标准与专利权在性质和法律特征上的区别

（1）标准属于共有领域的资源，而专利权具有私权属性

标准的实质在于统一，正由于其统一的实质而形成其在某一行业、某一区域具有普遍适用性，以达到规范其所调整的社会活动，提高社会效率的目的，由此获得最佳的秩序和社会效益。标准，“本质上是一种事实状态，不具有私的属性，更不应该是一种垄断的利益，亦非一种法律上的权利。”[1] 特别是由国家有关部门、行业协会制定的标准具有公益性，是一种社会公共资源。

而专利权从权利性质上看属于私权，是在“完全不合乎‘私权’原则的环境下产生，而逐渐演变为今天绝大多数国家普遍承认的一种私权，一种民事权利”。[2]《与贸易有关的知识产权协定》(Agreement on Trade-Related Aspects of Intellectual Property Rights，缩写 TRIPs,简称《知识产权协定》),也对知识产权的私权属性作了明确规定。[3] 我国是《知识产权协定》的成员，该协定对我国具有约束力。同时，专利权还具有专有性，有时也被称为独占性、排他性或垄断性。专利权人对其发明创造在法定期限内享有垄断和独占的权利，非经法律特别规定或权利人同意，任何单位、个人不能占有、使用和处分。专利权的专有性是由知识产权的私权性质所决定的。

（2）标准具有权威性或约束性，而专利权具有意思自治性

根据我国 1996 年修订的国家标准《标准化和有关领域的通用术语 第一部分：基本术语》GB 3935.1 给出的标准定义，标准是“经协商一致制定并经一个公认机构批准”的文件。“公认机构”应当是由国家或企业授权的，或社会公认的组织机构。因此，标准具有权威性，只是其权威性的程度因其层次的不同而不同。而且，标准在一定条件下还具有法律约束性。国家版权局版权管理司在《关于标准著作权纠纷给最高人民法院的

[1] 张建华，吴立建 . 关于技术标准的法律思考 [J]. 山西大学学报，2004（3）.

[2] 郑成思 . 知识产权论 [M] 北京：法律出版社，2003.

[3] 《与贸易有关的知识产权协定》在“序言”中规定：“各成员国期望减少对国际贸易的扭曲和阻碍，并考虑到需要促进对知识产权的有效和充分保护，并保证实施知识产权的措施和程序本身不成为合法贸易的障碍。为此目的，需要制定有关下列问题的新的规则和纪律：……认识到知识产权属私权；同时，认识到各国知识产权保护制度的基本公共政策目标，包括发展目标和技术目标……”

答复》（权司 [1999]50 号）中指出“强制性标准是具有法规性质的技术性规范。”可见，强制性标准，特别是强制性标准中的强制性条文必须执行。而对于推荐性标准来说，一旦被明确对某项具体活动的适用性，则也具有了一定范围的约束性。如工程建设活动中，某个行业协会的标准在设计图纸上被明确列为施工适用的标准，则施工单位在进行相应施工时就必须遵照该标准的规定执行。此外，标准还具有一定的路径依赖性。对于已经确立构成系统外部效应的标准来说，“要改变这个标准而重新设立新的标准，成本会非常高，这在经济学上称为路径依赖（path-dependent）。”[1]

而对于专利权来说，尽管有学者基于其具有受国家干预的特点，认为专利权表现出“公权化和社会化的趋向”[2]，但从本质上看，仍属于私权。私权是受“私法”调整的权利，强调权利者的意思自治，专利权的转让、许可等规定原则上应当尊重专利权人意志。同时，其他组织、个人对于专利的利用也有自由选择的权利。另外，对于纳入标准的专利，消费者对该项专利的需求会有所增强，从而也会产生一定程度的路径依赖。不过，上述路径依赖效应并非不能打破。从消费行为学角度看，一旦使用该项专利技术的代价过高，消费者完全可能通过改变自己的习惯选择其他类型的产品或技术，以突破路径依赖的束缚。

（3）标准具有时效性，而专利权具有时间性

标准具有时效性。为保证标准的先进性和可靠性，必须不失时机地对标准进行修订。国际知名标准化专家桑德斯在阐述标准化原理时就曾指出：“标准在规定的时间内，应该按照需要进行重新认识与修改。修改与再修改之间的间隔时间根据各个不同情况而决定。”[3] 我国《标准化法》第十三条规定：“标准实施后，制定标准的部门应当根据科学技术的发展和经济建设的需要适时进行复审，以确认现行标准继续有效或者予以修订、废止。”我国《标准化法实施条例》第二十条规定：“标准实施后，制定标准的部门应当根据科学技术的发展和经济建设的需要适时进行复审。标准复审周期一般不超过五年。”可见，标准的时效性，目的在于保证标准的先进性、可靠性和现实性。复审周期是反映标准时效性的一个重要标志，其他国家和组织也对标准的复审周期作了规定，如国际标准化组织和英国规定标准的复审周期为 5 年，而法国、日本则规定为 3 年。[4]

而专利权则具有时间性。专利权的时间性表现在，专利权仅在法律规定的期限内受到保护，一旦超过法律规定的有效期限，这一权利就自行消灭，专利技术即成为整个社会的共同财富。我国《专利法》第 42 条对专利权的期限作了规定：“发明专利权的期限为 20 年，实用新型专利权和外观设计专利权的期限为 10 年，均自申请日起计算。”专利权的时间性，目的在于既保障专利权人在该期限内享有专有权，有足够的时间收回投

[1] 李扬等 . 知识产权基础理论和前沿问题 [M]. 北京：法律出版社，2004.
[2] 冯晓青 . 知识产权法利益平衡理论 [M]. 北京：中国政法大学出版社，2006.
[3] 桑德斯 . 标准化的目的与原理 [M]. 北京：中国科学技术情报研究所，1974.
[4] 王晨光 . 谈标准及其特征 [J]. 林业机械，1987（5）.

资、获取利益。同时,又考虑社会公众在专利权期限届满后对知识产品的自由接近和共享,推动社会的进步。它是专利权人的利益和公共利益平衡的结果。

7.1.4 标准化与专利制度在目的上的趋同性

标准的统一性、协调性不仅简化、统一了一定范围内社会活动的状态,使其简单化、规则化,降低了社会成本,提高了社会效率,而且国际标准也有利于消除国际技术贸易壁垒,促进了国际经济技术交流、合作和国际贸易的自由化。同时,标准的先进性和规范功能也保证了相关行业、领域的生产活动获得最佳秩序,在提高和保证产品质量、确保相关活动的安全可靠、合理利用资源及新技术、促进新成果的推广应用等方面发挥了重要作用,促进了科学技术的进步,符合社会公共利益的要求。桑德斯曾将标准化的目的归纳为六点:"①简化产品品种及人类生活要求;②传达;③经济;④安全、健康;⑤保护消费者的利益及社会公共利益;⑥消除贸易壁垒。"[1]我国《标准化法》也结合我国的实际情况,对标准化的目的作了规定,即"为了发展社会主义商品经济,促进技术进步,改进产品质量,提高社会经济效益,维护国家和人民的利益,使标准化工作适应社会主义现代化建设和发展对外经济关系的需要"。如果从更为宏观的视角看,标准化的最终目的,即在于提高社会经济效益,推动整个人类社会的进步。

专利制度的目的在于确认权利归属,激发社会的创新激情,从而推动社会科技进步和经济发展。专利制度的基本理念是以垄断换取公开,并在对价的基础上实现利益平衡,反映了对专利权人利益的保障和对社会公共利益的平衡,主要表现在:通过确认专利权人对专利权的专有性,维护了专利权人的利益,提高了其发明创造的积极性,刺激了新的发明创造的产生,从而增加了人类新知识的总量;通过专利制度的公开机制,保证了社会公众对专利技术的充分接近,促进了先进技术的传播和普及,并为知识的再创造提供了基础;通过专利制度的转让和许可机制,给专利权人的付出给予了报偿,促进了发明的推广应用,使利用专利技术创造出更多的社会财富成为可能;通过专利权的法定保护期限制度,既保障了权利人的成本回收和利润创造,又使得专利知识产品在期限届满后成为社会的共有财富,推动了人类社会的进步。我国《专利法》第一条对专利制度的目的进行了规定,即"为了保护专利权人的合法权益,鼓励发明创造,推动发明创造的应用,提高创新能力,促进科学技术进步和经济社会发展"。

由此可见,虽然标准化和专利两种制度的主要受益主体和受益内容有所不同,但是,最终促进经济社会发展,推动整个人类社会的进步是两者的共同目的。

7.2 标准与专利的结合

7.2.1 标准与专利结合的正当性

尽管标准与专利在内容和功能上有许多共有的特点,但就本质来说,设立标准的主

[1] 桑德斯.标准化的目的与原理[M].北京:中国科学技术情报研究所,1974.

要目的是为了保障产品的通用性、安全性和降低社会交易成本，其产生之初与独占性的权利并没有关系，也不具有任何私有属性。因此，许多机构对于标准与专利之间的关系往往采取回避的态度。IETF（Internet Engineering Task Force）原来在标准化工作中对专利技术的观点是："尽量采用那些非专利技术的优秀技术，因为IETF的目的是使其所制定的标准广为适用，如果涉及专利问题，标准的适用将涉及专利权的授权问题从而影响人们采用该标准的兴趣。"[1]然而，随着社会和科学技术的发展，避开现有专利技术去设定标准已不现实，标准与专利的结合已成必然。国家标准化管理委员会对于标准与专利的结合是持有条件肯定的态度。我国国家标准化管理委员会对于标准与专利的结合采取了区别对待的方式，针对强制性国家标准和推荐性国家标准的专利问题分别提出了不同的处理方法。实际上，标准与专利的结合无论从二者的内在特点还是外部环境要求上看，都是具有其正当性的。

（1）标准与专利结合的内在可能性

从内容上看，标准与专利均以知识产品为内容，且二者在内容上都具有先进性、实用性的特点。在功能上又都具有为人类服务，推动社会进步的使命，这为二者的结合提供了内在可能性。而且，标准与专利在内容上还具有互补性和可转化性。标准具有成熟性和科学性，而专利技术则具有新颖性和创造性。专利技术通过在实践中的不断应用和检验，可以逐步走向成熟，有条件获得市场认可并经过科学论证，保持行业技术领先，起到推动行业技术进步的作用，从而为专利技术转化为标准的一部分提供了逻辑上的可能。

（2）标准与专利结合是社会和科技发展的必然

标准与专利结合是社会经济和科学技术发展的必然。随着经济的发展，科学技术日新月异。标准的先进性决定了其制定必须反映行业整体发展水平，一个反映社会科学技术发展水平的标准必须有先进技术成果的支撑，适时吸纳已经比较成熟的前沿技术成为必要。而大量先进技术成果的研发仅仅依靠一个或几个企业、科研单位的力量是不可能完成的，社会力量的支持显得十分重要。同时，由于知识产权意识的不断加强，人们逐步学会利用知识产权制度保护自己的知识成果，专利申请数量大幅增加。随着专利数量的大幅度增加，专利技术几乎涉及不同行业的各个领域，要使标准完全远离专利技术已不现实。因此，标准纳入的技术成果不可避免地会"主动"或"被动"地与一项或多项专利技术产生交叉或重合，标准和专利的结合无法回避。

（3）标准与专利结合是国家和社会发展的现实需要

1）"必要专利"引入标准推动科技成果转化，有利于社会进步

将经过实践检验已经成熟的核心"必要专利"技术引入标准，借助标准的统一性不但有利于其中先进的专利技术成果的推广应用，使其更大范围地市场化；而且在专利标

[1] 董颖．数字空间的反共有问题[J]．电子知识产权，2001（12）．

准化的过程中，能够使得相应的科技成果更加有效和科学，提高相关产品的性价比，使与标准相关的消费者受益，从而推动一个行业的技术进步，最终降低整个社会的成本，有利于社会进步。

2）标准与专利结合是国家和企业参与国际竞争的需要

随着经济全球化时代的到来，标准与专利的结合逐渐变成国际市场竞争的策略。“技术专利化、专利标准化、标准许可化”已成为知识经济条件下国际竞争的新游戏规则。许多发达国家、跨国公司和产业联盟都力求将自己的专利技术提升为标准，以获取最大的经济利益，[1]并通过标准和专利结合的策略制造技术壁垒，削弱发展中国家的市场。我国加入 WTO 后，国内企业将不得不面对更加广泛和日益激烈的市场竞争。因此，建立具有自主知识产权的标准体系，对于冲破贸易保护主义，维护我国国家利益，对国内企业获得平等的竞争机会意义重大。

7.2.2 标准实施与专利权的冲突

专利权“在本质上是完全或一定程度垄断的制造者”，其本身虽是合法的垄断权，“但是毕竟在一定范围内限制了竞争。因此，允许这种对竞争的限制是法律权衡利弊的结果。”[2]这种限制竞争的行为必须被控制在一定范围内和一定程度上，不得任意进行不适当的扩张。将专利技术引入标准，实际上是具有私权属性和垄断特征的专利权向公有领域的一种扩张。如前所述，这种扩张是有其正当性的，但前提是要在标准的通用性和专利的垄断性之间找到一个恰当的平衡点。

标准按其效力可以分为强制性标准和推荐性标准。强制性标准具有国家强制力，企业和个人必须严格执行。推荐性标准在一定条件下也会产生市场支配力，甚至会随着市场支配力的不断增大而在某一特定市场上形成支配地位。如果这种市场支配力对自由竞争的秩序产生足够的消极影响，那么企业就不得不使用、执行含有专利技术的标准，否则，将失去参与竞争的机会。在这种情况下，标准与专利的结合会引发标准的“强制”和社会公众对专利使用自由选择权的冲突。此时，必须通过相应的制度安排，对相关专利权人的权利加以限制。否则，极易与民法中的公平、诚信和公序良俗等基本原则发生背离，使标准成为专利权人、投资人盈利的工具，限制有效竞争，侵害社会利益，也违背了知识产权法本身的基本宗旨，最终阻碍社会的进步和健康发展。

7.2.3 标准与专利结合的经济分析

标准与专利的结合，除了要从二者的内在特点、外部条件以及利益平衡的角度进行探讨以外，还可采用经济学方法分析其对社会、个人利益带来的影响，以此来考量其正当存在的条件和价值。

“利益是社会的原则”。[3]在市场经济社会中，人是“自私的”，其对自己的经济行为

[1] 杨林村等．国家专利战略研究 [M]. 北京：知识产权出版社，2004.

[2] 王先林．知识产权与反垄断法 [M]. 北京：法律出版社，2001.

[3] [德] 魏德士著，丁晓春译．法理学 [M] 北京：法律出版社，2005.

都要计较成本和支出，无时无刻不在追求自身利益的最大化，其从事某种行为的动机和目的都是为了利益。亚当•斯密在《国富论》中对人的“利己心”做了这样的阐述：“人类几乎随时随地都需要同胞的协助，要想仅仅依赖他人的恩惠，那是一定不行的。他如果能够刺激他们的利己心，使有利于他，并告诉他们，给他做事，是对他们自己有利的，他要达到目的就容易得多了……我们每天所需的食物和饮料，不是出自屠户、酿酒家或烙面师的恩惠，而是出于他们自利的打算。我们不说唤起他们利他心的话，而说唤起他们利己心的话。我们不说自己有需要，而说对他们有利。”❶ 对于专利权人来说也不例外，正是人的理性和“自私”本性，在专利制度的激励下不断地进行发明创造，而发明创造为自身带来利益的同时，也为整个社会带来了效益。诚如亚当•斯密所言，每一个人在决定自己行为的时候，所考虑的并不是社会的利益，而是他自身的利益，但“像在其他许多场合一样，他受着一只看不见的手的指导，去尽力达到一个并非他本意想要达到的目的。也并不因为是出于本意，就对社会有害；他追求自己的利益，往往使他能比在真正出于本意的情况下更有效地促进社会的利益。”❷ 在自由竞争的市场条件下，专利权人获得更多利益的途径之一，就是扩大其专利的应用程度，通过授权更多的使用者使用其专利，以获得更多的专利许可费，甚至由此逐步获得市场支配地位，以谋取更大的利益。无疑，将专利与标准结合起来是一个最佳的选择。

标准可以划分为强制性标准和推荐性标准，强制性标准因其有国家强制力的保障而得以实施，推荐性标准则以其可能具有的市场支配力而得以推广。由此，正是标准的强制实施力、市场支配力和专利权的专有性、垄断性，使得专利向标准领域扩张，最终导致标准与专利的结合，以满足专利权人实现利益最大化的要求。但标准与专利的结合是否具有正当性，还要看其产生的社会收益是否大于社会成本，即使不能符合“至少使世界上的一人境况更好而无一人因此而境况更糟”的帕累托标准，❸ 也应当满足收益能够补偿损失的卡尔多—希克斯效率要求。❹

（1）标准与专利结合对社会收益的影响

我们可以从经济学的角度来考察标准与专利的结合对社会收益的影响。我们先看专利权保护下的社会收益和损失。

基本假定：一个完全竞争产业，企业能够自由进入和退出该产业，没有一个企业在技术或位置方面具有任何特殊的优势，竞争将会消除该企业中现有企业所获得的任何超

❶ [英] 亚当•斯密著，郭大力、王亚南译．国民财富的性质和原因的研究（上）[M]. 北京：商务印书馆，2005.

❷ [德] 魏德士著，丁晓春译．法理学 [M] 北京：法律出版社，2005.

❸ 帕累托标准可以这样表述：“如果从一种社会状态到另一种社会状态的变化，使至少一个人的福利增加，而同时又没有使任何一个人的福利减少，那么，这种变化就是好的，就是可取的，就是社会所希望的。”参见姚明霞：《福利经济学》，经济日报出版社 2005 年版，第 12 页。

❹ 卡尔多—希克斯效率的含义是：“如果一项法律制度的安排使一些人的福利增加而同时使另外一些人的福利减少，那么只要增加的福利超过减少的福利，就可以认为这项法律使社会福利总体实现了增殖，因而这项法律就是合乎效率的。换言之，只要法律收益获得者能对受损者给予补偿，最终的法律安排就是有效率的。”见冯玉军：“论法律均衡”，载《西北师范大学学报》2000 年第 4 期。

额利润。同时，各企业生产的构成该产业的产品是相同的。

此时，该完全竞争产业的需求曲线为 DD_1，并以固定的平均成本 C_0 来生产产品，且平均成本等于边际成本，则当该产业产品价格 P_0 等于 C_0 时出现均衡，相应的产业产量为 Q_0，Q_0 即为该竞争产业获得最大利润的产量。❶ 由于替代效应和收入效应的存在，DD_1 曲线向下倾斜。❷ 如图 7.1 所示。

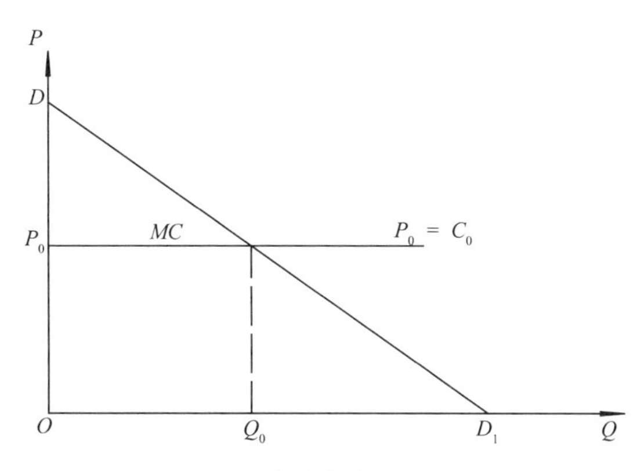

图 7.1　完全竞争产业中的均衡

假设一个发明者进入这个产业（或这个完全竞争产业中的一个企业成为发明者），通过技术创新，进行了发明创造或对该产品进行了改进，并就发明技术申请了专利。因为发明者独自拥有降低成本的方法，则该发明者可通过降低产品价格或保持价格而改进产品功能将该产业中的其他竞争者挤出市场，成为这个产业的垄断者，即发明者或其授权实施专利的企业成为该产业的唯一生产者。则产业的需求曲线也是该垄断企业的需求曲线。因消费者的状态未发生变化，故需求曲线仍为 DD_1。

此时，由于技术发明使得生产成本从 C_0 降到了 C_a（含专利使用费）。由于整个市场中还存在其他潜在替代产品，产品的价格不会高于 P_0，否则，该企业就会失去优势，其他企业就会加入到该产业竞争中。这样，生产者为保证其垄断地位，其追求利润最大化的价格将以 P_0 为限。此时，垄断生产者将面对弯曲的需求曲线 P_0AD_1，其边际收益曲线 P_0AHG。❸

❶ 完全竞争条件下，当企业将产量确定在边际成本等于价格的水平上时，就实现了利润最大化。

❷ 替代效应可以表述为：当某一物品的价格上升时，消费者倾向于用其他物品来替代变得较为昂贵的该种物品，从而最便宜地获得满足。收入效应可以表述为：当价格上升且货币收入固定不变时，消费者的实际收入便下降，于是他们很可能减少几乎所有物品（包括价格上升的物品）的购买数量。参见保罗·萨缪尔森，威廉·诺德豪斯著，萧琛等译:《经济学》，华夏出版社 1999 年版。

❸ 陈国富 . 法经济学 [M]. 北京：经济科学出版社，2006.

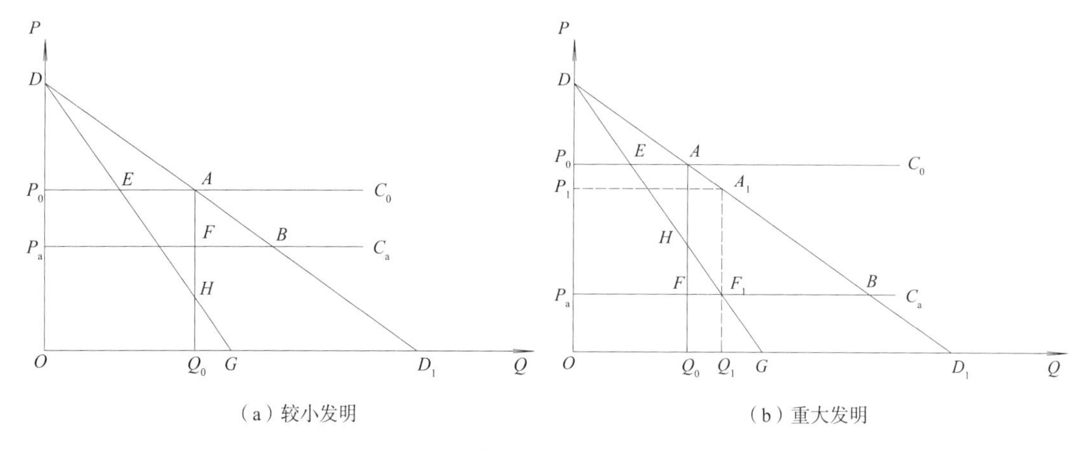

（a）较小发明　　（b）重大发明

图 7.2　专利权保护的经济分析

当专利技术为较小发明时，边际成本 C_a 与边际收益曲线 P_0AHG 交于 H 点以上，生产企业的专利产品产量等于 Q_0，价格等于 P_0，因发明而获得的总利润为矩形 P_0AFP_a，△ AFB 为因专利产品的垄断而造成的社会净损失，如图 7.2（a）所示。当专利技术为重大发明，发明结果导致产品成本大幅下降，边际成本 C_a 与边际收益曲线 P_0AHG 交于 H 点以下时，则生产企业获得最大利润的产量为 Q_1，相应价格为 P_1[1]，其获得的利润为矩形 $P_1A_1F_1P_a$，消费者剩余为△ DP_1A_1，△ A_1F_1B 为因专利产品的垄断而造成的社会净损失。如图 7.2（b）所示。

在垄断条件下，将专利产品或技术纳入标准后，会产生以下几个效应：一是由于标准的制定扩大了专利产品或技术的应用程度，生产者获得了更为广阔的市场，产品需求增加。二是标准实施过程中产生路径依赖效应，[2]消费者形成对某项专利的偏好。同时，由于我国目前标准体系行政化特点，使得纳入标准的专利产品或技术的需求价格弹性降低。[3]三是由于标准中对专利技术的强制性要求或市场中因设计单位指定应用标准中规定的专利技术而造成施工单位的变相被迫强制使用，引起该专利产品的需求价格弹性变得很小。

专利技术纳入标准后，我们可以根据标准中的“专利实施”是否具有强制性来分别进行具体分析：

---

[1] 对于垄断者来说，当其产量达到边际收益等于它的边际成本的水平时，利润达到最大。

[2] 关于技术的路径依赖问题，布兰·阿瑟（W. Brian Arther）1989 年的文献“竞争性技术、报酬递增与历史事件的锁定”无疑是这一领域的开山之作。阿瑟认为，选择者的偏好、技术的可能性或者其他偶然因素，有时候会导致选择者选择的技术从长期来看并非是最优的，甚至是无效率的。而且，这种选择一旦作出，将陷入一种锁定的状态，无法退出或者遗忘。当这种技术占据统治地位，就会围绕其引发一系列新的技术变迁，这些新的技术变迁可能会增强这种技术本身的优势。而即使更为先进的技术，由于某种原因晚到一步，失去了先进入者的诸多优势，从而在竞争中败下阵来。当然，在内生力量和外生力量的作用下，路径依赖也是可以冲破的。参见杨德才编著：《新制度经济学》，南京大学出版社 2007 年版，第 419 ~ 421 页、第 440 ~ 445 页。

[3] 需求的价格弹性是指需求量变动百分比与价格变动百分比的比值，它用来衡量一种物品的价格发生变动时，该物品需求量变动的大小。

1）专利技术纳入标准后，标准对于该项专利产品的使用或专利技术的实施不具有强制性。以工程建设标准中涉及专利技术的“工法”为例，我们将涉及专利技术的工法纳入标准，除旨在推广新技术以外，标准还会对其适用条件、技术参数、注意问题等具体事项加以规定，以规范该项技术的实施，保证其安全性和可靠性。一般来说，在工程建设领域，即使是在强制性标准中，对某项技术的强制性规定往往限于技术参数本身，不会也不太可能强制规定某项技术必须使用。比如，建筑节能为强制性要求，除节能一般做法的通用技术以外，设计、施工人采取何种新技术，标准不会强行规定，使用人可根据自身条件、工程情况和涉及专利方法或技术的实施费用情况进行判断，有选择地使用标准中的专利方法或专利技术。消费者对不同“工法”的取舍除与适用条件有关外，实施成本往往起到主要影响作用。同时，根据专利与标准结合后，消费者对该产品依赖程度的变化还可以进一步细分为以下两种情形：

①标准实施过程中未产生路径依赖效应，标准中的专利产品需求价格弹性不变，但由于标准的推广作用使得市场扩大，产品需求增加。在这种情况下，专利产品发明者和生产者为保持其垄断地位，防止其他企业进入，其产品价格不会高于 P_0，此时，最大化价格将在 P_0 处（或仅仅只是低一点）。垄断生产者面对的需求曲线由 P_0AD_1 变为 $P_0A_SD_{S1}$[1]，边际收益曲线由 P_0AHG 变为 $P_0A_SH_1G_S$。标准与专利结合所产生的成本较小，影响不大，产品成本仍为 C_a。如图 7.3（a）所示。

对于较小发明，如图 7.3（a）所示，生产者的利润为矩形 $P_0A_SF_SP_a$（Ⅰ + Ⅱ部分）大于与标准结合前的利润 P_0AFP_a（Ⅰ部分），消费者剩余△ DA_SP_0（Ⅲ + Ⅳ部分）大于与标准结合前的消费者剩余△ DAP_0（Ⅲ部分），因专利产品的垄断所造成的社会净损失△ $A_SF_SB_S$ 稍大于与标准结合前的社会净损失△ AFB。

对于重大发明，如图 7.3（b）所示，生产者的利润为矩形 $P_SA_{S1}F_{S1}P_a$（Ⅰ + Ⅱ部分）大于与标准结合前的利润 $P_SA_1F_1P_a$（Ⅰ部分），消费者剩余△ $DA_{S1}P_S$（Ⅲ + Ⅳ部分）大于与标准结合前的消费者剩余△ DA_1P_S（Ⅲ部分），因专利产品的垄断所造成的社会净损

[1] 直线上任何一点的弹性等于需求曲线上位于该点之下的线段长度与位于该点之上的线段长度的比值。其推导如下：某一需求曲线为直线 DD_1，其上 A_1 点变动至 A_2 点，其所对应的产品价格和需求产量则分别 P_1、Q_1 变动至 P_2、Q_2 点，变动量分别为 ΔP、ΔQ，那么 A_1 点的需求价格弹性，

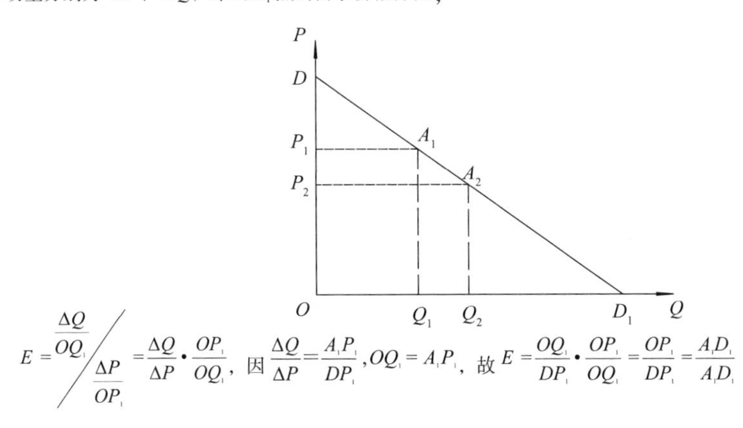

$$E=\frac{\frac{\Delta Q}{OQ_1}}{\frac{\Delta P}{OP_1}}=\frac{\Delta Q}{\Delta P}\cdot\frac{OP_1}{OQ_1}，因\frac{\Delta Q}{\Delta P}=\frac{A_1P_1}{DP_1},OQ_1=A_1P_1，故E=\frac{OQ_1}{DP_1}\cdot\frac{OP_1}{OQ_1}=\frac{OP_1}{DP_1}=\frac{A_1D_1}{A_1D}$$

失△ $A_{S1}F_{S1}B_S$ 稍大于与标准结合前的社会净损失△ A_1F_1B。

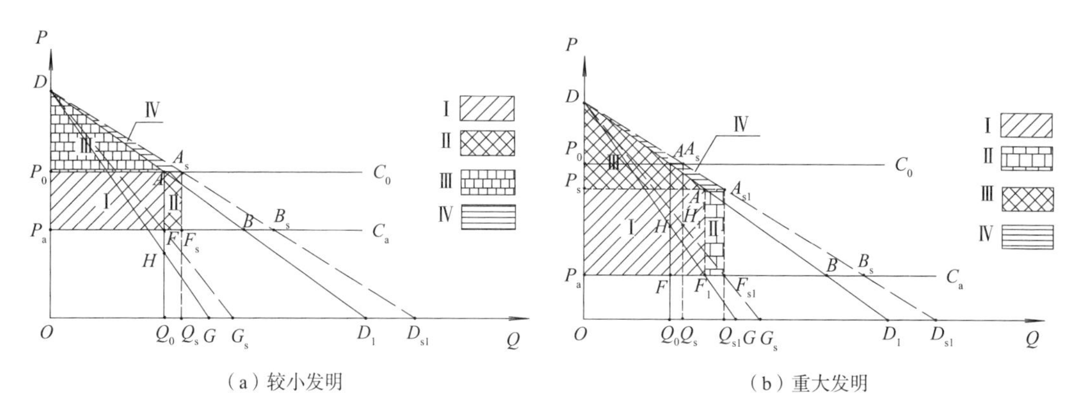

（a）较小发明　　（b）重大发明

图 7.3　专利与标准结合仅引起需求增加时的经济分析

可见，在这种情形下，专利与标准的结合使得整个社会收益增加。但社会净损失的少量增加，说明资源利用率有所下降，尽管下降幅度并不大。

②由于专利与标准的结合导致消费者对该项专利的依赖增强，同时，将专利技术纳入标准后，由于产品的推广应用使得该产品的普及程度大大增加，这样，产品的需求价格弹性会有所降低。但由于标准中的专利产品使用或专利技术实施不具有强制性，上述路径依赖效应并非不能打破，一旦使用该项专利技术的代价过高，消费者完全可能通过改变自己的习惯或方式来选择其他类型的产品或技术，以突破路径依赖的束缚。在这种情况下这种专利技术的需求价格仍然有一定弹性且价格弹性不会很小。沿用以上思路我们分别对较小发明和重大发明进行分析。分析如图 7.4 所示。

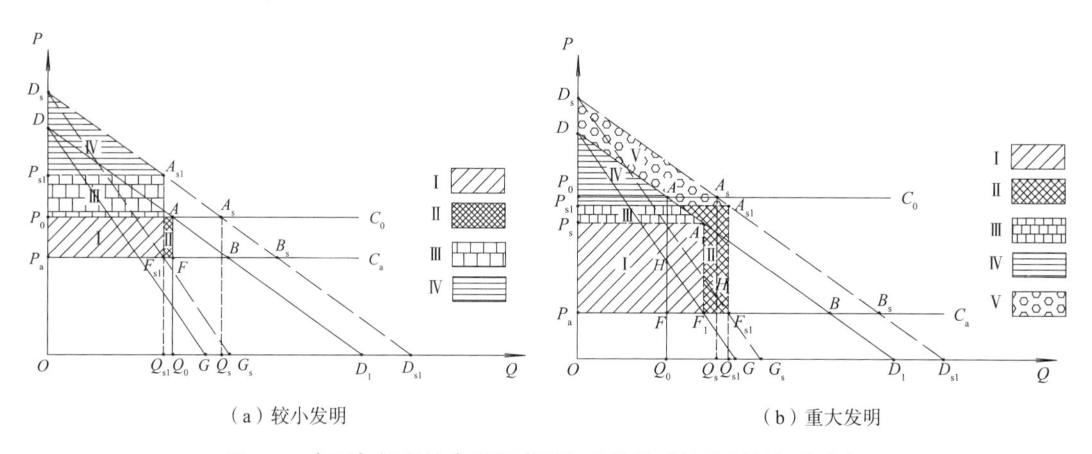

（a）较小发明　　（b）重大发明

图 7.4　专利与标准结合后需求增加且价格弹性降低的经济分析

由于标准的路径依赖效应和产品需求弹性的降低，生产者为追求利润最大化，完全有可能突破价格 P_0 的限制，此时垄断生产者面对的需求曲线为 D_SD_{S1}，边际收益曲线

为 D_SG_S。对于较小发明，图 7.4（a）所示，边际成本曲线 C_a 与边际收益曲线 D_SG_S 交于 F_{S1}，其所对应的价格为 P_{S1}。当价格等于 P_{S1} 时，生产者的利润为矩形 $P_{S1}A_{S1}F_{S1}P_a$（Ⅰ+Ⅲ部分），应当大于与标准结合前的利润 P_0AFP_a（Ⅰ+Ⅱ部分）。否则，该专利与标准的结合对于发明者便失去了意义。而消费者剩余△ $D_SA_{S1}P_{S1}$（Ⅳ部分）与结合前的消费者剩余△ DAP_0 的比较结果，则要看标准应用后该专利技术的推广应用程度和生产者的定价。因专利产品的垄断所造成的社会净损失△ $A_{S1}F_{S1}B_S$ 则大于与标准结合前的社会净损失△ AFB。

对于重大发明，如图 7.4（b）所示，生产者的利润为矩形 $P_{S1}A_{S1}F_{S1}P_a$（Ⅰ+Ⅱ+Ⅲ部分）大于与标准结合前的利润 $P_SA_1F_1P_a$（Ⅰ部分），消费者剩余△ $D_SA_{S1}P_{S1}$（Ⅳ+Ⅴ部分）大于与标准结合前的消费者剩余△ DA_1P_S（Ⅲ+Ⅳ部分），因专利产品的垄断所造成的社会净损失△ $A_{S1}F_{S1}B_S$ 大于与标准结合前的社会净损失△ A_1F_1B。

在这种情形下，专利与标准的结合使得整个社会收益增加。但社会净损失的增加，说明资源利用率降低了，表明这种资源配置方式是低效率的。

由上述分析可以看出，专利与标准的结合具有提高社会收益的功能，但因其垄断性使其资源配置低效率的情形一样，在对专利产品的使用或专利技术的实施不具有强制性的情况下，将专利技术或专利产品纳入标准在经济学上是有其合理性的。

2）标准中的“专利实施”具有强制性。在这种情况下，在一定的市场领域，标准中强制采用的专利产品或强制实施的专利技术只有唯一的卖者，没有其他人可以与其竞争，消费者也没有其他选择的余地，标准中的“专利实施”具有强制性。“强制实施”导致专利产品或技术的需求价格弹性大幅减小，甚至完全失去弹性。如前所述，专利发明人或实施人作为垄断企业的产业需求曲线为 DD_1，专利与标准结合后，由于标准的推广作用使得专利技术或产品的需求增加，当标准对专利的实施不具有强制性时，该产业的需求曲线为 D_SD_{S1}。而当标准中的“专利实施”具有强制性时，专利技术或产品的需求价格弹性大幅降低，此时假定专利权人或专利许可实施人的理论需求曲线为 $D_S'D_{S1}$，理论边际收益曲线为 $D_S'G'$，边际成本为 C_a，其与 $D_S'G'$ 交于 H'，自 H' 向上做垂线与 $D_S'D_{S1}$ 交于 A_S'，A_S' 点对应的价格为 P_S'。

此时，$P_S'>>P_0$，甚至 P_S' 远远大于 P_{DS}（P_{DS} 为非强制实施下需求为零的产品价格）。而实际上，任何一种专利产品即使在“强制实施”的情况下其价格也不会无限增加。由于专利技术或产品在标准中的“强制实施”，使得专利权人或专利许可实施人占据了市场的垄断地位，应当受到反垄断法的规制。我国《反垄断法》第十七条规定，禁止具有市场支配地位的经营者，从事以不公平高价销售商品的滥用市场支配地位的行为。若假定市场中这种专利产品的价格等于 P_m 时，将被法律认定其滥用市场支配地位成立，故应当受到法律的禁止。此时，该产业的需求曲线变为 $P_mA_mD_{S1}$。当产品价格接近 P_m 时，垄断者攫取的超额利润近似等于或稍小于矩形 $P_mA_mH_mP_a$ 的面积。当 $P_m \leq P_S'$ 时，消费者剩余为零。仅当 $P_m>P_S'$ 时，消费者才可能有剩余存在。由于产品需求曲线弹性很小，

P_S' 很高，因此，强制实施下专利产品的定价一般难以逾越 P_S' 这一限度。在这种情况下，专利权人或专利许可实施人的利润非常高，社会净损失很大，图 7.5 中为△ $A_mH_mC_a$，而消费者剩余为零。

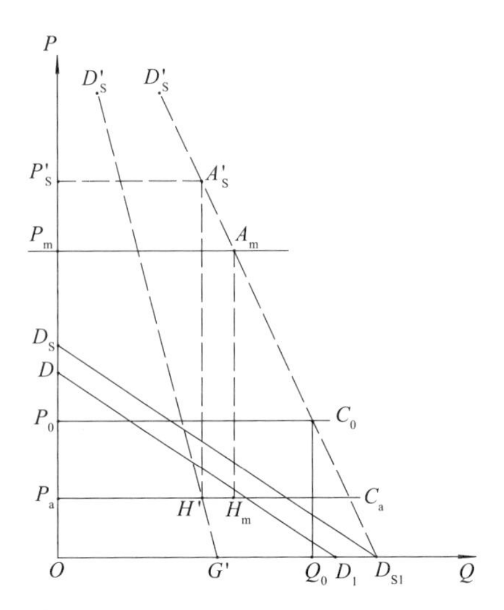

图 7.5 强制实施下的专利产品的经济分析

当专利技术或产品的需求价格弹性因“强制实施”而完全失去弹性，即为零价格弹性时，$D_S'D_{S1}$ 成为一条垂直 OQ 轴的直线，此时 P_S' 趋于无穷大，专利权人或专利许可实施人的超额利润趋于无穷大，消费者剩余为零。

由上述分析可见，一旦标准中的专利产品具有“强制实施”的效力，那么，专利发明者或生产企业必定会利用其垄断地位和需求价格弹性小的特点，追求超额利润，导致消费者剩余不断被挤压，直至很小，而社会净损失却增大，最终损害了消费者的利益，整个社会的福利也会降低。

（2）基于经济学分析的几点结论

专利进入标准后，除了前面分析到的其实施不能具有强制性这一结论外，我们还可以进一步分析并得出以下结论：

1）专利纳入标准应首先选择能够大幅减少成本、降低产品价格的重大发明

我们比较一下较小发明和重大发明两种情形的不同。对于较小发明纳入标准的情况，生产者可以比以前获得更大的利润（增加部分为Ⅲ–Ⅱ），而消费者剩余则不一定增加，甚至还可能会减少（如生产者定价较高且推广程度不够的情况，图 7.4（a）中所示消费者剩余就比以前有所减少）。在这种情况下，社会净损失大幅增加，说明资源配置的效率大为降低；而对于重大发明纳入标准的情况，除生产者可以比以前获得更大的利润（增加部分为Ⅱ＋Ⅲ）外，消费者剩余也有所增加（增加部分为Ⅴ–Ⅲ），而且这种情况下的社会净损失的增加幅度也比较小发明的情况小很多。这说明纳入标准中的专利技术应首

先选用那些能够大幅降低生产成本，对社会科学技术进步产生重要促进作用的重大发明，而对于实用新型等较小发明则应当慎重。尤其目前国内大部分的实用新型专利，在专利申请时不需进行实质审查，这在一定程度上降低了专利申请的门槛，致使某些领域产生了大量的、相似性很强的专利，甚至出现了一些“垃圾专利”。在将专利技术纳入标准的过程中，必须坚持科学、严谨的精神，将创造性、先进性不够的专利排除在外。

2）对于标准中的专利定价和实施应当坚持合理且无歧视条件的原则

我们以上述图 7.4（a）为例进行分析。若专利产品的价格过高或其他条件不合理影响其推广应用，导致利用率降低，则 D_SD_{S1} 曲线向下移动，专利生产者为追求利润最大化，其在攫取超额利润的同时，使得消费者剩余△ $D_SA_{S1}P_{S1}$（Ⅳ部分）减少，社会净损失△ $A_{S1}F_{S1}B_S$ 大大超过原来的社会净损失△ AFB。这样就会造成社会收益的增加，完全建立在生产者的垄断利润之上，整个社会的资源配置效率也大为降低，不符合社会公共利益。

如果我们对标准中的专利产品采取政府限价或其他措施使其保持价格在合理水平上，则可假定与标准结合后专利产品价格仍保持在合理价格 P_0 水平上，此时专利生产者的利润和消费者剩余均比结合前有大幅提高，而社会净损失则变化不大甚至会降低。由此可见，标准中专利定价和实施应当坚持合理且无歧视条件的原则。

3）标准中对专利产品或技术的引入应当坚持与时俱进原则

如前所述，专利与标准结合后，由于消费者依赖性的增强，降低了专利产品的需求价格弹性，会进一步增强专利的垄断作用，对新产品、新技术进入相关产业参与竞争形成壁垒。为减少这种不利影响，标准中对专利产品或技术的引入应当坚持与时俱进、推陈出新和时效性原则，根据社会科技发展状况，对标准中有关专利的内容进行修订、更新，甚至废除其中难以适应新形势的专利技术，尽可能将能够替代原专利产品或技术的非专利技术引入标准，代替原专利产品或技术。

在出现类似的或在一定条件下能够替代原有专利的必要专利时，可以在原有基础上再将该项专利引入标准。这样做的好处是给消费者更多的技术选择权。同时，通过市场手段为进一步淘汰“过时”技术提供来自实践层面的依据。在这种情况下，垄断产业结构就变为寡头市场。按照古诺模型及其推广的结论，在市场中存在多个寡头的情况下，每个生产者的均衡价格应当低于垄断市场结构时垄断企业的均衡价格，生产者获得的超额利润降低，专利生产者的垄断性也会降低。这样就会避免因专利与标准的结合而导致对产业的完全垄断。

7.2.4 工程建设标准与专利的结合方式

（1）标准间接引入专利

虽然标准条款中没有明确的引用专利，也不涉及专利的技术要点，但标准提出了指标或要求，而实现要求则必须使用专利技术。例如标准中提出某种检测方法，实现这种检测方法必须要使用某种工具或器械，而市场上这种工具或者器械的生产过程必须使用专利技术。例如，欧盟的打火机案例就属于间接引用专利。对于国家标准、行业标准或者地方标准这类公益性标准来说，标准技术支撑机构应严格把关，除非是出于安全等因素，应尽量避免间接引用专利，因为标准应该是规定大部分企业能够达到的基本要求，而不应该是只有通过实施特定的专利技术才能达到的要求。

此外，还有一种情况是标准不确定的引用其他标准。例如现在标准中常用的“……按照国家现行有关标准执行”，并没有明确引用标准的哪一条，即使说明了是哪方面的相关标准，还是带有一定的不确定性。如果这些被引用的标准中带有专利，那么对于标准使用者来说可能很难判断到底是不是引用了涉及专利的条款。

（2）标准直接引入专利

如果标准包含了专利的全部技术特征，或者标准中直接引用了专利，也就是实施该标准条款，就必然会实施该项专利。一般来说，标准条款原封不动引用专利文件的情况较少，因为专利文件的撰写方式与标准的编制要求完全不同，专利文件必须经过加工才能进入标准。但不管专利是否经过加工，如果包含了专利的全部技术特征，那么也属于直接引入了专利。对于这种情况，标准编制者应尽早发现，如认为专利有必要进入标准，则必须在标准文本中明确标识出来，以便于标准实施者能尽早获得专利信息，避免在不知情的情况下构成专利侵权。

（3）标准涉及专利不确定性

除以上两类标准可能涉及专利的情况，实际在大多数情况下，标准条款可能仅涉及了专利的一部分技术特征，在这种情况下，标准是否包含了专利就需要进行专门的判定。此时，不具备知识产权专业知识的人员，例如普通的工程人员和标准化从业人员可能就无法准确判断标准是否纳入了专利。即使具备了专利知识背景，对标准条款和专利的技术特征的理解也会存在主观差异，且还存在用等同技术手段代替专利技术特征的情况，所以可能很难清晰的判别标准中是否涉及了专利的技术特征。因此，标准是否涉及专利具有不确定性。对于标准编制者来说，对这种可能涉及专利的情况，一方面应尽可能将专利标识出来提醒标准使用者注意，同时在标准发布时也应附带免责声明。

7.3 标准与专利结合与反垄断法

7.3.1 反垄断法的基本内容

反垄断法，顾名思义就是反对垄断和保护竞争的法律制度，一般指国家调整企业垄断活动或其他限制竞争行为的有关实体法和程序法，其所规范的是国家反垄断主管机关的反垄断管理行为及经营者的垄断和限制竞争行为。反垄断法的立法目的在于禁止垄断和其他限制竞争的行为，创造公平竞争的良好环境，使市场在资源配置中的基础性作用能够充分发挥，以保证市场经济健康发展。

目前，在各国反垄断法中表述的实体规则主要包括：对限制竞争协议的规制规则，对滥用市场支配地位的规制规则，对企业合并的规制规则以及对不公平竞争行为的规制规则。除此之外，各国政府还颁布了大量的反垄断行政法规和程序法规，以便明确反垄断执法机关及其职权划分、执法程序等。反垄断法规则就是上述实体法和程序法规则的总和。❶

根据国际竞争网络（ICN）的统计，全世界已有 80 多个国家制定了反垄断法。以下简要介绍美国、欧盟和日本有关反垄断法律制度的基本框架以及对知识产权领域垄断行为的适用性。❷

（1）美国反托拉斯法

美国的反垄断法称为反托拉斯法，主要包括《谢尔曼法》、《克莱顿法》、《联邦贸易委员会法》和《罗宾逊 - 帕特曼法》等。此外，作为判例法国家，法院的有关判例也是美国反托拉斯法的重要组成部分。

在美国，通过法院判例逐步发展出知识产权滥用原则，具体表现为专利权滥用、版权滥用和商标权滥用原则。其中，专利权滥用的概念产生最早，使用也最多。在 1944 年的水银开关Ⅱ案中，美国联邦最高法院曾认为，一旦法院由被告之举证中发现专利权人的行为构成专利权滥用，则其行为亦应被视为违反有关反托拉斯法的规定。尽管此后美国国会和有关判例的态度发生了变化，即某一行为被认定为专利权滥用不需要上升到违反反托拉斯法的高度，但是，任何可能构成扩大专利权的行为越来越可能依照反托拉斯法的合理原则进行分析。除了国会立法和法院判例外，作为执行反托拉斯法的美国司法部和联邦贸易委员会于 1995 年 4 月 6 日联合发布了《知识产权许可的反托拉斯指南》，并于 2007 年 4 月 17 日联合发布了《反托拉斯执法与知识产权：促进创新和竞争》的报告。二者较好地总结了执法部门和判例中在反托拉斯执法与知识产权这一领域积累的丰富经验，阐释了在知识产权领域进行反托拉斯执法的基本原则。

（2）欧盟竞争法

反垄断法在欧盟被称为竞争法，欧盟竞争法不但包括 1992 年各成员国为成立欧盟而签署的《马斯特里赫特条约》(《欧盟条约》) 中的竞争法规范，还包括 1951 年的《欧洲煤炭与钢铁共同体条约》、《欧洲经济共同体条约》以及后来经过《单一欧洲文件》、《欧洲联盟条约》等的修改、补充，并经欧盟有关机构的立法实践、执法实践及欧洲法院的司法判例与解释逐渐发展而形成，仍为欧盟所沿用的有关欧盟煤炭与钢铁共同体、欧洲共同体范围的竞争法的规范体系。欧盟竞争法的实体规范最集中地体现在经《欧盟条约》修改的《建立欧洲共同体条约》中。

近年来，欧盟竞争法已明显表现出其规制知识产权行使行为的能力。1988 年的沃尔沃（Volvo）案、1995 年的迈吉尔（Magill）案和 2004 年的 MS Health 案都涉及利用竞争法来规制知识产权的拒绝许可问题。除了司法系统的努力外，欧盟委员会也通过发布条例制订了具体的知识产权适用规则。2004 年 5 月 1 日生效的《技术转让协议成批豁免

❶ 吴振国．中华人民共和国反垄断法解读 [M]. 北京：人民法院出版社，2007.

❷ 王先林．知识产权与反垄断法—知识产权滥用的反垄断问题研究 [M] 北京：法律出版社，2008.

规章》(即《772/2004 号规章》)在界定相关市场的基础上，通过考察和评价相关产品和技术的性质、协议当事人的市场地位、竞争者的市场地位、购买方的市场地位、潜在竞争者的存在和进入障碍等分析要素，来考察与知识产权有关的技术转让协议对竞争的影响，规定了与知识产权有关的技术转让协议条款的禁止、限制和豁免规则。

(3)日本禁止垄断法

反垄断法在日本被称为禁止垄断法。日本禁止垄断法有统一的法典，即于 1947 年规定并经多次修改的《禁止私人垄断及确保公正交易法》，此外，还包括其他与禁止垄断有关法律和大量的行政法规、规章。

为认定一项与知识产权有关的行为是否违反禁止垄断法，日本公正交易委员会对与知识产权有关的行为在反垄断法上的适用问题提出了政策主张。目前，最新的是 2007 年 9 月 28 日颁布的《知识产权利用的反垄断法指南》。该《指南》阐述了竞争政策与知识产权制度的相互关系及反垄断法适用于与知识产权有关的限制行为的基本原则。

7.3.2 标准与专利的结合和反垄断法的关系

专利权具有专有性和排他性，是一种合法的垄断权，专利制度是有限垄断与信息公开之间平衡的产物。将专利技术纳入标准，一方面会增加专利技术应用的科学性，并使其得以推广；另一方面又会增强专利权人的市场竞争优势，甚至可能造成对相关市场的垄断。而反垄断法的基本使命是反对垄断，保护自由公平的竞争。由此可见，标准与专利的结合与反垄断法之间必定存在着复杂的关系。它们在某些方面具有一致性，又存在潜在的冲突。

(1)标准与专利的结合和反垄断法的一致性

首先，专利纳入标准和反垄断法统一于对社会公共福利的增加和消费者权益的保护上。专利技术本身是一种具有新颖性的技术方案，在其纳入标准时，必定会经过大量的实践检验和严密的科学论证，再通过简单化、统一化的处理，使其符合科学性要求，保证该专利技术实施质量、安全的可靠性。同时，将专利技术纳入标准，必定会使该项技术得以推广应用，普遍降低消费者成本，提高产品质量，从而达到增加社会公共福利和保护消费者权益的目的。另外，“行业标准具有网络经济的性质，通过行业标准的设定，更多功能不同的产品可以相互结合应用，从而增加整个网络对消费者的价值”。[1] 而反垄断法的作用主要是通过有效竞争来弥补市场机制本身的缺陷，其作用之一就是保护消费者的合法权益和社会公共福利。竞争对企业是一种压力，在竞争的压力下，企业必须努力降低生产成本，改善产品质量，改善售后服务，并且根据消费者的需求不断开发新产品，增加花色品种，[2] 从而增加消费者利益和社会公共福利。此外，“反垄断法通过禁止那些可能损害有关消费者的现有的或新的方式的竞争行为，推动创新和增加消费者福利。”[3]

[1] 王先林. 知识产权与反垄断法——知识产权滥用的反垄断问题研究 [M]. 北京：法律出版社，2008.

[2] 吴振国. 中华人民共和国反垄断法解读 [M]. 北京：人民法院出版社，2007.

[3] 王先林. 知识产权与反垄断法——知识产权滥用的反垄断问题研究 [M] 北京：法律出版社，2008.

其次，标准与专利相结合，一定程度上会促进竞争。这主要表现在，由于标准化的简化、传达作用，使得消费者（标准使用人）对纳入标准的专利技术更加易于获取、易于理解和实施，使得不同的消费者不但有应用专利技术的可能，而且使他们都有平等的机会和手段去达到应用的目的，为他们提供平等的机会，❶从而使得不同的消费者之间的竞争起点相同，一定程度上有利于消费者之间的竞争。正如一些学者所言："在标准化过程中，标准中所包含技术信息的发布，会降低不同公司获取信息成本的不对称性，进而使这些竞争性的公司在该领域处于同一水平上。"❷而反垄断法的基本功能就在于预防和制止垄断和其他限制竞争的行为，维护和促进有限的市场竞争，推动经济和技术的发展。竞争秩序是反垄断法的基本价值，这种基本价值又包含着丰富的内容，体现了自由、效率、公平等具体价值。❸由此可见，将专利纳入标准与反垄断法在促进竞争、体现公平上，在一定条件下是具有一致性的。

（2）标准与专利结合和反垄断法的潜在冲突

尽管标准与专利结合和反垄断法具有前述的一致性，但这种一致性是存在前提条件和范围限制的。特别是在对竞争的影响上，专利与标准结合后对竞争产生促进作用的前提是消费者不会因专利技术的标准化而使其选择权和消费习惯受到影响，专利权人或专利生产者也不会因专利技术的标准化而取得市场占有或价格上的垄断优势。而且，这种促进竞争的作用仅体现在应用标准的消费者之间，而不是在专利生产者与其他竞争者之间。然而，这种前提条件并不完全符合市场的真实情况，故标准与专利的结合和反垄断法之间仍存在潜在的矛盾和冲突。

首先，专利权是一种垄断权，虽然合法，但它毕竟在一定范围内限制了竞争，因此，允许这种对竞争的限制是法律权衡利弊的结果。知识产权的存在本身并不能说明它没有消极后果，只是这种消极后果设定在可容忍的范围之内。❹因此，如果专利权人在行使权利的过程中，不适当地扩张了垄断权的范围，或凭借合法垄断进一步谋求非法垄断或优势竞争地位的目的，即可能直接触犯反垄断法。❺正是由于专利的垄断性质，使得专利权的行使与反垄断法存在冲突的可能，从而为标准与专利的结合和反垄断法之间的潜在冲突提供了可能。

其次，标准与专利的结合会对消费者的选择权和消费习惯产生影响。标准按其效力可划分为强制性标准和非强制性标准。强制性标准由于其实施的强制性要求而剥夺了消

❶ 这也符合罗尔斯《正义论》中的观点。罗尔斯将"机会平等"解释为"机会的公平平等"原则，即各种机会不仅要在一种形式的意义上开放，而且应使所有人都有平等的机会达到它们。参见何怀宏著.《公平的正义》[M]. 山东人民出版社，2002-111.

❷ [德]克努特·布林德（Knut Blind）著. 高鹤、杜邢晔等译.《标准经济学——理论、证据与政策》[M]. 中国标准出版社，2006-40.

❸ 游钰. 反垄断法价值论 [J]. 法制与社会发展，1998（6）. 转引自王先林. 知识产权与反垄断法——知识产权滥用的反垄断问题研究 [M]. 北京：法律出版社，2008.

❹ 王先林. 知识产权与反垄断法——知识产权滥用的反垄断问题研究 [M]. 北京：法律出版社，2008.

❺ 缪剑文. 知识产权与竞争法 [J]. 法学，1999（6）.

费者对标准的选择权，强制性标准中的专利技术即使不具有强制实施的要求，但由于标准本身的强制性，消费者只能在该标准纳入的同类技术中进行选择，而未被纳入标准的同类技术则往往不被允许，也很难得到认可。我国标准制定的政府主导模式更是强化了标准化对消费者选择权的限制。同时，由于标准化产生的路径依赖效应会影响消费者的消费习惯。[1]这样，标准与专利的结合将增加消费者选择标准中专利技术的倾向，以减少自己改变方式的成本。由于上述影响，标准中的专利技术在其相关市场的占有率会增加，容易形成支配地位甚至垄断地位，从而为专利权人或专利技术生产者提出更高的许可条件以攫取高额利润提供了基础。美国反托拉斯执法机构于 2007 年 4 月发布的《反托拉斯执法与知识产权：促进创新和竞争》报告中指出，如果被标准制定组织选定为标准的一项专利技术缺乏有效的替代技术时，或使用替代技术增加的成本提高时，专利技术的所有人可以通过设定比该专利被选定为标准前更高的许可费用或更为苛刻的许可条件，来阻止其他公司使用标准。在此情况下，加入专利技术的标准设定行为就可能会与反托拉斯法发生冲突。[2]

7.3.3 我国《反垄断法》对标准与专利结合问题的适用

我国《反垄断法》于 2007 年 8 月 30 日由第十届全国人民代表大会常务委员会第二十九次会议通过，于 2008 年 8 月 1 日施行。其目的在于预防和制止垄断行为，保护市场公平竞争，提高经济运行效率，维护消费者利益和社会公共利益，促进社会主义市场经济健康发展。我国《反垄断法》规定了禁止垄断协议、禁止滥用市场支配地位和禁止经营者集中三类基本的反垄断制度，具备了各国反垄断法共同具有的基本制度；而且，《反垄断法》还根据我国行政权力过大、行政性垄断突出的现状，专门规定了禁止行政垄断的制度；这些内容构成了我国《反垄断法》的核心。

（1）我国《反垄断法》对有关知识产权问题的观点

专利权等知识产权是一种合法的垄断权，其与反垄断法的关系备受学者关注，我国《反垄断法》对知识产权领域的适用性也就成为一个重要问题。令人欣慰的是，《反垄断法》第 55 条对此作了明确规定："经营者依照有关知识产权的法律、行政法规规定行使知识产权的行为，不适用本法。但是，经营者滥用知识产权，排除限制竞争的行为，适用本法。"该规定既体现了法律对知识产权的尊重和保护，又规定这种权利的不正当行使应受到法律限制，明确了《反垄断法》对于滥用知识产权行为的适用性。因此，《反垄断法》对于标准与专利权结合问题，在一定条件下（如涉及滥用、排除限制竞争等行为）是适用的。

（2）标准与专利结合受《反垄断法》规制的主要情形

关于知识产权与反垄断法的关系以及知识产权滥用的分析，王先林先生在其著作《知识产权与反垄断法——知识产权滥用的反垄断问题研究》中做过专门论述。而标准与专

[1] 杨德才．新制度经济学 [M]. 南京：南京大学出版社，2007.

[2] 王先林．知识产权与反垄断法—知识产权滥用的反垄断问题研究 [M] 北京：法律出版社，2008.

利结合后对竞争的消极作用，主要体现在标准的强制性和标准化产生的路径依赖效应对消费者选择权及消费习惯的影响上。特别在我国工程建设领域，工程建设标准制定的政府主导模式和公共安全要求下强制性标准的大量存在，更是强化了标准化对消费者选择权的限制及对其消费习惯的倾向化影响。由于标准与专利的结合将促使消费者对标准中专利技术的选择增加（即使这种专利技术在同类技术中并非占有技术或价格上的优势），因此，标准中的专利技术在其相关市场上的占有率会相应增加，容易导致其市场支配地位甚至垄断地位的形成，也为其滥用市场支配地位提供了可能。因标准与专利结合可能导致违反《反垄断法》规定的情形主要有以下几种：

1）垄断价格。主要表现为标准中专利生产者以不公平的高价实施该项专利技术或对专利收取不公平的高价许可费。《反垄断法》第十七条第一款第（一）项对此作了禁止性规定。[1] 如前所述，标准与专利结合后可能对竞争产生不利影响，原因在于标准的强制性或产生的路径依赖效应及行政化特点会使标准中的专利实施产生强制力或市场支配力，再加上标准化的推广作用，都会增加专利生产者的市场份额，极易使该项专利技术在相关市场中占有市场支配地位。[2] 在专利生产者占有市场支配地位的前提下，若其利用其优势地位进行不合理定价，则可能与《反垄断法》产生冲突。为了更直观地说明问题，我们以工程建设领域中的标准为例进一步讨论。

工程建设领域的标准多为强制性标准，有的标准中纳入了施工技术专利（如《建筑桩基技术规范》JGJ 94—2008 中的后压浆技术、长螺旋钻孔压灌桩技术等）。尽管其中规定的施工技术并非强制实施，但由于规范实施具有强制性和政府主导性，而且其中往往对该种施工技术的参数选取、计算方法和施工工艺的规定具有特定性，整个社会（包括政府、消费者）对这种标准中纳入的施工技术专利会产生当然的高认可度。这样，这类施工技术在同类施工技术中就会具有相当的市场优势，其生产者就容易在相关产品市场中取得市场支配地位。如果在同等条件下，该施工技术在规范中没有相应的替代品，那么，即使实施价格偏高，消费者也不得不选择该项技术，因为未纳入规范的具有替代性的其他施工技术将难以得到社会的认可。在这种情况下，专利生产者就有可能将该技术的实施价格或专利许可费定得很高，以满足自身利益最大化的目的，从而与《反垄断法》产生冲突。

---

[1] 我国《反垄断法》第十七条的相应条款为：“禁止具有市场支配地位的经营者从事下列滥用市场支配地位的行为：（一）以不公平的高价销售商品或者以不公平的低价购买商品”。

[2] 吴振国．中华人民共和国反垄断法解读 [M]. 北京：人民法院出版社，2007.

——相关市场包括相关产品市场和地理市场。《欧共体竞争法中界定相关市场的通告》中给出了定义：一个相关产品市场指的是由产品特性价格以及预定用途决定的，对消费者来说具有互换性和替代性的所有产品和 / 或服务的组合；相关地理市场指的是相关事业发生产品 / 服务的供给和需求的区域，该区域内的竞争条件充分同质，据此可以将该区域与其他邻近区域区分开来。关于替代性，经济学上有“总体替代性”和“近似替代性”之分。总体替代性是指在竞争的市场上，从最广义的意义上说，任何产品都具有替代其他产品的可能性。而“近似替代性”产品指的是消费者认为在价格、品质和用途等方面具有合理替代性的产品，按替代性强弱不同，又可把“近似替代品”分为“紧密替代品”和“弱替代品”。相关产品市场中所包含的替代品指的是“紧密替代品”。

2）差别待遇。主要表现为标准中专利的生产者采取会员、联盟等手段，对条件相同的交易相对人实施价格歧视。我国《反垄断法》第十七条第一款第（六）项对此作了规定。[1]实践中，有专利权人就其专利技术建立专利被许可者联盟，由取得专利实施许可者组成，加入联盟的成员可以通过联盟从专利权人获得非常优惠的专利实施许可，从而使得专利权人在专利许可时对条件相同的人，仅由于其是否加入联盟而采取不同的价格待遇。如果这些专利技术通过与标准结合而在相关市场取得市场支配地位，被歧视者将失去选择自由，这些受到歧视待遇的企业与那些得到优惠待遇的企业相比，将在竞争中处于不利地位，容易被排挤出市场。这是违反《反垄断法》的规定的。

3）拒绝交易。我国《反垄断法》第十七条第一款第（三）项对此作了规定。[2]在一般情况下，根据合同自治原则，当事人可以根据自己的意志选择自己的交易对象，不存在拒绝交易的问题。但对于具有市场支配地位的专利生产者来说，由于其拥有标准的强大支撑，其专利的替代品往往无法得到社会的认可，即使能够应用或获得认可也无法与标准中采纳的专利相提并论。因此，拒绝专利许可等行为的后果即是限制了充分竞争，应当受到反垄断法的禁止。

4）强制交易。如果标准中的专利有“强制实施”的要求，在专利生产者具有市场支配地位的情况下会产生强制交易的后果，我国《反垄断法》第十七条第一款第（四）项对此作了禁止性规定[3]

以上分析了标准与专利的结合和反垄断法的关系，并结合我国《反垄断法》的具体规定，讨论了我国《反垄断法》对标准与专利结合问题的适用性，得出以下结论：

（1）在专利生产者不因专利技术的标准化而取得市场占有或价格优势的前提下，标准与专利的结合和反垄断法统一于对社会公共福利的增加和消费者权益的保护上，并在一定程度上对促进竞争具有一致性。

（2）由于标准与专利的结合会对消费者的选择权和消费习惯产生影响，专利生产者会由此形成在相关市场的支配地位甚至垄断地位。因此，标准与专利的结合和反垄断法存在潜在的冲突。

（3）我国《反垄断法》对于标准与专利结合的问题是适用的。同时，标准与专利结合后可能产生的价格垄断、差别待遇、拒绝交易、强制交易问题应当受到我国《反垄断法》的规制。

[1] 我国《反垄断法》第十七条相应条款为：“禁止具有市场支配地位的经营者从事下列滥用市场支配地位的行为：（六）没有正当理由，对条件相同的交易相对人在交易价格等交易条件上实行差别待遇。”

[2] 我国《反垄断法》第十七条的相应条款为：“禁止具有市场支配地位的经营者从事下列滥用市场支配地位的行为：（三）没有正当理由，拒绝与交易相对人进行交易。”

[3] 我国《反垄断法》第十七条的相应条款为：“禁止具有市场支配地位的经营者从事下列滥用市场支配地位的行为：（四）没有正当理由，限定交易相对人只能与其进行交易或者只能与其指定的经营者进行交易。”

7.4 专利强制许可的法理分析

7.4.1 专利强制许可的法律特征

在专利法的体系内，专利的强制许可是指不经过专利权人的同意，经专利的实际使用者或相关有权部门向政府专利管理部门提出申请，经专利管理部门同意，向申请人颁发的同意使用专利的强制许可。专利被强制许可，不是出于专利所有人自愿，而是出于行政机关的决定。在颁发专利许可的同时，行政机关对于专利许可的费用可以一并作出决定。专利的强制许可构成对于专利权行使的一种限制，其限制是基于法律的规定或是授权，申请人可以以“合理使用”、“先用权人的实施”等理由而取得强制实施的许可。

7.4.2 专利强制许可符合专利法的本意

我国的专利法在开篇就指出专利保护立法的目标是鼓励发明创造，推广发明创造。对于发明创造的推广，主要是采用市场的手段，市场会选择先进的专利技术，从而促进专利技术被采纳和传播。而非市场的推广方式主要就包括专利强制许可。虽然在强制许可的情况下，对于权利人的经济利益的保障可能存在不足，但是此方式可以减轻专利权的限制性影响，从而推广先进技术的传播，有利于全社会获得创新技术带来的利益。在技术专利化、专利标准化的大时代下，被纳入标准的专利即使被强制许可，其权利人借由标准的推广，其专利技术得以更快地传播，可以更容易获得市场对其技术的认可，从而在市场竞争中占据优势。

7.4.3 专利强制许可体现法治的社会化取向

民法中确立了以保护个人的权利、平等和自由的基本原则，即绝对所有权、意思自治和过错责任。在知识产权领域中，专利法起源于古代君主钦赐的垄断经营特权，在近代演变成为一种对私人享有的智力创造成果保护的法律制度。国家法治对私人的独占性无形财产权进行了保护和认可，促使垄断性、独占性、私有性成为专利权的本质属性，专利权人也有权利追求个人绝对利益的最大化。

而随着社会的发展，个人在行使其权利时，不再可以不受约束地追求个人绝对利益的最大化，而是要与其义务、责任相对应。法治不再是以个人的利益最大化为目标，而是转变成为以全社会的整体价值的最大化为目标。以社会化价值为目标的法治要求，个人利益的实现不得侵害他人的利益和社会的利益，个人利益要和社会利益共同发展以推动社会整体的进步。在这种趋势下，无论国内立法还是国际规则的制订，在关注国家安全、食品卫生、公民健康、环境气候等公共利益的主题时都越来越多地强调关注社会的整体利益。

因此，为了公共利益的需要，对于涉及公共利益的专利进行强制许可也成为国家立法和国际规则制订过程中对于公共利益进行保护的一种手段。在目前最具有影响力的知识产权国际知识产权公约 TRIPS 协议的序言中，就明确表明：“承认各国作为保护知识产权制度基础的公共政策目标，包括发展和技术的目标”。

7.4.4 专利强制许可体现法律价值的多元化

从人权、财产权、科技发展、社会经济等方面考虑，都可以构成法律对于专利权保护的正义基础。如果说人权、财产权赋予了专利权作为私权利神圣不可侵犯的地位，那么从科技发展、社会经济等方面来思考对专利法的保护，已是从更多元化的视角来考虑专利权保护的新思路了。同样，在多元化视角下，先进技术要成为社会发展的推动力，在保护发明创造的专利权人的同时，还要考虑到效率、自由、安全、秩序等多重因素。

市场经济条件下法律的重要功能之一就包括对社会资源的最优化配置从而实现整个社会的最大化产出。专利技术纳入标准，通过标准的推广作用，实现先进技术的最大化的推广，从而实现对科学技术的优化配置，达成高效的目标。同时，当专利纳入标准，与标准融合后，无论是专利权人、标准制定组织还是标准使用人，为了实现效率、公平、安全、秩序等目标和价值，法律既要确认和维护自由，又要限制自由的范围。那么，专利的强制许可制度就是对于专利人权利可能存在的滥用的一种制约，这种制约也为标准的制定组织、标准的使用人带来安全感。因为专利的强制许可的实施，纳入标准的专利被“搭便车”或专利权人丧失专利所有权的隐患也有了可解决的方案。

总之，从专利保护与标准制度的发展来看，在标准与专利融合过程中所涉及的法律价值不仅限于效率、自由和安全，还包括平等、秩序、正义等。专利的强制许可制度，要求专利权人在实现个人利益时不得损害社会利益，侧重于对整个标准适用的安全保护的具体实现，是标准与专利融合后加强对弱势群体利益保护的手段，也是法律价值的体现。

8 工程建设标准涉及专利的制度设计

8.1 指导思想

从专利制度的直接目标上看，保护专利技术的专利制度侧重于：赋予专利权人一定时间的垄断权，其直接保护客体是：专利权人的私权益即专利权；而从其终极目标上看，专利制度以赋予专利权人有限的垄断权为代价，让公众获取专利技术的公开技术信息，从而最终促进科技的进步，使公众受益，增进社会福利。在这种意义上，专利制度最终目标的保护客体是公众和社会的公共权益。[1]

标准是为了在一定的范围内获得最佳秩序，经协商一致制定并由公认机构批准，共同使用的和重复使用的一种规范性文件。ISO/IEC 指南 2—1991《标准化和有关领域的通用术语及其定义》也明确指出，标准宜以科学、技术和经验的综合成果为基础，以促进最佳的共同效益为目的。而工程建设标准是为在工程建设领域内获得最佳秩序，对各类建设工程的勘察、规划、设计、施工、安装、验收、运营维护及管理等活动和结果需要协调统一的事项所制定的共同的、重复使用的技术依据和准则，它经协商一致并由公认机构审查批准，以科学技术和实践经验的综合成果为基础，以保证工程建设的安全、质量、环境和公众利益为核心，以促进最佳社会效益、经济效益、环境效益和最佳效率为目的。[2]

对比发现，标准化制度与专利制度的最终目标是一致的，都是保护公众和社会公共利益，增进社会福利。因此，标准与专利的结合具有一定合理性与积极性，两者的最佳结合点是促进最终目标的实现，即保护公众和社会公共利益，增进社会福利。因此，工程建设标准涉及专利的制度设计的指导思想为：**维护专利权人基本权利的条件下，尽最大可能地保护公众和社会公共利益，增进社会福利，促进标准制度与专利制度的最终目标的实现**。

8.2 基本原则

8.2.1 技术视角

工程建设标准一般指工程建设领域的国家标准、行业标准、地方标准。近些年，在各级建设主管部门的大力推动下，工程国家标准、行业标准、地方标准数量逐年增加。同时，标准的覆盖率大幅度提高，目前房屋建筑工程标准的覆盖率接近 80%，工程勘察标准的覆盖率超过 85%。现阶段，还有大批标准在编或进入修订周期，标准对新技术的

[1] 章立赟 . 专利技术标准的法律问题研究 [D]. 上海：复旦大学，2008.

[2] 杨瑾峰 . 工程建设标准化实用知识问答（第二版）[M]. 北京：中国计划出版社，2004.

需求不断增加。

根据 IPC 分类方法，工程建设领域的专利大部分在 E 部固定建筑物类。自从我国建立专利制度以来，固定建筑物类的发明专利和实用新型总体数量猛增，越来越多的工程建设新技术被专利技术所覆盖。

从工程建设标准数量与专利数量迅速增加的现状可以看出，两者都在抢占新技术，标准技术和专利技术重叠的部分越来越多。一方面，为保证标准质量，提高标准的适用性和先进性，克服标准技术滞后性的缺陷，新技术不断被纳入标准中，标准难免会涉及专利技术。另一方面，随着我国民众知识产权意识的增强，新技术越来越多地被专利保护起来。甚至某些高新技术领域，标准的核心技术大都被专利技术覆盖，标准可能已经没有多少通用技术可以采集，标准技术和专利技术重叠的部分将越来越多。长远来看，标准无论如何都躲不开无所不在的专利大军，标准已经很难回避专利而独立发展，两者结合将是大势所趋。[1] 因此，工程建设标准不能拒绝专利是相关制度设计的基本原则之一。

8.2.2 经济视角 [2]

标准与专利的结合，除了要从二者的内在特点、外部条件以及利益平衡的角度进行探讨以外，还可采用经济学方法分析其为对社会、个人利益带来的影响，以此来考量其正当存在的条件和价值。

“利益是社会的原则”。[3] 在市场经济社会中，人是“自私的”，其对自己的经济行为都要计较成本和支出，无时无刻不在追求自身利益的最大化，其从事某种行为的动机和目的都是为了利益。在自由竞争的市场条件下，专利权人获得更多利益的途径之一，就是扩大其专利的应用程度，通过授权更多的使用者使用其专利，以获得更多的专利许可费，甚至由此逐步获得市场支配地位，以谋取更大的利益。无疑，将专利与标准结合起来是一个最佳的选择。

为从经济学的角度来考察标准与专利的结合对社会收益的影响，我们作如下基本假定：一个完全竞争产业，企业能够自由进入和退出该产业，没有一个企业在技术或位置方面具有任何特殊的优势，竞争将会消除该企业中现有企业所获得的任何超额利润。同时，各企业生产的构成该产业的产品是相同的。在该假定下，我们在前文进行了详细分析，得出以下结论：

1）专利纳入标准应首先选择能够大幅减少成本、降低产品价格的重大发明。

2）对于标准中的专利定价和实施应当坚持合理且无歧视条件的原则。

3）标准中对专利产品或技术的引入应当坚持与时俱进原则。

4）强制性标准纳入专利将导致整个社会福利降低。

---

[1] 姜波等 . 工程建设标准的专利问题 [J]. 中国标准化，2012（增刊）.

[2] 程志军等 . 工程建设标准的知识产权问题研究报告 [R]. 北京：中国建筑科学研究院，2013.

[3] [德] 魏德士著 . 丁晓春译 . 法理学 [M]. 北京：法律出版社，2005.

8.2.3　法律视角

标准的实质在于统一，正由于其统一的实质而形成其在某一行业、某一区域具有普遍适用性，以达到规范社会活动，提高社会效率的目的，由此获得最佳的秩序和社会效益。标准，“本质上是一种事实状态，不具有私的属性，更不应该是一种垄断的利益，亦非一种法律上的权利。”[1] 特别是由国家、行业协会制定的标准具有公益性，更应是一种社会公共资源。

而专利权从权利性质上看属于私权。专利权具有专有性，有时也被称为独占性、排他性或垄断性。专利权人对其发明创造在法定期限内享有垄断和独占的权利，非经法律特别规定或权利人同意，任何单位、个人不能占有、使用和处分。专利权的专有性是由知识产权的私权性质所决定的。

标准与专利的结合，即在公共权利和私人权利的冲突之间寻求一个最佳的平衡点。但需要特别注意的是，我们研究工程建设标准涉及专利的制度，应基于标准化工作的视角，要服务于工程建设标准化的根本目的。因此，制度的设计应是以标准利用专利来实现自身目标为基础，也就是标准与专利结合不能改变标准（尤其是国家标准 / 行业标准 / 地方标准）的公益性的本质属性。

根据以上分析，可以得出如下工程建设标准涉及专利问题的基本处理原则：

1）从技术角度分析，标准纳入专利具有必然性。

2）从经济角度分析，标准纳入能够大幅降低生产成本，对社会科学技术进步产生重要促进作用的重大专利，有利于社会福利的提高。但强制性标准纳入专利（不对专利权进行制约的条件下）会导致整个社会福利降低。

3）从法律角度分析，标准与专利结合不应改变标准的公益性的本质属性。

8.3　制度设计方法[2]

8.3.1　权益平衡原则

标准和专利的矛盾本质为公权和私权的矛盾，因此解决标准纳入专利的问题需要在公权和私权中寻求合适的结合点，因而引入权益平衡的方法作为解决的工具。权利作为利益的法律化是有边界的，是在法律设定的一定范围内的自由。当私人权利与公共权利发生冲突时，不应当无条件牺牲私人权利去维护公共权利，但也不能无条件地维护私人权益。因此，我们通过保护公权、维护私权同时规制私权的方法来达到公权和私权的平衡，在公、私利益之间寻求一个最佳的平衡点。进一步说，权益平衡原则要求：对专利权人的专利权的保护不仅仅应当“充分而有效”即充分保护专利权，而且对该专利权的保护应当“适度与合理”即适当规制专利权，以防止专利权的滥用。下面就基于应用权益平衡原则对国家标准、行业标准、地方标准和企业标准以及团体标准进行分析。我们在分

[1] 张建华，吴立建．关于技术标准的法律思考 [J]. 山西大学学报（社会科学版），2004（3）.

[2] 章立赞．专利技术标准的法律问题研究 [D]. 上海：复旦大学，2008.

析国家标准、行业标准以及地方标准的专利问题时，由于标准的执行效力对于标准的专利问题研究具有直接的、决定性的影响，因此我们将其划分为强制性标准和推荐性标准两类进行讨论。

8.3.2 强制性标准

强制性标准的内容涉及产品质量、社会安全、人体生命健康、国家安全利益等事关国计民生的重大公权益，而不是推荐性标准中涉及的普通公权益；其次，该类标准是由国家或者政府直接通过法律、法规制定或者转换而来，被赋予了其法律强制力，具有公权力的强制性。总之，"强制性标准，必须执行"，该类标准是具有法律约束力的，带有法律、法规性质的。

在这类具有法律强制力的强制性标准中，标准应着重于公权益的保护，否则将危及社会和国家的重大利益和安全。此类标准中，平衡专利权利人私权益和重大公权益的天平应更多倾向于重大公权益的保护。但是，更多地倾向于重大公权益，不代表倾向于小部分公权益甚至地方权益，在实际操作中要防范由于地方行政的干预而过分保护本地区小范围内的公权益、侵害其他地区或者国家等更大的公权益的行为。

在我国标准管理实践中，一方面，强制性国家标准不应当将专利完全排除在外，而应允许必要的专利技术纳入其中，以保证强制性标准的科学性和先进性。另一方面，也不能将专利技术与强制性标准"捆绑"，凭借法律强制力迫使他人实施专利并向专利权人支付许可费，这种做法也是不符合公平竞争的理念的。需要强调的仍然是：权益保护的天平，更多地要向重大公权益倾斜，因此需要对强制性标准中所包含的专利权予以更多的限制。限制的具体方式包括：专利权人免费将专利许可给标准化组织及标准使用者、国家出资购买专利或者采用强制许可。当然，对强制许可必须谨慎，仍然需要保护专利权人合理的经济收益权，给予其适当的经济补偿，否则就会既侵害专利权人的利益，又违背了有关国际公约的订约宗旨，也与我国入世的承诺相左。

专利强制许可制度实际上源于专利法中的"实施义务"。这种许可是一种非自愿许可，是对专利权人专用权的一种限制，其目的在于通过防止专利权人滥用权利，维护国家或社会的公共利益，使社会充分利用知识成果，以抵消专利权滥用中"对专利的不实施"或者"实施不充分"。同时，强制许可的实施也具有反垄断的社会功用。强制性标准中的专利权，一方面具有专利权的全部特点，另一方面该类标准中的技术方案在法律的强制力下必须被公开实施，使得独占和公开实施之间的矛盾更加突出，所以就有必要充分发挥强制许可制度的功能，以便解决该矛盾，从而保护国家和社会的重大公共利益。

8.3.3 推荐性标准

在推荐性标准中，首先，标准的内容大多涉及产品兼容、互通等公众和社会的一般性公权益；其次，该类标准是由标准制定组织和相关利益方的共同合意形成，由此可以将这种合意的结果看作是民法上的一个合同，这种合意的执行力是一个合同法上的问题，该类标准"自身的法律属性"是一个对愿意接受该标准的当事方有约束力的合同。所以，在这类保护一般性公权益并具有合同性质的推荐性标准中，虽然仍侧重于公权益的保护，但对公权益的保护程度要弱于强制性标准。

推荐性标准一般是这样形成的：一个标准制定组织根据现实发展的需要，认为在某方面技术上需要进行统一，便计划制定一个关于某方面技术的标准，以推荐给需要该方面技术的相关企业使用。该标准组织就邀请利益相关的企业来参与制定该方面技术的标准，这些企业往往也很愿意将自己的专利技术纳入标准中来，以便在更广的范围内推广其专利技术，从而收取更多的专利费。通常情况下，他们是积极参与到该标准制定组织中来的，并且成为长期的成员。但是，为了防止这些成员滥用专利权，标准制定组织一般都有相关的“专利政策”。标准组织通常要求其成员在制定和实施标准中需尽到披露义务和许可义务。

从权益平衡的原则出发，在推荐性技术标准中，应当尽到共同合意人（组织）之间的合同义务，保护专利权；但一旦专利权人滥用专用权时，可以通过反垄断、违反诚信原则等法律途径限制其权利的滥用，以保护公权益的最大化。

8.4　管理制度的基本框架

8.4.1　工程建设强制性标准

对于工程建设强制性标准（国家标准、行业标准、地方标准）来说，因为主要是以条文形式存在，构成完整的技术方案的可能性不大，因此与专利完全重合（标准直接涉及专利）的可能性较小，但是却存在标准间接涉及专利的可能性。工程建设强制性标准的发展趋势是制订以功能和性能为目标的全文强制标准，这类标准的内容直接涉及专利的可能性更小，但仍不能排除间接涉及专利的情况。在专利能够得到充分披露的条件下，我们可以通过调整条文内容来回避专利问题，但仍不能完全保证工程建设强制性标准不涉及专利。

如强制性标准必须涉及专利，那必须严格限制专利权人的自由许可权。强制性标准是无“法”的形式，但有“法”的效力的技术性文件，具有“技术法规”地位。强制性标准是必须实施的，不实施就是违法。此类标准中，平衡专利权人私权益和重大公权益的天平应更多地倾向于重大公权益的保护。如果强制性标准纳入了专利的同时专利权人还具有自由许可权，那么即是用“法”的形式强制要求标准使用者必须实施专利，专利权人在专利定价上则有了绝对的优势。从而无论价格多高，标准使用者都必须购买专利使用权，因为不购买就会违反强制性的标准条款，从而导致违法。如果专利使用权能随意定价，势必会损害代表社会公众的标准实施者的利益，不利于保护国家和社会公共利益，也违背了制度设计的指导思想。但是，限制专利权人的自由许可权并不代表不保护专利权人的私权益，而是对进入强制性标准的私权进行更多的限制。

综上所述，工程建设强制性标准涉及专利的问题，首选方案是强制性标准不应涉及专利（放弃专利权或完全免费许可不受此限），具体措施为修改强制性标准以回避专利或者仅作为推荐性标准。如遇到必须强制执行且难以回避的专利，可由政府出资购买专利权或获得专利使用许可。如果专利权人拒绝出售或拒绝许可，为了保护公众利益的目的（涉及人体健康、人身、财产安全），那么理论上还可以启动强制许可程序，因为这与强制许可的实施条件具有一定程度一致。但需注意，实施政府出资购买专利权或获得专利使用许可措施时必须慎重，还需要考虑政府出资购买专利权或获得专利使用许可是否涉及政府采购的范畴，其实施途径和方法还有待国家相关制度的完善。实施专利强制许可措施则更必须谨慎，因为截至目前我国还没有出现过强制许可的案例，要实施此措施先需与专利管理部门协调确定具体的方案。

8.4.2 工程建设推荐性标准

工程建设推荐性标准的专利制度总体上可参考自愿性标准的专利制度。自愿性标准的使用不是法定要求，因此是否使用自愿性标准可以看作一种市场行为。只要不损害公共利益，在保障专利权的前提下，自愿性标准可以纳入专利。目前，标准纳入专利后影响公共利益的情况主要体现在专利权人利用社会对标准的认可从而过分使用或不正当使用专利权，即专利权的滥用。专利权的滥用主要表现为拒绝交易、不能合理非歧视的许可、专利搭售、多标准中的排他性交易等[1]。标准化组织作为标准制定与管理者，为避免或减少发生专利权滥用的现象，一般可采取两个政策：一是保证在标准制定过程中纳入专利的公平、透明，相关专利信息及早披露，让标准编制者、标准使用者都知道标准是否涉及了专利以及相关的专利信息。二是促进专利持有者能合理非歧视地许可标准使用者使用专利。标准化组织可作为中间方，让专利持有者提供合理非歧视许可专利的声明，从而在专利持有者、标准化组织、标准使用者之间形成一个合同关系，使标准使用者能在合理非歧视的许可条件下使用专利。目前，国际标准化组织普遍采用这种政策，即不反对纳入专利，但要事前披露并且获得专利权人的合理无歧视许可（RAND）或合理无歧视免费许可（RF）。

但需要注意的是，我国的工程建设推荐性标准与自愿性标准不完全相同，具有一定的特殊性，因此必须在国际标准化组织政策的基础上进行一定调整。工程建设标准的特殊性在前文已有论述。

8.4.3 过程管理

在标准涉及专利的管理制度框架下，要想达到管理目的，过程控制至关重要。基于以上分析，结合我国标准化管理现状，提出工程建设强制性标准和推荐性标准专利事务的过程管理处理方案。

工程建设推荐性标准编制的过程管理程序如下：

（1）标准编制过程，专利信息应及时披露。

（2）如发现推荐性标准涉及专利，应首先判别（或初步判别）是否为标准稿件的必

[1] 胡波涛．标准化与知识产权滥用规则 [D]. 武汉：武汉大学学位论文，2005.

要专利。

（3）如经判别是必要专利，则应论证标准纳入专利的合理性和必要性。

（4）如是确有必要纳入专利，应获得由专利权人做出的不可撤销的、非歧视、合理的专利实施书面许可声明或免费许可声明。如果专利权人不同意做以上声明，标准中不应包含该专利。具体措施是标准回避专利，延期或消项。

（5）工程建设推荐性标准发布后，应向公众公布标准涉及专利的情况，同时继续征集标准涉及专利的相关信息。如发现标准涉及专利，则应与专利权人联系获得由专利权人做出的不可撤销的、非歧视、合理的专利实施书面许可声明或免费许可声明。如果专利权人不同意做以上声明，标准应按修订标准回避专利或废止标准。

工程建设强制性标准编制的过程管理程序如下：

（1）标准编制过程，专利信息应及时披露。

（2）如发现强制性标准涉及专利，应首先判别（或初步判别）是否为标准稿件的必要专利。

（3）如经论证确是必要专利，可应修改标准回避专利或将相关内容作为推荐性条文。

如遇到标准必须强制执行，同时无法回避专利特殊情况，专业标准化技术委员会需告知专利权人，要求其对专业标准化技术委员会许可专利权或购买专利，费用由国家财政费用负担。若专利权人拒绝许可或出售，专业标准化技术委员会经标准主管部门批准后向国家专利局申请强制许可。专利权人对强制许可的决定不服的，可以提起行政诉讼。

（4）工程建设强制性标准发布后，应征集标准涉及专利的相关信息。如发现强制性标准涉及专利，则应以上原则处理或废止标准。

8.5 团体标准与企业标准

（1）团体标准

团体标准是工程建设标准体系中重要的、不可或缺的一部分，作为工程建设国家标准、行业标准的有益补充，发挥着完全意义上的自愿性标准的作用。因此，在公权益和私权益平衡点选择上，团体标准可以结合自己的能力、特点与发展策略，制定灵活的专利政策。一旦专利权应用过度，可以通过反垄断法、合同法等法律限制其权利的使用，以保证标准的公权益。当前工程建设领域内，专利进入标准的积极性很高，但国家标准、行业标准、地方标准政策相对严格，专利不易进入，因此可以考虑将企业的热情引导到团体标准上来。例如，工程建设标准化协会标准《孔内深层强夯法技术规程》CECS 197：2006、《加筋水泥土桩锚支护技术规程》CECS 148：2003 和《挤扩支盘灌注桩技术规程》CECS 192：2005，这三本协会标准包含的核心技术都已经被申请了专利。三本标准在前言中对涉及的专利信息进行了公示，但并没有明确具体的专利政策。

在具体专利政策上，团体标准可以采用与国际标准化组织类似的专利政策，也可采取更为积极的专利政策。现阶段，可以参考国际标准化组织，采用披露义务和许可义务，同时适当放松对必要专利的要求，允许一部分技术先进、应用效果好的专利有序、规范地进入团体标准。当积累到一定数量的专利时，协会可以承担更多的专利事务，甚至可以探索使用“专利池”，不但能促进先进专利技术的应用，而且还能给协会带来收益，将专利的收益带到标准编制中，使标准和专利互相促进、协同发展。

（2）企业标准

企业标准在企业内部使用，除非能形成事实标准，一般来说企业标准不具有“公益性”，因此企业标准的专利政策制定的自由度较大，可以尽可能发挥标准与专利结合的优势。如果造成知识产权的滥用，引起不公平竞争甚至行业垄断，可以采用反垄断法、合同法等相关法律法规对专利权进行限制和约束。在具体政策选择上，企业可以从经济利益的角度出发，结合自身条件、技术环境，积极地将专利与标准捆绑在一起，运用专利的法律独占性和技术垄断性，增强企业核心竞争力，提高企业经济效益，实现可持续性发展目标。

9　工程建设标准的著作权问题

9.1　引言

标准的内容虽然是以科学、技术和实践经验的综合成果为基础的，但标准的草拟和制定并不是对这些成果事实的简单重述，而是需要进行整理和综合，需要有人付出创造性劳动[1]。标准本身属于智力活动的成果，具备独创性的基本因素，标准的内容也具有可复制性的特性，因此从著作权法的角度看，我们认为，标准可以构成著作权法意义上的作品。

根据《著作权法》的规定，除"法律、法规，国家机关的决议、决定、命令和其他具有立法、行政、司法性质的文件，及其官方正式译文；时事新闻；历法、通用数表、通用表格和公式"外，中国公民、法人或者其他组织的作品，不论是否发表，都享有著作权。工程建设国家标准、行业标准和地方标准都是由政府部门发布的文件，其实施也受政府部门监管。这类文件是否属于该规定中"法律、法规，国家机关的决议、决定、命令和其他具有立法、行政、司法性质的文件，及其官方正式译文……"？是否属于受《著作权法》保护的范畴？如果是，那其著作权应归谁所有？以下分类论述工程建设标准的著作权及其权属。

9.2　工程建设强制性标准

（1）工程建设强制性标准具有法规性质，不受著作权法保护

标准可以称之为作品，但却不一定享有著作权，尤其是公权力特征明显的强制性标准（不包括条文说明）。强制性标准之所以不受著作权保护，是由于法律赋予了其强制执行的效力因而具备了法规的性质，从而根据著作权法规定这类作品不享有著作权[2]。1999年8月国家版权局版权管理司给最高人民法院知识产权厅的答复："强制性标准是具有法规性质的技术规范。"（国家版权局版权司[1999]50号函），也明确了强制性标准的技术法规性质。因此，强制性标准属于著作权法第五条规定的不适用范畴，也就是说不受著作权法保护。

工程建设强制性标准是由官方发布的文件，属于全社会的公共资源。这些标准的制定、审批、发布和组织实施者是国家机关。国家机关制定、审批、发布和组织实施标准的行为，是履行其法定职责的公法行为，只能是出于公共利益而不能去追求本部门或者

---

❶ 谢冠斌，周应江．标准的著作权问题辨析 [C]. 2009中华全国律师协会知识产权专业委员会年会暨中国律师知识产权高层论坛论文集（上）．南京，2009.

❷ 李东芳．浅析工程建设标准的著作权保护 [M]. 法制与社会，2013（18）.

本机关的利益。同时，强制性标准具有强制实施执行的效力，具有法规性质。强制性标准作为全社会的公共资源，国家要鼓励公众尽可能地加以复制和传播。而著作权作为一种垄断权，意味着未经许可他人不得复制、传播或者以其他方式利用相关作品，这与官方文件是截然相反的。因此，在我国法律上，强制性标准不能成为著作权法的保护对象。

（2）工程建设强制性标准的条文说明受著作权法保护

工程建设标准在制定和出版方面有一个重要特点，就是将标准条文及其说明同时编制、一并出版。工程建设标准的条文说明主要说明正文规定的目的、理由、主要依据及注意事项等。对于工程建设强制性标准的条文说明而言，虽然依附于强制性标准一并出版，但并不具备强制性标准条文和法规的性质，没有强制执行的效力。同时，工程建设强制性标准的条文说明也是智力活动的成果，因此应受著作权法保护。

（3）工程建设强制性标准单行本受著作权法保护

这里的强制性标准单行本是指同时包含强制性条文和非强制性条文及条文说明的工程建设标准。工程建设领域的标准，由于强制性条文的出现，很多标准中既包含强制性条文，也包含非强制性条文。同前所述，强制性条文构成著作权法意义上的作品，之所以不受著作权法保护，是由于法律赋予了其强制执行的效力，从而具备了法规的性质，因此根据著作权法这类作品不享有著作权。当一本标准全部为强制性条文时，该部作品自然不能受到著作权法的保护（条文说明除外）。但是，当强制性条文分散在一部标准文本当中，同其他非强制性条文以及条文说明一同构成标准文本的内容，从整体上看该部标准能够形成自己独立完整的著作权，应该受著作权法保护，但其中强制性条文部分不受著作权法保护。

9.3 工程建设推荐性标准

（1）工程建设推荐性标准不具有法规性质

按照我国现行标准管理体制，工程建设推荐性国家标准、行业标准和地方标准也是由国家机关组织制定、审批、发布和组织实施的，但工程建设推荐性标准并不具有法规性质。按照强制性的程度，法律规范可以分为强制性规范和任意性规范。工程建设推荐性标准是推荐执行，不属于法律规范中的强制性规范。任意性规范是指在特定情况出现时当事人可以在法定范围内的多种方式中任意采取一种方式进行处理的法律规范。任意性规范并非意味着当事人可以自由选择是否适用法律规范，而是在法律规范设定的情况出现时，当事人有多种可能的选择。换言之，当事人并无权利选择法律规范本身是否可以适用。推荐性标准则因自身能否适用具有不确定性，不属于任意性规范，因此不能归入法律规范的范畴，不具有法规性质。

（2）工程建设推荐性标准受著作权法保护

如前文所述，标准本身属于智力活动的成果，具备独创性的基本因素，标准的内容也具有可复制性的特性，因此标准本身具有著作权法保护客体的全部要素。强制性标准因具有法律规范的性质而不受著作权法保护，但推荐性标准不属于法律规范的范畴，也就不能被著作权法排除在保护范围之外，理应具有著作权。

根据最高人民法院知识产权庭[（1998）知他字6号函]，“推荐性国家标准属于自愿采取的技术规范，不具有法规性质。由于推荐性标准在制定过程中，需要付出创造性劳动，具有创造性智力成果的属性，如果符合作品的其他条件，还应当确认属于著作权法保护的范围。对于这类标准应当根据著作权法相关规定予以保护。”这个文件也明确了推荐性标准属于著作权法保护范围，应予以保护。

9.4 工程建设推荐性标准的著作权归属

如前所述，工程建设推荐性标准受著作权保护，但关于其著作权的归属一直以来存在争议，主要有以下两种观点：

（1）观点一：标准编制单位或个人是作者

该种观点认为标准是由政府机关委托或者组织有关单位编制的，标准编制单位或标准编制组成员是作者，政府机关不是标准的作者。尽管政府机关编制计划、组织草拟，并统一审批、编号、发布，但标准本身并不是由政府机关自己草拟的。按照《著作权法实施条例》关于“为他人创作进行组织工作，提供咨询意见、物质条件，或者进行其他辅助工作，均不视为创作”的规定，组织有关单位和编制组开展编制工作甚至提供了一定经费的政府机关并不能构成其批准发布的标准的作者。因此，认为政府机关不是标准的作者，标准编制单位或编制组成员是推荐性标准的作者。

（2）观点二：国家有关部门是作者

根据《标准法实施条例》第三章的相关规定，无论是强制性标准还是推荐性标准均由国家有关行政部门按照国家的政策、法律，编制计划，组织草拟和技术审查，统一审批，并以有关行政部门名义发布和监督实施。推荐性标准由国家有关行政部门组织制定和实施，且由国家有关部门出资（目前大多数是部分出资），体现了国家有关部门的意志。《著作权法》第十一条规定：“由法人或其他组织主持、代表法人或其他组织意志创作，并由法人或其他组织承担责任的作品，法人或其他组织视为作者。”推荐性标准体现了国家有关行政部门的意志，并以国家行政部门的名义发表，由国家行政部门承担责任。因此，该观点认为，国家有关行政部门是标准的作者。

（3）本书观点

观点一和观点二分别从不同角度提出了工程建设推荐性标准的著作权归属。我们较为认同观点二，即工程建设推荐性标准的作者应为国家有关行政主管部门。首先，工程建设推荐性标准体现了国家有关行政主管部门的意志。工程建设标准的代号、编码，标准的编制程序、方法、格式，标准的审查、发布、出版均由标准主管部门统一规定和管理。标准的内容必须符合主管部门规划的标准体系要求，具体内容要符合编制计划要求，并符合公益性的目标。主管部门通过标委会或者归口单位对标准内容进行控制，如果标准内容与主管部门的目标不一致，主管部门可以随时加以调整。国家有关行政主管部门的作用不只是“提供咨询意见、物质条件，或者进行其他辅助工作”，而是处于主导地位。其次，现阶段工程建设标准主管部门也在积极承担有关标准作品的责任，例如标准的协调、标准的发布、标准的执行监督、标准的宣贯及解释（可委托给相关单位）等。因此，我们认为推荐性标准的作者即国家有关行政主管部门，且不属于《著作权法》第十一条“著作权属于作者，本法另有规定的除外”中“另有规定”的情况，所以著作权应归国家有关行政部门所有，具体来说应归标准发布部门所有。

9.5　有效解决工程建设标准著作权权属问题的方式

工程建设标准在表现形式（强制性条文和非强制性条文并存）、出版方式（条文和条文说明一并出版）方面的特殊性，对认定和处理工程建设标准著作权权属问题造成了困难。工程建设标准著作权归属于主管部门，有利于将其完全纳入公众资源，也有利于整个标准体系的完整、协调、统一以及工程建设标准的可持续发展。因此，我们建议，在实际操作中，通过合同来约定工程建设标准的著作权。

虽然我们认为工程建设标准主管部门就是标准的作者，受《著作权法》保护的著作权应归工程建设标准主管部门所有，但由于标准编制过程中参与人员多，且有关编制单位和编制组成员为此做了大量工作，为避免可能产生的著作权纠纷，建议在工程建设标准编制之前，在编制合同中对推荐性标准（包括条文说明）以及强制性标准的条文说明的著作权明确为归工程建设标准主管部门所有。同时，参编单位和参编人应有署名权。此外，关于工程建设标准主管部门是作者还是相关编制单位和编制组是作者、是不是职务作品的争议，主要影响的是相关单位和人员的署名权。事实上，工程建设标准文本中，对参与编制的单位和人员都有署名，这也是可以在合同中予以明确的。

9.6　标准出版者的专有出版权

（1）强制性标准没有专有出版权

强制性标准不属于著作权法的保护对象，没有著作权法意义上的著作权人。因此，组织制定标准的政府主管机关或者部门，本身并没有著作权可授予他人；与这些部门订立合同或者取得这些部门的授权而出版标准的单位，也不存在著作权法意义上的专有出版权。

（2）推荐性标准专有出版权的争议

我国《著作权法》规定：“图书出版者对著作权人交付出版的作品，按照合同约定享有的专有出版权受法律保护，他人不得出版该作品。”专有出版权是指图书的出版者依据图书出版合同享有的在一定期限内独占出版他人作品的权利，属于著作权的邻接权。出版者享有的专有出版权是依据合同获得的，专有出版权受法律保护的时间、范围也依据出版合同的约定。对于图书出版合同中约定图书出版者享有专有出版权但没有明确其具体内容的，按照《著作权法实施条例》的规定，图书出版者享有在合同有效期限内和在合同约定的地域范围内以同种文字的原版、修订版出版图书的专有权利。

对于“专有出版权”的性质问题，国家版权局版权管理司与最高人民法院知识产权庭的认识并不一致。国家版权局版权管理司的权司[1999]60号函件认为，标准由国家指定的出版部门出版，是一种经营资格的确认，排除了其他出版单位的出版资格，“这种出版资格是一种类似特许性质的行政权，是权力，而不是著作权性质的民事权利。”最高人民法院知识产权庭的[1998]6号函件认为，标准化管理部门依职权将强制性标准的出版权授予出版单位，“应认定为一种民事经营权利的独占许可。其他出版单位违反法律、法规出版强制性标准，客观上损害了被许可人的民事权益。”可见，国家版权局认为出版社的所谓专有出版权是一种行政权力，而最高人民法院则认为是一种民事权利。

推荐性标准受著作权法保护，因此存在专有出版权问题。但专有出版权是来源于《标准出版管理办法》，还是来源于《著作权法》是分析的关键。如果来源于前者，则是一种行政权力，如果来源于后者则是一种民事权利。我们认为，专有出版权应来源于《著作权法》，是根据合同约定享有的专有出版权，而不是强制性的行政权力。因为，《标准出版管理办法》只是一个行政部门发布的规范性文件，不能与《著作权法》的规定相冲突，且《标准出版管理办法》也提出“根据上级主管部门的授权或同标准审批部门签订的合同，标准的出版单位享有标准的专有出版权”。因此，出版者还是依据《著作权法》取得的专有出版权，是一种民事权利。

（3）出版社是否享有出版经营标准的独占性权利（力）

如果认为专有出版权是一种行政权力，那么出版者根据标准制定机关的授权或者许可而出版发行标准的行为，本质上是政府进行标准化行政管理工作的构成部分或者其延伸，标准出版者行使的实质上是一种行政权力而不是民事权利。这种权力可以是独占性或者专有性的。任何单位或个人以经营为目的，以各种形式复制标准的任何部分，必须按照《标准出版管理办法》的要求，事先征得享有专有出版权单位的书面同意。但行政权力应该是公益性的，不应是经营性的。出版者的这种出版行为应该受到行政法的规制，而不是由《民法》、《著作权法》等给予保护。

如果认为专有出版权是一种民事权利，出版社通过出版发行标准而营利的行为，无须事先获得标准制定部门等管理机关的行政许可；出版者经营标准的权利本质上是其作为一个经营主体应该享有的民事权利，受到民法、反不正当竞争法等法律的保护。专有出版权并非出版者享有的一项法定权利，它仅仅是出版者从著作权人处依合同继受取得的权利。相应地，著作权人和出版者之间的权益分配也依合同约定进行。专有出版权的合同权利性质决定了出版者与著作权人之间的权利义务关系需要通过合同、也只能通过合同进行约定，合同以外的权利均由著作权人保留行使。因此，出版权授予出版社并非必须是专有的，双方可以自由选择是否为专有出版权。目前出版社依靠发行标准而营利，出版者出版还受到标准主管部门的约束，从这个角度看，将专有出版权看作是一种民事权利更为合理。

综上所述，本书认为：

（1）工程建设标准构成著作权法意义上的作品。

（2）工程建设全文强制标准中的标准条文具有法规性质，不受著作权法保护，但其中一并出版的标准条文说明应受著作权法保护。

（3）同时包含强制性条文、非强制性条文以及条文说明的工程建设标准单行本整体上受著作权法保护，但其中强制性条文部分不受著作权法保护。

（4）工程建设推荐性标准及其条文说明享有著作权，其著作权应归标准发布部门所有。

（5）通过标准编制合同约定或重申，将标准著作权归于工程建设标准主管部门所有，可有效解决工程建设标准著作权权属的认定和处理中产生的问题。

10 工程建设标准标志与商标保护[1][2]

10.1 标志及标准的标志

根据当代汉语词典，标志的含义为“表明特征的记号”。根据这个定义，标准的标志以及标准衍生标志有很多种，例如标准的代号、标准的编号、标准出版的标志、标准认证标志、指示标准管理机构的服务标志、标准化组织的标志等。这些标志可以是文字、图形、字母、数字及其组合的形式或是其他形式。一般来说，注册商标应该是保护标志最好的方法，但目前我国工程建设标准主管部门并没有将标准相关标志注册为商标。

10.2 认证、标准与标志

认证是指由第三方机构对产品、服务、过程或体系满足规定要求给出书面证明的活动或制度。作为评定基准的标准或规范、具有一定资质的机构和人员、当事方（第一方、第二方）对评定结果的接受这三方面要素构成了认证制度的三个要素。

标准或标准化是认证工作的基础和保障，认证机构的核心工作就是按照一套标准化的流程对机构、企业的产品、服务和活动进行评价。认证工作的实质就是一个比对的过程——将认证对象与标准对比，并对比对结果进行评判。

英国是世界上最早实行认证的国家。1903 年，英国工程标准委员会以“风筝”标志刻印于钢轨产品，表示其是按照英国钢轨尺寸标准生产的。这标志着现代认证制度的开端。1970 年国际标准化组织（ISO）成立了认证委员会（CERTICO），并于 1985 年更名为合格评定委员会（CASCO），着力于指导国家、地区和国际认证制度的建立和发展。

大多数标准组织或拥有大量标准的协会、机构、团体等自身并不开展认证工作，而是授权第三方合格机构开展独立的认证工作。认证过程及认证后，不可避免使用认证标志，以表明相关产品质量已达到认证标准。使用认证标志，可提高商品的竞争力，增强用户的信任度。

10.3 标准化组织的商标、标志管理模式

（1）国际标准化组织商标、标志管理模式——以 ISO 为例

ISO 对其所有的各种标志提出了管理规范。方法之一，就是将 ISO 的主要标志注册为商标。表 10.1 是 ISO 在主要国家的注册商标。

[1] 郭庆．工程建设标准标志商标权保护研究 [C]. 第一届工程建设标准化高峰论坛论文集（上册）．北京：中国建筑工业出版社，2013.

[2] 姜波，等．工程建设标准标志与商标保护 [J]. 中国标准化，2015（1）.

ISO 在主要国家的注册商标 表 10.1

国家 / 区域	商标标志	数量 / 尼斯分类
中国	ISO ISO ISO	10/16、35、38、41、42
美国	同上	6/9、16、35、38、41、42
日本	ISO ISO	4/16、35、38、41、42
欧盟	无	无

通过表 10.1 中信息可以发现，ISO 在不同国家注册的商标数量和类别是不一样的。由于商标的地域性，申请注册的时间和所在国已注册商标或在先申请商标等各种原因，ISO 在不同国家获得注册的商标数量及类别存在一定差别。

通过在世界知识产权组织的主页上进行商标检索（http：//www.wipo.int/romarin/searchAction.do），以商标权人“International Organization for Standardization”查询注册情况得到的结果见表 10.2。

注册情况检索结果 表 10.2

商标	基础商标注册信息	指定国 / 尼斯分类
ISO	CH，20.07.1993，406 544	36/16
ISO	CH，17.04.2002，502455	28/35、38、41、42
ISO	CH，17.04.2002，502424	21/35、38、41、42
ISO	CH，08.03.1977，287 230	37/16
ISO INTERNATIONAL STANDARD NORME INTERNATIONALE ISO	CH，19.01.1972，256 923	13/16

根据检索结果，可以看到：

ISO 组织尽管成立于 1947 年，但该组织的最早一个商标却注册于 1972 年 1 月，地点是在瑞士，而且该商标不是目前我们最常见的“ISO”或“ISO+ 图形”，1977 年才注册了“ISO”商标。令人感到意外的是，最初 ISO 注册的商标类别竟然是 16 类“印刷品和其他出版物”，没有一个服务类别。2002 年后才出现了服务类别，如 35、38 和 41 等。也就是说，大名鼎鼎的 ISO 在成立伊始商标或者标志意识并不强。

根据在中国、美国的注册时间，可以肯定地说 ISO 是后来根据马德里商标注册体系利用在瑞士的基础商标进入各个指定国的。或者说，随着外部环境的变换，ISO 不断调整自己的商标和标志政策，商标意识也不断增强，如后期增加了服务商标。

根据 ISO 官网上披露的消息，ISO 制定了商标和标志的使用政策。根据该政策，只有 ISO、ISO 成员、ISO 技术委员会（TC）才能使用 ISO 标志和缩写。一般来说，其他任何组织或个人无权使用 ISO 标志。ISO 此举应该是专门针对愈演愈烈的认证机构随意使用 ISO 标志情况的。为了保证标志的正确使用，还规定了标志的使用规则。如图 10.1

所示就是不允许的一些使用方式。

图 10.1　不允许的标志使用方式

（2）行业标准化组织商标、标志管理模式——以 ANSI 为例

美国国家标准学会（American National Standards Institute）简称为“ANSI”，其主打的注册商标是 ANSI 。

根据其官方网站的介绍，ANSI 是一个私营的、非营利性的组织，致力于服务行政部门和协调标准化组织体系，成员有政府组织和私营机构。ANSI 牵头起草了美国也是世界上第一个国家标准战略。ANSI 在美国注册了 32 个商标（其中有些商标已失效），类别涵盖商品和服务，大多数包括“ANSI”字样，但也有部分商标与“ANSI”字样完全无关，如“ANAB ACCREDITED”。既有商品商标、服务商标，还有证明商标。

ANSI 非常注意商标和标志的使用，制定了专门的 ANSI 标志使用方法（Use of ANSI logo），并根据业务或使用场所、目的不同，确定不同的使用原则和范围，例如成员标志（ANSI Member Icon），认可美国国家标准标志（ Approved American National Standard），ANSI 认可标准制定者（ ANSI Accredited Standards Developer），ANSI 认可认证程序（ANSI Accredited Certification Program marks）各种标志。为避免引起误会，还以举例方式列举了正确的使用方式。

ANSI 的商标及标准政策的核心目的是突出宣传，传递这样一个信息：ANSI 是一个标准化组织，更具体说是一个标准的管理机构，不是认证机构更不是制造商。ANSI 这种做法也许是吸取了 ISO 的教训。

（3）其他标准化组织

事实标准的所有者等其他标准组织，如 DVD 领域的 3C、6C 和 MP3 等组织，一切许可以获取经济利益为原则，本质上是一种典型的企业行为。此类许可由一系列的许可协议构成，首先是专利技术实施许可，其次才是商标标志的许可。它们所采取的商标标志管理措施或政策本质上与其他企业行为没有区别。而且，这种情况下的商品标志的许可、使用等往往与专利许可挂钩，很难单独实施商标许可协议。此外，此类组织对商品标志的具体使用规范往往比上述标准组织要严格得多。

10.4　标准标志商标化的必要性

10.4.1　标准标志商标化的国际趋势

国际标准化组织（ISO）通过马德里体系，在中国注册了 10 个商标，既有产品类（16

类)，又有服务类(35、38、41、42类)商标。在美国，国际标准化组织注册了6个商标。英国标准协会共注册了13项欧共体商标，范围也涵盖商品和服务。

在技术标准化、标准专利化的时代潮流之下，制定标准成了企业、行业甚至国家的知识产权战略的重要部分。标准标志及衍生标志，具有区分产品的作用，影响了产品的市场竞争力。标准标志的使用，对于标准的使用有重要的意义。越来越多的标准化组织都非常重视标准标志的保护，运用商标法律手段对标准标志运行全方位的保护。

10.4.2 反标准标志专用权利淡化的需要

在我国，由于标准化发展还不够完善，人们对于标准的认识还不够，标准的技术法规特征过多，造成人们对于标准标志的专用权利的漠视和淡化：即对于标准标志及衍生标志在商品或服务及其相关印刷文书中的出现，习以为常，并不认为该标志与一定的产品或服务的优秀特征相关联，并且任意加以复制和使用。这一方面打击了标准编写与使用的积极性，一方面也会影响标准编写与执行的初始目标的实现。

《共同体商标条例》第10条明确规定，“如果共同体商标在词典、百科全书或类似参考作品的出现，给人的印象好像成为注册使用的商品或服务的通用名称，出版社应根据共同体商标所有人的要求，保证至少在最近再版时，注明该词为注册商标”。2010年最高法院《关于审理商标授权确权行政案件若干问题的意见》第17条规定，一切合法的在先权利都要受到保护，如版权、姓名权、肖像权、注册商标、未注册商标等。

因此，为了促进标准化工作的深入，维护标准编写者和使用者的利益，鼓励标准化工作的良好行为，应充分利用商标制度，有针对性地将我国标准的标志注册为商标，获得法律的保护。

10.5 工程建设标准的代号、编号

10.5.1 标准代号编号是法定义务

根据《国家标准管理办法》第四条，国家标准的代号由大写汉语拼音字母构成。强制性国家标准的代号为“GB”，推荐性国家标准的代号为“GB/T”。国家标准的编号由国家标准的代号、国家标准发布的顺序号和国家标准发布的年号(即发布年份)构成。该办法由“国家技术监督局”于1990年制定，属于部门规章，部门规章属于法律法规范畴，因此“GB”或“GB/T”作为国家标准的代号，“GB”标注在数字前面代表该国家标准的编号，是一种法定义务，国家标准必须按照此规则进行编号。在《行业标准管理办法》、《地方标准管理办法》、《工程建设国家标准管理办法》、《工程建设行业标准管理办法》中也有相应的规定。作为一种法定义务，如将国家标准、行业标准和地方标准的代号和编号注册为商标，禁止他人在标注标准时使用标准代号和编号是不合适的。即使某些类别可以注册商标，也不能排除他人在标准标注或者标准识别时按照国家相关管理办法使用标准代号编号。因此，将国家标准、行业标准和地方标准代号或编号申请为商标是没有实际意义的。

对于团体标准，将标准代号、编号申请为商标当然是可以的，但一般来说这样做的意义不大。标准代号、编号使团体标准便于识别，如不是出于出版标志或者认证标志等需求，排除其他人使用或要求有偿使用标准代号或编号，对于标准的推广使用是极为不利的。如有出版标志或者认证标志等方面的需求，可以单独设计标志，分别按不同类别申请商标，而没有必要使用标准代号或编号。因此，可以说团体标准没有将代号和编号申请为商标的需求。

10.5.2 标准代号、编号免费使用的必要性

为了鼓励标准的实施，促进先进技术的推广，促进良好的秩序，标准产生之后，需要得到广泛的传播和应用。标准代号和编号使标准易于识别，免费使用更利于标准的传播和应用。采用标准的产品或服务，可以直接通过标准代号、编号来公告标准的使用，使用起来方便、直观，避免照抄标准的全部技术内容，也不用对符合标准的特性逐一描述。例如，在工程项目设计阶段，标准使用者可以在设计说明或相关文件中，注明主要依据的标准代号，以表明设计符合这些标准。标准的使用者不必经过复杂的手续，也不需要付费，就可以使用这样一些标准识别性标志，这既有利于标准的实施，也保证了消费者的知情权，符合公平诚信的原则。因此，无论是国家标准、行业标准和地方标准，还是团体标准和企业标准，标准代号和编号免费使用更为有利。

10.5.3 标准代号、编号的使用

标准代号、编号虽然可以免费使用，但标准主管部门应当制定标准代号、编号的使用规则。使用规则应明确标准代号、编号的使用范围、使用方式等，以帮助社会大众和标准的使用者正确识别和使用标准代号和编号。

10.6 工程建设标准出版物的标志

10.6.1 标准出版物标志受著作权法保护

在工程建设标准出版时，在国家标准封面带有GB标志，行业标准封面带有CJJ，JGJ等标志，工程建设标准化协会标准带有ECS的标志。这类标志目前主要用在标准出版物上，因此我们可以将其看作标准出版物的标志来分析。

这类标准的标志首先是用文字、字母、数字及符号等表达出来的作品，它是“思想性”以及“创造性”的一种表达形式，它一经设计产生就自然获得了著作权法的保护。在我国，与其他大陆法系国家一样，著作权的取得采取自动保护原则：即无需专门的确认机关按照法定的程序予以确认，不需要履行任何审核手续，作品便自动地依法享有著作权。因此，标准标志一旦设计产生，便自然获得了著作权法的保护。

10.6.2 标准出版物标志商标化的优势

商标，是商品生产者或经营者在其生产、加工或经销的商品上所加的特殊标记，以便使自己生产、加工或经销的商品与他人生产、加工或经销的同类商品相区别。商标也可以是一个企业的服务标记。围绕标准，可以进行多类别的商标申请，对标准相关标志

进行多方位的保护。如果只是针对标准出版物而言，根据《商标注册用商品和服务国际分类》（中文第九版）的分类原则及类似商品的判定标准，标准出版物的标准申请商标应属于第十六类商品，即“报纸”、“期刊”、“杂志（期刊）”、“新闻刊物”、“书籍”、“印刷品”、“印刷出版物”等。

虽然标准标志一旦设计产生，便自然获得了著作权的保护，但将标准标志注册为商标，从商标法的角度进行保护也是必要的。在标准的著作权研究部分我们分析认为，国家标准、行业标准（包括强制性标准和推荐性标准）指定出版社出版，出版社通过出版标准获利，标准出版属于民事经营活动。其他单位如获得专有出版权单位或者标准著作权单位的许可，也可以出版标准汇编等。因此，标准出版属于市场行为，也有必要从商标法的角度进行保护，以区别不同生产者生产商品质量的不同。将标准出版商标与标准出版质量联系在一起，标准购买者可以根据标准商标信誉去选择，从而加强了消费者对标准出版的监督，有利于增强标准出版的责任心，保证和提高标准出版质量。而且，标准出版标志作为作品受著作权保护的期限一般是 50 年，而商标可以无限期地续展，受保护的时间是无限的，从保护时间上来看也有必要将标准出版标志商标化。同理，地方标准和团体标准的出版标志也有必要商标化。

10.6.3　标准标志著作权、商标权的归属

标准标志一经设计产生就自然获得了《著作权法》的保护，它同时也可以通过申请注册商标和外观设计专利，被同时纳入商标法和专利法的保护之中。如果标准标志的著作权、商标权和专利权分属于不同的所有权人，商品的保护范畴横跨商标、专利、著作权等几个知识产权保护领域，其权利分配就会非常复杂，也极易出现纠纷。标准标志是由相关人员设计的，如果标准主管部门能够在设计之前通过合同约定获得标志的著作权，那么就可以获得在先合法权利，其他单位再以标准标志申请商标或外观设计专利是不受保护的。同时，著作权人应当进行必要的版权登记，以形成在先合法权利的初步证据。标准标志设计完成后，还可根据需要申请商标或外观设计专利，其所有权自然属于著作权人所有。

对工程建设标准来说，标准官方出版物的标志宜由工程建设标准主管部门组织设计，通过合同获得标志的著作权后再申请为商标，然后将商标授权给标准专有出版机构使用。这样更有利于标准主管部门或标准化组织对标准出版质量的监管。如对出版标准的质量不满意，标准主管部门或标准化组织有权将商标使用权收回并委托其他机构出版。

10.7　标准的认证标志

10.7.1　标准认证

标准认证是指由认证机构证明产品、服务、管理体系符合相关技术标准的合格评定活动。换言之，认证是对标准符合性的评定活动。

《著作权法》保护的是标准作为作品的表现形式，标准出版标志商标化进一步加强

了对标准表现形式的质量的监督和保护，这些都是对标准的表现形式的保护。标准价值更多的是凝聚在标准的内在价值上，例如标准的思想性、功能性等方面，但著作权法和商标法都不能保护标准的思想性和功能性，而标准认证恰恰是针对标准思想性和功能性进行的。

10.7.2 认证商标属于证明商标

商标按照用途划分，可以分为商品商标、服务商标和证明商标。商品商标和服务商标是用来区分不同的商品生产者和服务的提供者的标记，一般都是由有关的生产企业和服务企业注册并在注册后享有该商标的专用权。证明商标是指由对某种商品或者服务具有监督能力的组织所控制，而由该组织以外的单位或者个人使用于其商品或者服务，用以证明该商品或者服务的原产地、原料、制造方法、质量或者其他特定品质的标志。大多数标准组织化组织或相关机构，自身并不开展认证工作，而是授权第三方合格评定机构开展独立的认证工作，对于通过认证的商品等给予认证标志，用于证明商品原产地、原料、制造方法、质量、精确度或者其他特点的符合认证的相关标准。

10.7.3 标准认证标志商标化的优势

将标准认证标志申请为商标，可以促进标准的推广使用，提高产品的质量，保护消费者的利益，同时对标准自身也有积极的反推动作用。证明商标在长期使用过程中会得到消费者的广泛信任，消费者更愿意使用通过认证的商品，从而进一步推动标准的使用。如果使用该商标的产品发生了问题，除了消费者的利益直接受到损害外，该证明商标的信誉也会受到损害，影响消费者使用认证商品的积极性，从而影响了标准的应用。为避免这种情况，标准化组织会积极提高自身标准质量。

标准认证是一项系统工程。目前我国工程建设领域还没有全面开展标准认证工作。建议有关部门从注册认证商标入手，逐步开展标准认证工作。

10.7.4 认证商标的使用规则

在我国，申请注册证明商标时，应当提交证明商标的使用规则。使用规则要求证明商标的使用者能证明商品的特定品质，并要求证明商标的注册人拥有对使用该证明商标商品的检验监督制度和能力。检验监督制度的核心工作就是按照一套标准化的流程对机构、企业的产品、服务和活动进行评价，保证标准得以正确地实施。只有经过认证，并经过许可的申请人，才能使用证明符合标准的标志——证明商标。基于证明商标使用规则的要求，标准主管部门或标准化组织还需建立或委托建立检验评价机制和机构。

10.7.5 工程建设强制性标准认证标志商标化的讨论

根据前文论述，将工程建设标准认证标志申请为证明商标具有很多优势，这对于工程建设推荐性国家标准、行业标准、地方标准等自愿使用的标准是适用的，但是对于工程建设强制性标准是否适用？强制性标准虽然表现形式是标准，但却具有技术法规的属性，其地位相当于技术法规。下面我们就围绕强制性标准讨论其认证标志商标化的可能性。

根据我国《商标法》第十条“下列标志不得作为商标使用：……（四）与表明实施控制、予以保证的官方标志、检验印记相同或者近似的，但经授权的除外”。表明实施控制、予以保证的官方标志、检验印记是政府履行职责，对所监管事项作出的认可和保证，具有国家公信力，不宜作为商标使用，否则，将对社会造成误导，使这种公信力大打折扣。根据《保护工业产权巴黎公约》第六条之三的规定，表明实施控制、予以保证的官方标志和检验印记，非经授权，不得作为商标使用。在世界知识产权组织WIPO的权威学者的《巴黎公约条款的解说》一书中，对第六条之三第（1）和（2）款（a）的解释“（g）表明监督和保证的官方标志和检验印章，在有几个国家用于贵金属，或用于肉、奶酪、黄油等产品。”这种官方标志或检验印记不是商标。在我国如检验检疫的印章等也不作为商标注册。

如果一项标准是强制执行的，且需要强制进行认证，不通过认证就不允许生产和销售，那么强制认证标志无疑应该属于“表明监督和保证的官方标志和检验印章”类别，应禁止注册为商标，以避免他人注册和滥用，有利于国家的行政监督和管理。因此，强制性标准认证标志不能申请为商标。

另外，需要注意的是，官方标志和检验印记要受到保护，应当在商标注册审查机构取得备案，以便在审查商标时，予以把关。也就是说，如果工程建设强制性标准要开展强制性标准认证工作并要求必须进行认证，应该将其认证标志在商标注册审查机构取得备案。

10.8 团体标准的商标策略

10.8.1 团体标准的市场优势

我国很多行业都有协会，行业协会具有组织、协调、服务和监管的功能。在市场经济发达的主要资本主义国家，由于私营经济的企业主是分散的，企业竞争又异常激烈，非常需要一个组织来协调企业之间的关系，并能向政府反映和申诉自己的意见，政府也需要一个组织能将自己的声音传到广大企业中。行业协会正是在这种迫切的要求下出现的，行业协会这种非行政机构在对同行业的组织与管理方面具有独到作用。它依据共同制定的章程体现其组织职能，能增强企业抵御市场风险的能力。行业协会在本行业中具有一定的权威，一般都能够参与制订本行业政策、法规，具有一定的法规制定与管理权限，而行业协会制定的行业政策往往也会形成国家制定相关政策的依据。因而，协会这一组织形式与标准这一技术规范形式具有天然共同目标：通过制定认可一定的制度以维护秩序提高效率。行业协会通过制定团体标准，能提高本行业企业的竞争力，获得相关政策的更多支持。

10.8.2 通过集体商标推动团体标准发展

通过前文讨论，标准化协会最好将标准出版标志申请为商标。如果愿意推动团体标准认证业务，也可以注册证明商标。协会还可以考虑申请集体商标，将集体商标与团体标准联系起来。集体商标是指以团体、协会或者其他组织名义注册，供该组织成员在商事活动中使用，以表明使用者在该组织中的成员资格的标志。集体商标主要在申请注册组织内部使用，证明商标在组织外部使用，因此国家标准、行业标准、地方标准的标准化管理机构不适合申请集体商标，而协会可以申请集体商标。

协会申请集体商标后，协会成员在使用集体商标时，必须满足集体商标的使用规则要求。集体商标的使用规则可以包括必须满足团体标准的要求。要使用集体商标，就必须采用团体标准，进而扩大协会影响力，获得更高的政策支持力度，进一步推进团体标准在行业中的覆盖面。行业协会的标准管理机构，还可将标准标志及其衍生标志注册为其他类别的商标。这些商标可以用于宣传、培训、服务、营销和技术推广各个环节和领域，从而促使团体标准标志全方位得到商标法的保护。通过商标联合策略，集体商标提高团体标准的整体竞争力，通过其他商标进一步实现标准的内在知识产权的价值。

10.9　加强工程建设标准标志及商标的保护

目前，将工程建设标准标志注册成商标是保护标准标志的最好方法。尽管名称权、商号等在国内外都能获得保护，但保护强度要远远低于注册商标，而且在我国目前的法律体系下获得的保护内容并不明确。

工程建设标准一旦被编写出来，就需要被传播使用，而且出于工程建设标准化发展的需要，工程建设标准也同样可能面临竞争，从而需要保护。工程建设标准主管部门可以通过将标准标志及衍生标志、服务标志等注册为商标，扩大标准及其衍生商标的知名度，突出机构和标准的知名度，提升标准服务质量。对于不适合商标化的标志，也应提出使用规则，促进标志的合理、规范使用。

工程建设标准的具体商标策略，例如注册商标的种类和多寡等，应取决于标准化组织的职能、组织结构、业务范围、国际化程度等。对于工程建设国家标准、行业标准、地方标准和团体标准，可考虑采取以下商标策略：

（1）国家标准、行业标准、地方标准、团体标准的标准代号和编号不宜申请为商标，应免费使用且给出使用规则。

（2）国家标准、行业标准、地方标准、团体标准的标准出版物的标志应申请为商标，纳入商标法的保护范围。

（3）国家标准、行业标准、地方标准、团体标准如计划全面开展标准认证工作，应将标准认证标志注册为证明商标，但强制性标准的认证标志不能注册为商标。

（4）中国工程建设标准化协会可以注册集体商标，通过集体商标推动团体标准的发展。

（5）除以上商标种类外，工程建设标准也可将其他相关标志及其衍生标志注册为其他类别的商标，通过商标权的保护促进工程建设标准化工作可持续发展。对于不适合商标化的标志，可以提出使用规则，以便合理、规范地使用工程建设标准的标志。

（6）国家标准、行业标准、团体标准等中有国际化需求的标准，还应考虑在国外注册商标。在国外注册商标可以通过巴黎公约和马德里体系两种方法。由于马德里体系有“中心打击”风险（长达5年），如果是新注册商标或商标申请，选择巴黎公约是一个稳妥的选择。

第三部分
案例分析

11 建筑桩基技术相关案例分析

11.1 概述

行业标准《建筑桩基技术规范》JGJ 94—2008（以下简称《桩基规范》）系在原规范JGJ 94—94基础上修订而成，并于2008年10月1日起实施。《桩基规范》由中国建筑科学研究院主编，是建筑工业行业标准，内容包括桩基构造、设计计算、施工及桩基工程质量检查和验收等。在原1994年规范的基础上，《桩基规范》在灌注桩施工一节新增加了“长螺旋钻孔压灌桩”和“灌注桩后压浆”施工工艺，涉及有关的专利技术。这部分规定不是强制性条文。本报告主要对上述两种工艺及有关专利技术进行介绍和分析，并由此对标准引入专利的相关问题进行讨论。

11.2 长螺旋钻孔压灌桩施工工艺及相关专利技术

（1）技术背景及工艺特点

传统的水下灌注桩施工常采用振动沉管灌注桩、泥浆护壁钻孔灌注桩、长螺旋钻孔无砂混凝土灌注桩等工艺。其基本思路是先钻孔，然后通过泥浆或水泥浆护壁，再放入钢筋笼，最后灌注混凝土（或形成混凝土）完成桩基施工。

上述三种工艺各具不同特点：

1）振动沉管灌注桩施工工艺振动及噪声污染严重，难以穿透砂层、卵石层和硬土层，在饱和黏性土中成桩还易引起地表隆起并造成断桩；

2）泥浆护壁钻孔灌注桩施工工艺适应性强，应用广泛，但泥浆排放量大，易造成泥浆污染；单桩承载力也会因桩周泥皮和桩底沉渣而降低，且工序多、成本高，成孔效率较低；

3）长螺旋钻孔无砂混凝土灌注桩施工工艺涉及专利技术，其采用水泥浆护壁，放入钢筋笼后向桩孔投入碎石，然后通过水泥补浆管补浆，排出桩底和桩身杂质，形成无砂混凝土。但其同样存在水泥浆污染问题，而且桩身骨料只有碎石，无砂填充，级配不好，成桩质量不够稳定，成本也较高。

长螺旋钻孔压灌桩施工工艺则是在已经比较成熟的长螺旋成孔泵送混凝土成桩工艺（即CFG桩施工工艺）基础上，后插钢筋笼制成灌注桩，既解决了泥浆和水泥浆的污染问题，又提高了施工效率，降低了工程造价。表11.1是有关文献针对某项工程对不同施工工艺所做的施工效率及经济指标对比。[1]

[1] 吴春林，滕延京等．长螺旋水下成桩工艺与设备（内部资料）．2004.

施工效率及经济指标对比　　表 11.1

施工工艺	施工效率（根 / 天 / 台）	施工费用（元 /m^3）
长螺旋钻孔压灌桩	25	760
泥浆护壁钻孔灌注桩	5	1050
长螺旋无砂混凝土灌注桩	20	1500

（2）相关非专利技术

如前所述，长螺旋钻孔压灌桩施工工艺是在长螺旋成孔泵送混凝土成桩工艺（即CFG 桩施工工艺）基础上形成的。CFG 桩施工工艺是一项建设部推广应用技术，曾获得国家级工法，是一项公知的非专利技术。而传统的后插钢筋笼工艺也是已经使用公开的非专利技术。这种技术将平板振动器放置于钢筋笼顶，通过振动器的振动将钢筋笼插入混凝土孔底。该技术在 20 世纪 90 年代已经广泛应用，只是插入深度有限，一般小于 15m，且会出现个别钢筋笼插入深度不能满足设计要求的情形。

（3）相关专利技术

〔专利 1〕长螺旋钻孔泵送混凝土成桩后插钢筋笼施工工艺及钢筋笼导入装置

申请（专利）号：200310101954.3；专利类型：发明专利。

1）权利要求书内容

该专利的权利要求书内容如下：

一种长螺旋钻孔泵送混凝土成孔后插钢筋笼施工工艺，其特征是施工步骤如下：

a. 钻孔；

b. 向桩孔内灌满素混凝土；

c. 将至做好的钢筋笼与钢筋笼导入装置连接，吊至桩孔上；上述钢筋笼导入装置的钢筋笼导入管贯穿钢筋笼、并与钢筋笼底部连接，钢筋笼导入管上端与振动锤连接；

d. 起动钢筋笼导入装置的振动锤，通过振动锤的激振力将钢筋笼送入素混凝土桩身内至设计标高；

e. 拔出钢筋导入装置，成桩。

根据权利要求 1 所述的长螺旋钻孔泵送混凝土成孔后插钢筋笼施工工艺，其特征在于：所述 a 步骤中，钻孔的方式是采用液压钻机或螺旋钻机或螺旋钻机取土成孔。

根据权利要求 1 所述的长螺旋钻孔泵送混凝土成孔后插钢筋笼施工工艺，其特征在于：c 步骤中，钢筋笼导入装置与钢筋笼是分别起吊后组装的。

根据权利要求 1 所述的长螺旋钻孔泵送混凝土成孔后插钢筋笼施工工艺，其特征在于：所述 c 步骤中，钢筋笼导入装置与钢筋笼是组装连接后再一同起吊。

一种钢筋笼导入装置，其特征在于：该装置的钢筋笼导入管贯穿钢筋笼，并与钢筋笼底部连接，钢筋笼导入管上端与振动锤连接。

根据权利要求 5 所述的长螺旋钻孔泵送混凝土后插钢筋笼灌注桩施工设备，其特点在于：所述钢筋笼导入管上端固定有夹头，夹头与振动锤下方的夹具配合相连。

根据权利要求5所述的长螺旋钻孔泵送混凝土后插钢筋笼灌注桩施工设备，其特征在于：所述钢筋笼导入头是圆管形或圆锥形。

2）技术方案简述

该专利的主要技术方案是一种施工工艺，该工艺的主要技术特征是：

钻孔后向孔内泵送素混凝土；将钢筋笼导入装置与钢筋笼连接。连接方式为导入装置的导入管贯穿钢筋笼，并与笼底连接，导入管上端与振动锤连接；通过振动锤的激振力将钢筋笼送入设计标高；拔出钢筋笼导入装置，成桩。

该工艺的工艺流程如图11.1所示，钢筋笼导入装置如图11.2所示。

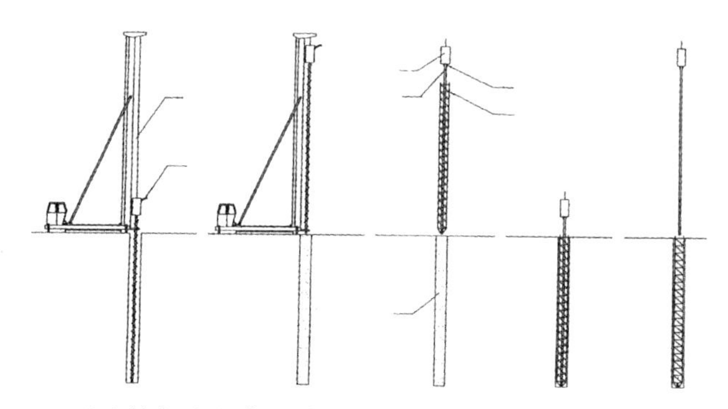

（1）钻孔 （2）灌注混凝土 （3）下笼 （4）完成下笼 （5）成桩

图11.1 工艺流程图

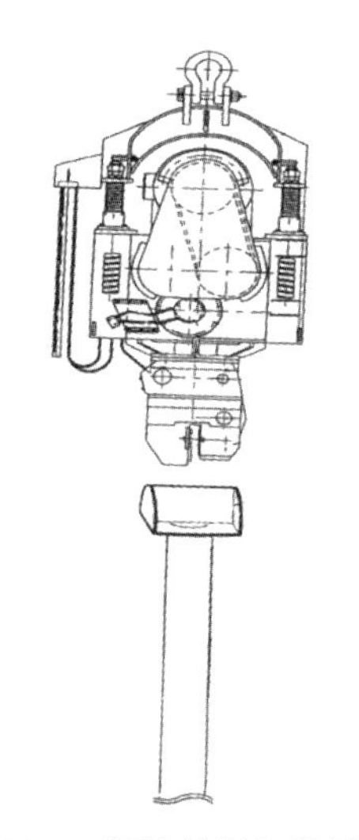

图11.2 钢筋笼导入装置图

该专利的独立权利要求有两项：一项为具备上述特征的一种长螺旋钻孔泵送混凝土成孔后插钢筋笼施工工艺；另一项为钢筋笼导入装置，关键技术为钢筋笼导入装置。

〔专利 2〕长螺旋钻孔中心泵压混凝土植入钢筋笼成桩工艺方法。

申请（专利）号：200410039307.9；类型：发明专利。

1）权利要求书内容

该专利的权利要求书内容如下：

一种长螺旋钻孔中心泵压混凝土植入钢筋笼成桩工艺方法，在桩体混凝土未凝前植入钢筋笼的成桩工艺，包括就位钻孔，边提钻边泵压混凝土，泵压混凝土到桩顶，插放钢筋笼，成桩，其特征在于：在桩体混凝土未凝前插放钢筋笼采用一种中低频振动装置，将一根钢管插入钢筋笼内腔，钢管与中低频振动装置快速刚性连接，同时将钢筋笼与振动装置用钢丝绳柔性连接，待钻孔中心泵压混凝土形成桩体后，吊起振动装置、钢管及钢筋笼，把钢筋笼下端插入混凝土桩体中，依靠重力和振动装置带动钢管对钢筋笼底端部进行振动和冲击，使钢筋笼下沉到预定深度，然后将钢管拔出地面成桩。

根据权利要求 1 所述的成桩工艺方法，其特征在于：插放钢筋笼在钢筋笼下沉不到预定深度时，迅速解开振动装置与钢筋笼的柔性连接，把钢管拔出地面，将其与振动装置拆开置于地面；将夹笼器与振动装置连接，夹管器夹住钢筋笼上端立筋，开动振动装置，利用拔桩原理把钢筋笼从混凝土桩体中引拔出来，待桩体初凝后，在原桩位重复以上成桩工艺，完成现浇桩施工。

根据权利要求 1 所述的成桩工艺方法，其特征在于：钢管附带夹笼器并制成一体，与振动装置快速刚性连接；钢筋笼与振动器柔性连接，夹笼器与钢筋笼上端处于松弛状态，在少量钢筋笼下沉不到预定深度的情况时，把夹笼器与钢筋上端立筋刚性连接，开动振动装置，将钢管和钢筋笼同时从桩体混凝土中拔出，待混凝土初凝后，再进行同一桩位的成桩作业。

根据权利要求 2 或 3 所述的成桩工艺方法，其特征在于：中低频振动装置减震器的起吊方向能在平行于振动方向和垂直于振动方向改变，夹笼器、钢管与振动装置快速连接是机械式的或液压式的。

根据权利要求 1、2 或 3 所述的成桩工艺方法，其特征在于：中低频振动器的振动频率为 500~900 次·min^{-1}。

根据权利要求 4 所述的成桩工艺方法，其特征在于：在钻孔作业时使用了下开式出土器。

根据权利要求 4 所述的成桩工艺方法，其特征在于：钢管下部开口，中上部开通气孔。

2）技术方案简述

该专利技术方案为一种长螺旋钻孔中心泵送混凝土后插钢筋笼成桩施工工艺。其主要技术特征为采用后插钢筋笼装置，该装置包括附带夹笼器的钢管、中低频振动装置，钢管上部通过快速连接装置与振动装置刚性连接，待泵压混凝土形成桩体后，依靠重力和振动装置带动钢管对钢筋笼底部进行振动和冲击，使其下沉到设计深度，钢管附带的夹笼器可在钢管笼未达预定深度时将其拔出。

该专利工艺流程与200310101954.3相同，植入钢筋笼的装置如图11.3所示：

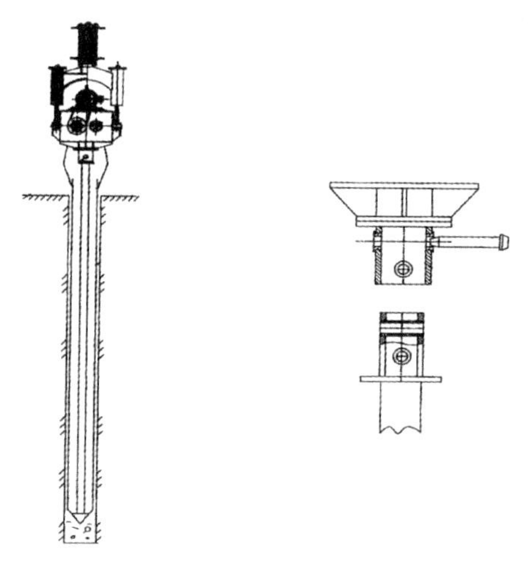

图11.3 钢筋笼植入装置

该专利的独立权利要求为一项，即具备上述技术特征的长螺旋钻孔中心泵送混凝土后插钢筋笼成桩工艺。

〔专利3〕长螺旋钻孔压灌混凝土成桩后插钢筋笼及其输送装置

申请（专利）号：200320103219.1；类型：实用新型。

1）权利要求内容

该专利的权利要求书内容如下：

一种长螺旋成孔压灌混凝土成桩后插钢筋笼及其输送装置，包括钢筋笼、振动装置芯管。芯管连接在振动装置的下侧，钢筋笼套在芯管外并与芯管连接，其特征在于：所述的振动装置为大功率大重量的偏心振动锤，在该偏心振动锤的外侧设有隔音消音装置；所述的芯管为大刚度芯管，其下端短于钢筋笼的下端，在钢筋笼下部的环箍上连接有沿圆周均布的至少3个向轴心伸出并向上弯曲的钢筋钩，所述的芯管下口挂在上述的钢筋钩上；钢筋笼的上端通过易拆卸的连接装置与偏心振动锤的下侧连接。

根据权利要求1所述的长螺旋成孔压灌混凝土成桩后插钢筋笼及其输送装置，其特征在于：所述的偏心振动锤的下侧和芯管的上端均设有法兰盘并通过混凝土栓连接。

根据权利要求1所述的长螺旋成孔压灌混凝土成桩后插钢筋笼及其输送装置，其特征在于：所述的易拆卸的连接装置为带有钢丝卡子的钢丝绳，该钢丝绳穿过焊接在所述的偏心振动锤下侧边缘的连接环以及钢筋笼上端的双箍，通过钢丝卡子将其两端紧固。

根据权利要求1所述的长螺旋成孔压灌混凝土成桩后插钢筋笼及其输送装置，其特征在于：所述的芯管的下端比钢筋笼的下端短0.5～1m。

根据权利要求1所述的长螺旋成孔压灌混凝土成桩后插钢筋笼及其输送装置，其特征在于：在所述的偏心振动锤的侧面设有辅助牵引环。

根据权利要求1所述的长螺旋成孔压灌混凝土成桩后插钢筋笼及其输送装置，其特征在于：所述的芯管是一根大刚度的厚壁无缝钢管。

根据权利要求1所述的长螺旋成孔压灌混凝土成桩后插钢筋笼及其输送装置，其特征在于：所述的隔声消声装置为LC隔声消声装置。

2）技术方案简述

该专利技术方案为一种后插钢筋笼输送装置，其通过下侧的芯管与钢筋笼下部预先设置的钢筋钩连接，钢筋笼的上端通过易拆卸连接装置与输送装置中的大功率、大重量的偏心振动锤连接。偏心振动锤的外侧没有隔声消声装置。

该输送装置如图11.4所示。

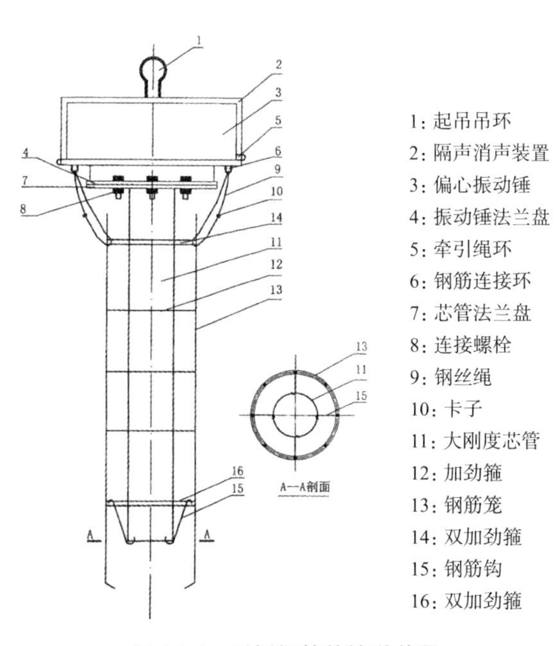

图11.4 后插钢筋笼输送装置

该专利技术的独立权利要求为一项，即具备上述技术特征的后插钢筋笼输送装置。

综合上述三项专利的技术方案可以看出，尽管三者的专利类型不同，权利要求也不尽相同，由此使得三者的保护范围和保护期限也不太相同，但从技术上考察，三项专利的关键技术均为后插钢筋笼的装置。三者的装置均为刚性管上部与振动装置刚性连接，下部与钢筋笼底部连接，通过振动器的振动将钢筋笼送至预定深度。由此可见，三者的发明思路是十分相似的，所达到的效果也应是相近的。

（4）《桩基规范》中的相关规定和表述

《建筑桩基技术规范》JGJ 94—2008在第六章“灌注桩施工”中增加了“长螺旋钻孔压灌桩”这一灌注桩施工工艺，这一施工工艺的引入，规范了该工艺的实施，对于先进技术的规范实施和推广应用是有利的。

《桩基规范》中关于“长螺旋钻孔压灌桩”这一施工工艺的规定共有条文 13 条，其中第 6.4.1 ~ 6.4.12 条主要从长螺旋钻孔压灌桩施工的钻机定位、钻孔、混凝土质量要求、混凝土泵送要求、提钻速度等方面，对压灌桩的“钻孔和混凝土压灌”环节进行了具体规定。这 12 条所涉及的内容均为非专利技术内容。第 6.4.13 条对后插钢筋笼作了原则性规定，其表述为：“混凝土压灌结束后，应立即将钢筋笼插至设计深度。钢筋笼插设宜采用专用插筋器。”由该表述可以看出，《桩基规范》中就后插钢筋笼这一关键技术并未针对某一项或几项专利做出可操作的具体规定。任何人在应用这一施工工艺时，既可以采用传统的平板振动器振动插笼方式（非专利技术），又可以采用上述专利技术中的任何一种，还可以自行设计一种新颖的插筋方式，只要能达到设计要求即可。这样，该施工工艺实施者有比较充分的选择余地。

11.3 灌注桩后注浆施工工艺及相关专利技术

（1）技术背景及工艺特点

钻孔灌注桩从成孔工艺来分，主要有以下三类方法：1）干作业法，包括钻、挖成孔；2）泥浆护壁法，包括钻、挖、冲成孔；3）套管护壁法，包括沉管挤土成桩和挖土成桩。不同成孔方法对基桩承载力的发挥都有不同程度的影响，如长螺旋或旋挖成孔方法引起的孔底虚土降低桩端阻力；泥浆护壁灌注桩的桩底沉渣及桩侧泥皮削弱了桩端阻力及桩侧阻力。为了弥补这种成桩工艺造成的基桩承载力较低的缺陷，大幅度提高基桩的承载力，成桩之后再在桩端及桩侧进行压浆，将对基桩承载力的提高产生显著作用。

国外基桩后压浆法始于 20 世纪 60 年代初。1961 年有关文献首次报道了在委内瑞拉的 Maracaibo 大桥的桥基中通过灌浆管对基桩进行灌浆的方法。1973 年 Bolognesi 和 Monetto 描述了在 Parana 河上的桥基中进行灌浆的类似方法。该工程有数百根桩，桩径 2m，桩长 75m。每根桩桩端设置一个预载箱，一根灌浆管从预载箱接至地面。预载箱设置橡胶防护薄膜，使预载箱类似单向阀一样工作。成桩后进行压浆，水灰比 W/C=0.66，压力 100kPa，压浆量 500 ~ 1500kg。该工程采用的预载箱的构造如图 11.5 所示。作者认为压浆不仅改善了桩端土的性质，而且提高了桩侧阻力。

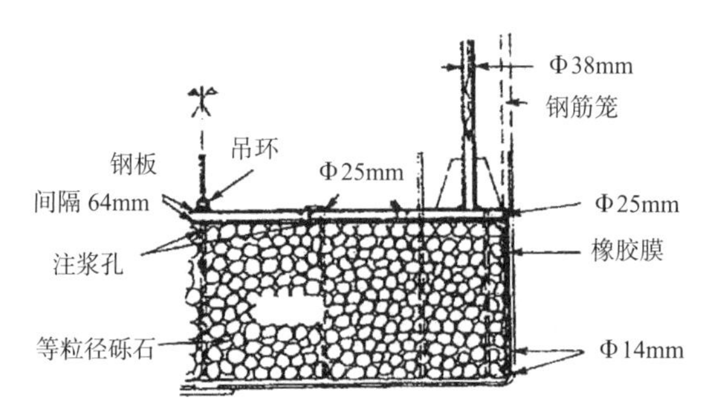

图 11.5　Parana 河桥基注浆装置：预载箱（Bolognesi & Moretto，1973）

1984 年 Sliwinski 和 Fleming 报道了使用图 11.6 压浆装置的试验情况。

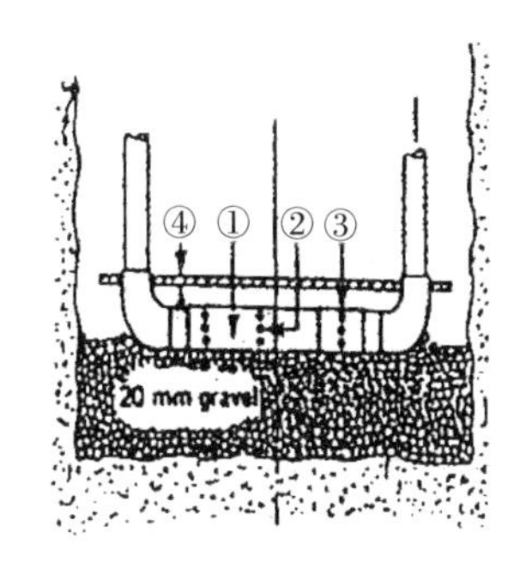

① Φ32mmU 形管

② Φ8mm 孔

③橡胶袖套

④厚 8mm 直径 405mm
板孔径 457mm

图 11.6 桩底 U 形注浆装置（Sliwinski & Fleming，1984）

此外，在开罗的 Elgacira Sheraron 饭店桩基、沙特阿拉伯 Jeddah-Mecca 立交桥的桥基等工程中均使用了基桩后压浆技术。在已经报道的文献中，经过注浆处理后的基桩，其承载力均有显著的提高。

在文献报道的国外采用基桩后压浆技术工程中，采用的压浆装置可概括为：1）置于桩底的有压浆腔、U 形管、预载箱等，用于桩底压浆；2）置于桩侧的注浆管为袖阀式，被包裹在桩体的混凝土之中，当混凝土强度很低时（一般小于 2d 龄期），以高压浆液冲破混凝土保护层，实施桩侧注浆。

国内用灌浆技术提高基桩承载力的研究始于 20 世纪 70 年代。1974 年交通部一航局设计院在天津塘沽新港进行了氰凝固结桩尖土的灌浆试验。灌浆后的基桩静载试验结果表明，基桩承载力提高 50%。之后，北京市建筑工程研究所在参考法国 Fondodile 公司相关资料的基础上，设计了灌注桩桩端压浆工艺装置并在工程中得到了应用（1984、1985 年）。该装置是在桩端设置隔离板，采用 PVC 管作为注浆管。上述工程均属于作业灌注桩，压浆阀无需具备抵抗泥浆及静水压力，且桩长较短，因此压浆装置简单。国内关于泥浆护壁注桩后压浆的报道见于 20 世纪 90 年代初。北京水利水电科学院在北京牛栏山酒厂住宅楼工程中使用了如图 11.7 所示的压浆装置。该装置以两根内径为 15mm 的钢管取代两根主筋，与钢筋笼一起置于孔中。钢管底部向孔壁方向弯曲，靠近底部的管壁上钻有数个小孔，下笼前管底及小孔均用胶带密封。该工程实施过程中有 10% 注浆管未能压开。同时，钢筋笼底部弯曲的钢管不利于下笼。

在另一项由西南交通大学和郑州铁路局郑州勘察设计院进行的某桥基基桩试验中，采用的桩端压浆装置基本上是模仿国外同类装置：在桩底预设橡胶胶囊，由带止浆阀的钢管和注浆腔相连，成桩后向囊中注浆。其加固机理主要靠注浆的膨胀引起桩底土体压密作用。该试验中采用了在结构上稍有不同的两种灌浆囊，灌浆囊如图 11.8 所示。

根据有关文献介绍，在优化后注浆工艺参数的条件下，对于单桩混凝土量为 15m^3 的桩，每根可节约 0.5 万 ~ 1.5 万元；对于桩数为 200 根左右的中等规模工程，可节约

100 万 ~ 300 万元。同时，后注浆桩基的沉降较常规灌注桩桩基减少约 15% ~ 30%，且工期缩短 30% 以上。因此，后注浆灌注桩技术的推广应用，不仅经济效益显著，社会效益也很可观。❶ 李昌驭等在桥基础中采用灌注桩后注浆技术，通过实验对比表明单桩承载力提高了 56% ~ 100%。❷

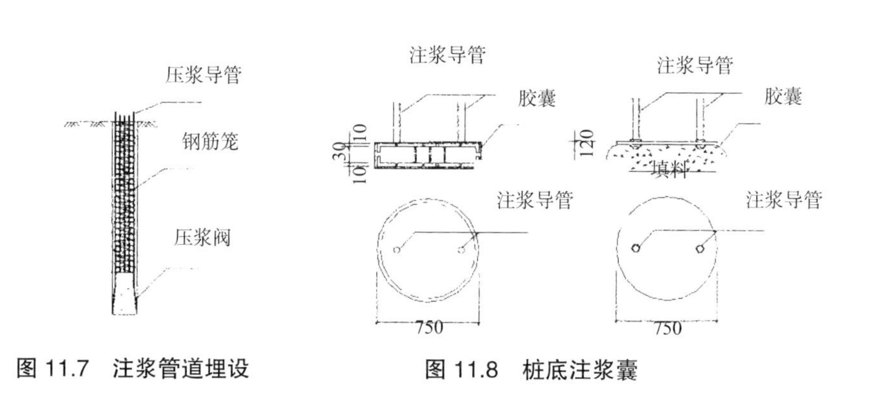

图 11.7　注浆管道埋设

图 11.8　桩底注浆囊

（2）相关专利技术

〔专利 1〕饱和土中长灌注桩桩端压浆与超声检测结合的工艺

申请（专利）号：94116598.1；类型：发明专利。

1）权利要求书内容

该专利的权利要求书内容如下：

一种现场灌注桩的桩端压浆的施工方法，其步骤为：钻孔至设计深度；在钢筋笼的两侧固定桩端压力注浆压浆管，压浆管分为三部分，排浆管、压浆导管、临时导管；将钢筋笼下至孔底，排浆管靠自重和下落惯性插入基土层，部分处于沉渣层中，上端接临时导管延至孔底地面处；清孔，灌注混凝土；在混凝土初凝后，松动临时导管；成桩后 3 ~ 7d 进行超声波检测，将探头通过压浆管伸入桩内，检测点间距为 40 ~ 50cm；成桩后 3 ~ 7d 进行压浆，压浆泵及配套管道额定压力不应小于 1.5MPa；配置水泥浆，在正常情况下 0.6 ~ 0.8MPa 的压力下即可使水浆开始自压浆管的排浆孔排出，终止压力不小于 0.5MPa，注浆后四小时之内，卸除临时导管并将临时导管取出。

如权利要求 1 所述的现场灌注桩端桩端压浆的施工方法，其特征是，所述的水泥浆配比为：水：水泥：添加剂为（0.5 ~ 0.6）：1：（0.06 ~ 0.1）。

一种现场灌注桩的桩端压力注浆压浆管，其特征是，桩端压力注浆压浆管，由钢管制作，下端焊接排浆管，上端螺旋连接临时导管；排浆管管壁径向间隔设置压浆孔，外壁上压接包有双层胶套，管底部设有封堵钢板，外部包有保护编织物；临时导管上焊有供卸下取出的别棍，顶部旋有管帽、环形吊钩。

❶ 高文生，高印立等．后压浆技术成套系列设备的研制（中国建筑科学研究院研究报告）. 2000.

❷ 李昌驭，赵建华等．钻孔灌注桩桩端后压浆机理及效果检测 [J]. 工程质量，2005（2）.

2）技术方案简述

该专利为一种灌注桩桩端压浆施工方法。其技术方案为将压力注浆压浆管固定于钢筋笼上，压浆管上端可与压浆泵相连。下端则插入桩端土层，成桩后 3 ~ 7d 可通过压浆泵进行压浆，以达到加固桩端沉渣和土体作用，提高桩端阻力和底部桩周摩擦力，同时压浆管可用于超声波检测。

该专利的独立权利要求为两项，一项为具备上述特征的桩端压浆施工方法，一项为具备权利要求书中所述特征的压浆管。主要技术参数为：终止压力 ≥ 0.5MPa，水压比 0.5 ~ 0.6。

该专利技术实施示意图如图 11.9 所示，桩端注浆装置如图 11.10 所示。

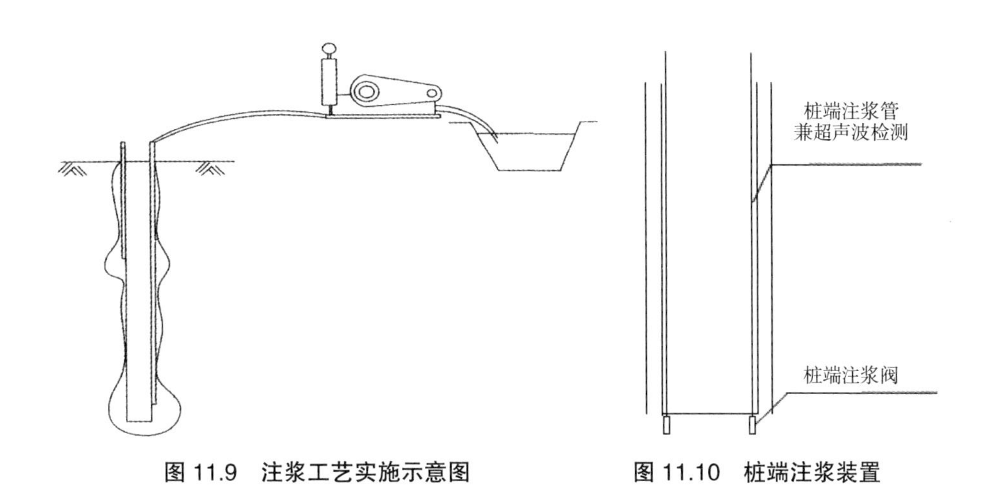

图 11.9　注浆工艺实施示意图　　图 11.10　桩端注浆装置

〔专利 2〕灌注桩桩侧后压浆装置及工艺

申请（专利）号：00100760.2；类型：发明专利。

1）权利要求书内容

该专利的权利要求书内容如下：

1. 一种灌注桩桩侧后注浆工艺，在成桩后实施无损注浆，加固桩侧泥皮和一定范围的土体，注浆液通过地面上的高压输浆管，经输浆钢导管，加筋 PVC 软管和注浆单向阀在桩土界面处实施注浆，其特征在于：在成桩后 2 ~ 30d 内实施无损注浆。

2. 根据权利要求 1 所述的灌注桩桩侧后注浆工艺，其特征在于：所述浆液的水灰比根据土地类别和是否饱和确定：

淤泥、淤泥质软土及饱和中粗砂、砾砂、卵砾石的水灰比为 0.45 ~ 0.55；

饱和一般黏性土、粉土、粉细砂的水灰比为 0.50 ~ 0.60；

非饱和一般黏性土、粉土、粉细砂、中细砂、砾砂、卵砾石的水灰比为 0.70 ~ 0.90。

3. 根据权利要求 1 所述的灌注桩桩侧后注浆工艺，其特征在于：所述浆液中加入 1% ~ 4% 的外加剂。

2）技术方案简述

该专利为一种灌注桩桩侧后注浆工艺，其技术方案为通过附着于钢筋笼上的钢导管下端与加筋 PVC 软管联通，加筋 PVC 软管做成花瓣形，将预先设置其上的单向阀位置凸出钢筋笼至桩土界面。该工艺可在成桩后 2 ~ 30d 内实施无损注浆，避免了交叉作业和因桩身保护层被冲破给钢筋腐蚀留下隐患。

该专利的权利为一项，即具备上述特征的桩侧后注浆工艺。其属于外置型注浆装置，主要技术参数为水灰比 0.45 ~ 0.90。

该专利的桩侧后注浆装置如图 11.11 所示。

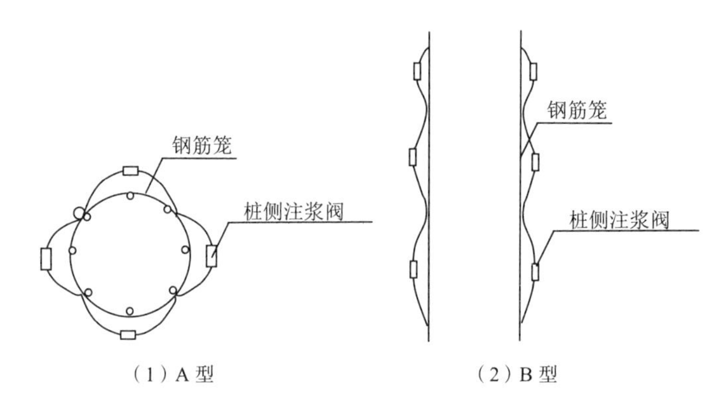

图 11.11　外置型桩侧注浆装置

〔专利 3〕：钻孔灌注桩桩侧、桩底后压浆施工工艺及注浆设备

专利号：200310102269.2；类型：发明专利。

1）专利要求书内容

该专利的权利要求书内容如下：

1. 一种钻孔灌注桩侧、桩底后压浆施工工艺，在完成钻孔后，进行水泥浆注浆灌注，其特征在于：在桩侧沿钢筋笼周围布有至少两根桩侧注浆管，在桩底布有至少两根桩底注浆管，当初次水泥浆注浆终凝后，利用注浆管进行二次劈裂注浆。

2. 根据群里要求 1 所述的钻孔灌注桩桩侧、桩底后压浆施工工艺，其特征在于：所述各桩侧注浆管口之间的间距为 1~2m。

3. 根据权利要求 1 和 2 所述的钻孔灌注桩桩侧、桩底后压浆施工工艺，其特征在于：所述桩侧注浆管端头置于桩侧软土层。

4. 根据权利要求 1 所述的钻孔灌注桩桩侧、桩底后压浆施工工艺，其特征在于：所述桩底注浆管向下突出钢筋笼，其端头深入桩底持力土层。

5. 根据权利要求 1 所述的钻孔灌注桩桩侧、桩底后压浆施工工艺，其特征在于：所述水泥浆的配制，除水泥净浆外，另添加 6% ~ 8% 重量百分比的（无水硫铝酸钙 + 石膏）微膨胀剂。

2）技术方案简述

该专利为一种灌注桩桩侧、桩底后压浆施工工艺，其技术方案为桩侧、桩底布置至少两根注浆管。注浆管下端部采用双保险单向注浆阀结构（同一专利权人的实用新型专利，专利号：20030101721.9）。当初次水泥浆注浆终凝后，可进行二次劈裂注浆。如图11.12所示。

该专利的权利要求为一项，即具备相应特征的桩侧、桩底后压浆工艺。由于其中单向阀部分单独申请了实用新型专利，实际上单向阀结构也受到了专利保护。与专利号为00100760.2的专利相比，本专利的桩侧注浆工艺属内置型，实施注浆时，水泥浆会冲破混凝土保护层。与专利号为94116598.1的专利相比，本专利的桩底压浆工艺除单向阀部分不同外基本是一致的。

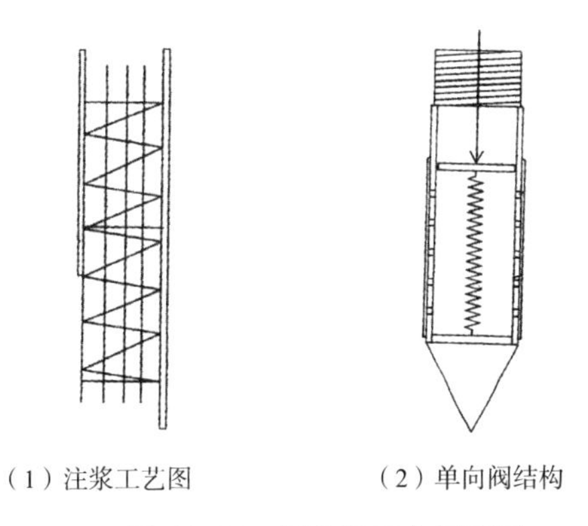

（1）注浆工艺图　　（2）单向阀结构

图11.12　后注浆工艺示意图

〔专利4〕混凝土灌注桩端施工工艺及其桩端注浆装置

专利号：200410014717.8；类型：发明专利。

1）权利要求书内容

该专利的权利要求书内容如下：

1. 一种混凝土灌注桩端施工工艺，其特征在于：

第一步：泥浆护壁钻进成孔、清孔；

第二步：将设有注浆单向阀的桩端注浆管固定在钢筋笼底部，将进口管和出口管绑扎在钢筋笼内侧，再将进口管和出口管分别与桩端注浆管的两端连接，使进口管和出口管分别与桩端注浆管形成循环通路，此后将钢筋笼放至孔底；

第三步：灌注混凝土，在桩混凝土浇筑完成后24～28h，用清水冲洗桩端注浆管，使其畅通；

第四步：当桩身混凝土达到设计强度的70%后，在堵住出口管后，通过进口管和桩端注浆管向桩端土层至少进行2次压浆，第一次压浆的压浆量不少于压浆总量的10%，压浆完毕后，用清水冲洗管路，保证畅通，此后再进行压浆，直至最后一次压浆时的压浆累积量达到设计压浆总量，并持荷 5～10min 后成桩。

2. 根据权利要求 1 所述的混凝土灌注桩的施工工艺，其特征在于通过进口管和桩端注浆管向桩端土层进行 3 次压浆，第一次压浆的压浆量不少于压浆总量 10%，压浆完毕后，用清水冲洗管路，保证畅通，然后进行第二次压浆，第二次压浆的压浆量不少于压浆总量的 10%，压浆完毕后，用清水冲洗管路，保证畅通，最后进行第三次压浆，直至压浆累积量达到设计压浆总量。

3. 根据权利要求 1 所述的混凝土灌注桩的施工工艺，其特征在于通过进口管和桩端注浆管向桩端土层进行 4 次压浆，第一次压浆的压浆量不少于压浆总量 10%，压浆完毕后，用清水冲洗管路，保证畅通，然后进行第二次压浆，第二次压浆的压浆量不少于压浆总量的 10%，压浆完毕后，用清水冲洗管路，保证畅通，此后进行第三次压浆，第三次压浆的压浆量不少于压浆总量的 10%，压浆完毕后，用清水冲洗管路，保证畅通，最后进行第四次压浆，直至压浆累积量达到设计压浆总量。

4. 一种用于实施权利要求 1 所述施工工艺的桩端注浆装置，包括桩端注浆管（3），其特征在于在桩端注浆管（3）的两端分别连接有进口管（1）和出口管（2），在桩端注浆管（3）上设有注浆口（34），在注浆口上设有单向阀。

5. 根据权利要求 4 所述的桩端注浆爱那个装置，其特征在于桩端注浆管（3）为“U”形管。

6. 根据权利要求 4 所述的桩端注浆装置，其特征在于桩端注浆管（3）由弧形管（32）及两支管（31、33）组成，该两支管（31、33）分别与弧形管（32）的两端连接。

2）技术方案简述

该专利为一种混凝土灌注桩桩端注浆工艺。其技术方案为将设有单向阀的注浆管固定于钢筋笼底部，将进口导管和出口导管分别绑扎在钢筋笼内侧，再将进口导管和出口导管分别与桩端注浆管两端连接，形成“U”形结构。在混凝土浇筑后 24～48h，清水冲洗注浆管，使其畅通。当桩身混凝土达到 70% 设计强度后堵住出口管，便可实施注浆（至少 2 次以上）。如图 11.13 所示。

该专利的权利要求为两项，即具备相应特征的桩端注浆工艺和相应的注浆管结构。与前述其他桩端注浆专利技术相比，本专利技术可实现重复多次注浆，属于“U”形注浆装置。

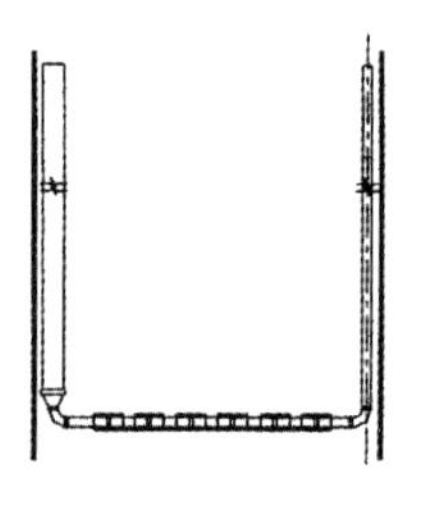

图 11.13　桩端注浆装置

〔专利5〕后压浆旋挖钻孔灌注桩施工方法

专利号：200410064568.6；类型：发明专利。

1）权利要求书内容

该专利的权利要求书内容如下：

1. 一种后压浆旋挖钻孔灌注桩技术，其特征在于包括如下步骤：

（1）旋挖钻孔

用筒式钻头，在动力驱动下由筒底的斗齿切削土体，并旋转装入筒内，然后由抽拉式钻杆提出孔口，如此反复完成成孔作业。

（2）安放钢筋笼和后压浆装置

在挖好的桩孔内安放带有后压浆装置的钢筋笼，所说的后压浆装置是由纵向压浆钢管和环向出浆管组成，纵向压浆钢管由普通钢管制作，最上端套扣用丝堵封堵；环向出浆管由优质PVC管和保护装置组成，环向出浆管在桩端设置第一道，然后向桩顶方向每隔5～12m设置一道，最上端的出浆管距桩顶不少于15m，每根桩环向出浆管布置不少于3道，在PVC管上取桩身外侧每隔一定距离设置一排出浆孔，然后用透明胶带封缠，最后外套橡胶袋作为保护装置；纵向压浆钢管和环向出浆管由三通相连接组成闭合式后压浆装置，预先置于钢筋笼外侧，随钢筋笼一同预埋入桩身。

（3）浇筑桩身混凝土

安放好带有后压浆装置的钢筋笼和浇筑混凝土的导管后，开始通过导管向孔内浇筑混凝土；

（4）后压浆

当桩身混凝土浇筑完成8～15h后，开始后压浆作业，包括以下过程：开环、压注清水、压浆。

首先将后压浆装置用高压清水贯通，即所说的开环，使出浆管上的出浆孔开封，保证水泥浆压入桩侧和桩端，开环完成后压注不少于10min时间的清水，冲开桩侧泥皮和桩侧与孔壁之间的缝隙，压浆顺序按着先开始桩顶压浆装置，再开始桩端压浆装置，最后桩侧的压浆装置依次进行，并按先压注稀浆，再压注稠浆的顺序进行压浆操作。

2. 按权利要求1所述的后压浆旋挖钻孔灌注桩施工方法，其特征是：在压注清水完成36～52h内，开始压浆作业。

2）技术方案简述

该专利为一种后压浆旋挖钻孔灌注桩施工方法，其技术方案为将旋挖钻孔工艺与后压浆施工技术有机结合，构成桩基承载力高，施工速度快且无泥浆污染的施工工艺。其采用的旋挖钻孔工艺为现有技术，后压浆装置则与专利号为00100760.2的桩侧后压浆装置类似，只不过桩端压浆同样适用桩侧PVC管注浆装置。

该专利人独立权利要求为一项，即具备相应特征的后压浆旋挖钻孔灌注浆施工方法。由于其技术方案基本上是现有技术的结合，且仅限于旋挖钻孔成桩工艺，从技术上看其创造性不高。主要技术参数：水压比为 0.6 ~ 0.8，压浆压力≤ 1.5MPa，压浆时间为成桩后 2 ~ 3d。

〔专利 6〕桩端压力注浆装置

专利号：99200328.8；类型：实用新型。

该专利为一种桩端压力注浆装置，其为不依附钢筋笼而自成系统的独立体，可形成桩端中心注浆，避免施工交叉作业，其核心部分为桩端中心调解器。由金属骨架、网状隔膜、出浆管和核心填料组成。注浆时，浆液可自出浆管喷出进入核心填料部分，与碎石、卵石胶结，达成增强桩端阻力的目的。如图 11.14 所示。

该专利与前面所述注浆技术中的预载箱式结构类似。

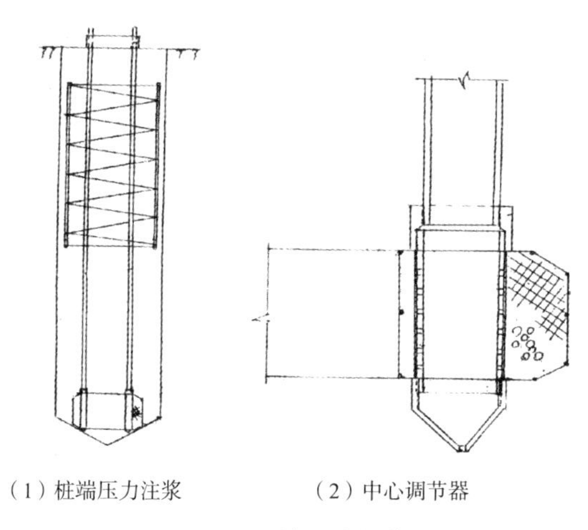

（1）桩端压力注浆　　（2）中心调节器

图 11.14　桩端注浆装置

〔专利 7〕一种钻孔灌注桩压浆处理装置

专利号：200720050640.9；类型：实用新型。

该专利实质是提供一种注浆器产品。该产品外封防水胶布和高压胶带由开孔的 1 寸黑铁管和由 6 根 Φ6 钢筋组成的护罩构成，如图 11.15 所示。其适用于专利号为 94116598.1、200310102269.2 及 200410064568.6 专利中所述的后注浆专利技术。

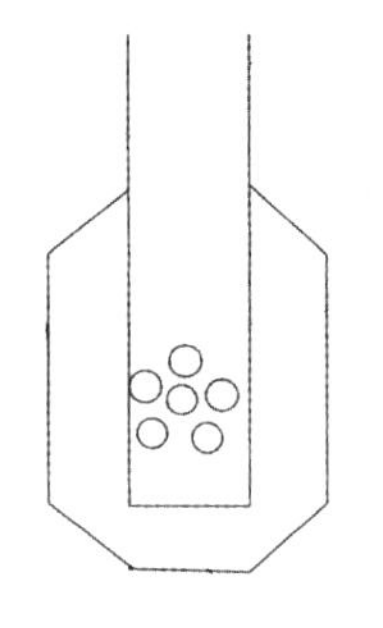

图 11.15　注浆器结构

〔专利 8〕钻孔灌注浆管的喷浆阀结构

专利号：200720094943.0；类型：实用新型。

该专利为一种注浆管的喷浆阀结构，实际上同属前述所示的注浆器。其由主管体、开有注浆孔的喷浆管、挠性密封层和圆锥头组成，如图 11.16 所示。该专利产品与专利号为 200720050640.9 的产品类似。

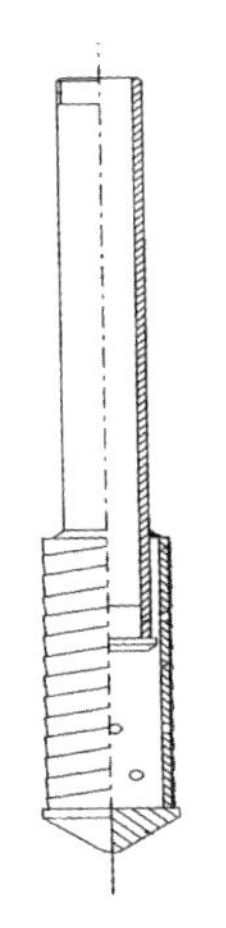

图 11.16 注浆管的喷浆阀结构

〔专利 9〕桩侧桩底注浆用单向阀

专利号：200720026131.2；类型：实用新型。

该专利为一种注浆用单向阀，可用于灌注桩桩侧、桩端注浆。该装置如图 11.17 所示。注浆时，水泥浆的压力使阀球下移，浆液可自注浆管喷出，停止注浆后，阀球顶起达到单向逆止的效果。

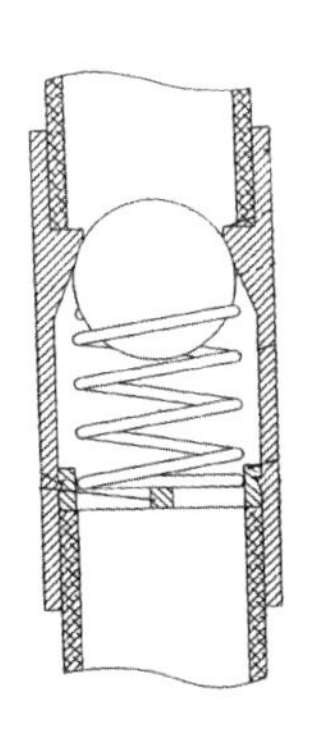

图 11.17 注浆单向阀

由以上介绍可知，灌注桩后注浆施工工艺涉及的专利技术包括两类：一类为方法专利，均为发明专利；另一类为产品专利，均为实用新型。在工艺方法发明专利中，桩侧后注浆工艺可分为轴阀式内置型和桩土界面外置型，桩底后注浆工艺可分为管式注浆法和“U”形管式注浆法。同类后注浆工艺在技术参数上的差异不大，施工程序和实施效果也基本相同。而不同类型的后注浆工艺在技术参数和实施效果上存在一定差异，但其单桩极限承载力的机理和计算模式以及提高承载力的功能是相同的。在注浆阀产品实用新型专利中，注浆装置基本可以分为管式注浆阀和预载箱式注浆阀两类。这两类注浆阀应用的操作程序和实施效果应当有所不同。

（3）《桩基规范》中的相关规定和表述

灌注桩后注浆技术在引入标准之前已经在工程实践中得到了广泛应用，在应用过程中，由于当时没有相应的标准规定，专利权人或专利许可实施人不得不对业主做大量的说服工作，有的则说服设计人在图纸上注明“应采用灌注桩后注浆技术”以达到实施专利的目的，这尽管对专利技术的推广起到了作用，但却对施工企业起到了强制作用，损害了消费者的选择权。将灌注桩后注浆专利技术引入标准后，对先进技术的规范实施和推广应用是有利的。

《桩基规范》中关于灌注桩后注浆的规定有两部分。第一部分规定在第5章“桩基计算”中，内容包括后注浆灌注桩的单桩极限承载力计算和沉降计算。第二部分规定在第6章“灌注桩施工”的第6.6节，专门规定了灌注桩后注浆的施工工艺。

1）后注浆灌注桩的计算

后注浆灌注桩的单桩极限承载力和桩基沉降计算均采用系数法，即在普通灌注桩计算方式的基础上分别乘以增强系数和折减系数。根据《桩基规范》条文说明可知，后注浆灌注桩单桩极限承载力计算模式中所乘的增强系数系通过数十根不同土层中后注浆灌注桩与未注浆灌注桩静载对比试验求得，并进行了可靠性验证。值得注意的是，上述增强系数的求得和验证均建立在灌注桩后注浆技术采用专利号为94116598.1和00100760.2专利技术的基础之上。按照《桩基规范》自己的说法，是桩底注浆“采用管式单向注浆阀，有别于构造复杂的注浆预载箱、注浆囊、U形注浆管，实施敞开式注浆，其竖向导管可与桩身完整性声速检测兼用。”桩侧注浆时“外置于桩土界面的弹性注浆管阀，不同于设置与桩身内地轴阀式注浆管，可实现桩身无损注浆”。

2）灌注桩后注浆施工工艺

《桩基规范》在“灌注桩后注浆”一节中，主要从以下几个方面对该工艺进行了规定：

①工艺的适用范围；

②后注浆装置的设置方式、位置、数量及装置沉放时应注意的问题；

③后注浆阀应具备的性能，包括耐用性和逆止功能（单向性）；

④注浆用水泥浆的水灰比：对于饱和土宜为0.45～0.65；对于非饱和土宜为0.7～0.9（松散碎石土、砂砾宜为0.5～0.6）；

⑤注浆终止压力、流量控制及注浆量估算；

⑥注浆时间、顺序和速率；

⑦终止注浆条件和检查、验收要求。

如前所述,《桩基规范》中的上述规定是建立在《桩基规范》条文说明中所定义的后注浆技术基础之上的。尽管从技术上看,《桩基规范》中的许多规定对于广义的后注浆桩应有一定的适用性,但基于《桩基规范》的定义,其他后注浆技术实际上被排除在《桩基规范》之外。

11.4　标准纳入专利技术存在的问题

标准中引入专利需解决的主要问题就是专利权人、标准使用人及社会公共利益之间的利益平衡问题。这就要求在引入专利的过程中应当对引入方式、引入程序做出适当的制度安排，既保证专利权人的专利权受到合法保护，又要避免专利权的不适当扩张或滥用造成不正当竞争或垄断而损害标准使用人和社会公共利益，最终实现促进社会进步的目的。

11.4.1　纳入专利的程序性问题

专利权人、标准使用人及社会公共利益之间利益的平衡，首先要坚持公平、正义的原则。专利权法对专利权人合法权利的适度保护并合理限制就是上述原则的体现。而公平、正义的实现是需要正义的程序来保障的，没有正义的程序，实质正义的实现就会成为一句空话。因此，在标准中引入专利时一定要遵守严格的程序。

信息披露

专利引入标准的信息披露包括标准制修订前的信息披露、制修订过程中的信息披露及标准发布时的信息披露。《国家标准涉及专利的规定（暂行）》（征求意见稿）的第六条至第十条规定了国家标准立项时，标准提案人的专利信息披露义务、制修订过程中和标准报批时负责标准制定的专业标准化技术委员会的专利信息披露义务，以及请不特定人提供专利信息的参与程序。❶

美国联盟贸易委员会（FTC）在 Rmabus 专利侵权诉讼案的判决中提出了“事前披露”原则。该原则要求在标准制定之前，厂商首先必须披露专利技术和专利申请的存在，其次必须独立披露专利授权的最高价格。“事前披露”原则一方面保证了在标准制定之前透明的技术竞争市场，保证将合理性价比的技术纳入到标准之中；另一方面，专利技术持有人为了让自己拥有的技术进入标准，可能会尽量压低价格，保证标准的实施有一个合理的成本，有利于促进标准的使用，同时也减少了合理且无歧视原则可能带来的司法诉讼成本。❷

由于工程建设标准制订过程中尚未确定信息披露程序，因此,《桩基规范》修订过程中尚无规范的信息披露程序可以遵循。尽管该《桩基规范》在征求意见、送审稿上标明了有关技术涉及专利的内容，但整个过程还不够规范。发布时,《桩基规范》中也不

❶ [美]约翰•罗尔斯著. 何怀宏等译. 正义论 [M]. 北京：中国社会科学出版社，1998.

❷ 丁蔚. 标准化中知识产权的“事前披露”政策 [J]. 电子知识产权，2007（10）.

再有关于涉及专利的明示或说明，这样就使得公众对标准涉及专利的知晓程度大为降低。

11.4.2 引入专利的特定性问题

所谓标准中引入专利的特定性问题，是指标准中的专利方法或专利技术涉及某项特定专利还是涉及不特定多项专利的问题。

《桩基规范》中所涉及的专利技术比较典型地反映了这一问题。如前所述，长螺旋钻孔压灌桩施工工艺在《桩基规范》中的规定是比较原则的，其目的在于向社会公众提供一种社会效益和经济效益都较好地灌注桩施工方法，其核心技术即为后插钢筋笼装置。标准使用人根据其具体工程需要，可以选择使用非专利技术，也可以从多项专利技术中选择使用一项，甚至还可以自行设计一种新颖的插筋方式。我们认为，这种引入方式是不特定的。从前面经济分析的结论中可知，这种不特定化的引入，在理论上会形成完全竞争市场或寡头市场结构，这种结构比垄断的市场结构更有利于竞争。而对后注浆灌注桩，《桩基规范》中的规定和表述不但将引入的专利技术特定化了，而且有关计算方法和技术参数也是以某项特定的专利技术为依据制定出来的。这种特定化的引入具有使用方便、可操作性强等优势，但另一方面会增强标准使用人对特定专利的依赖，而易使专利权人或专利许可实施人对灌注桩后注浆工艺形成垄断。而实际上，各种不同的灌注桩后注浆工艺均有各自的特点，尽管思路、手段各有不同，但许多方法能够实现基本相同的功能和效果。如果和长螺旋钻孔压灌桩施工工艺一样，在《桩基规范》中将后注浆工艺的规定更原则些，对于促进社会竞争是有利的。

通过对《桩基规范》中有关专利技术进行上述分析，可以得出以下结论：

（1）《桩基规范》中所涉及的专利技术均为施工工艺方法。除此之外，该规范中规定的灌注桩施工工艺还有泥浆护壁成孔灌注桩、沉管灌注桩和内夯沉管灌注桩和干作业成孔灌注桩。尽管不同工艺的使用条件有所不同，但在许多条件下不同工艺是均有适用性的，如泥浆护壁成孔灌注桩的适用范围就非常广泛。标准使用人在选择施工工艺时，除考虑适用条件外，还要进行工艺经济性对比，在多种工艺均能适用的情况下，工艺实施的成本往往就会起到决定作用。由此可见，尽管《桩基规范》为强制性标准，但其中关于施工工艺的规定是非强制性的，标准使用人有一定的选择权。

（2）本报告列出了《桩基规范》中涉及的不同专利技术。尽管在法律上确立了其具有专利权的法律地位，但从技术上看，有些专利技术的创造性并不高。特别是一些实用新型专利多为产品专利，虽然具有新颖性和一定的创造性，但由于它们的使用依附于具体的施工工艺，因此在工程建设标准制修订过程中，对这部分专利不应引入。

（3）由于对工程建设标准制修订时引入专利的问题尚无具体的程序要求，《桩基规范》在修订过程中对涉及专利技术问题的处理还存在许多问题。包括信息披露不规范、不完整、不全面，专利权人许可声明更未纳入到规范制修订程序中，不利于对标准使用人合法权益的保护，容易造成专利权人或专利许可实施人市场支配地位的滥用，不利于社会竞争。

（4）《桩基规范》中对有关专利技术的引入涉及特定性问题。所谓标准中引入专利的特定性问题，是指标准中的专利方法或专利技术涉及某项特定专利还是涉及不特定多项专利的问题。目前在工程建设标准制定过程中，专利的引入往往具有比较明显的特定性，即标准中某项涉及专利的工程技术或方法往往以某项特定的专利技术或方法为参照甚至依据，标准中相关的具体参数也是在专利实施过程中不断总结出来的。而实际上，某一类技术或方法中，除非专利技术外，相应的专利方法或专利技术也并非仅有一项，往往有多项专利基于不同的思路、不同的手段，而能够实现基本相同的功能和效果。尽管专利引入的特定化具有技术参数明确、使用方便、便于操作等特点，但为了减少标准使用人对特定专利的依赖，避免特定专利与标准结合后的垄断，促进先进性更强的专利技术或方法的产生，我们建议在标准中引入专利方法或技术时，在保障安全性、先进性的前提下，应尽量采用原则规定的方式，或扩大相应参数的适用性，而不宜将专利的引入特定化。

12 相关法律纠纷案案例[1]

12.1 标准涉及著作权的案例及分析

12.1.1 案例一——标准是否享有著作权

中国标准出版社与中国劳动出版社著作权侵权纠纷案

1991年，被告中国劳动出版社出版了《劳动安全卫生国家标准材料汇编》，全书共收录各类国家标准34个。其中，标准占全书的65.2%，包括强制性标准25个，推荐性标准9个；编制说明占全书的34.8%。34个标准中，18个由原国家技术监督局（国家标准局）所属中国标准化信息分类与编码研究所、机械科学研究院、预防医学科学院、有色金属总公司劳卫所、东北工学院等十几个单位共同起草；15个分别为北京市、上海市、吉林省、山东省、湖北省劳动保护科学研究所起草；1个由劳动部劳动保护科学研究所起草。1993年，原告中国标准出版社以本社享有国家标准的专有出版权为由，向法院提起诉讼，要求中国劳动出版社：（1）停止侵害并销毁库存；（2）在《中国新闻出版报》、《法制日报》、《人民日报》、《中国劳动报》、《中国技术监督报》、《中国标准导报》等报刊上公开赔礼道歉；（3）赔偿直接经济损失62160元；（4）诉讼费由被告承担。

分析：

1. 本案争议的焦点在于中国标准出版社对国家标准是否享有专有出版权，要取得专有出版权，首先要有受《著作权法》保护的作品，因此本案实质的争议焦点在于国家标准本身是否享有著作权。

2.《最高人民法院知识产权审判庭关于中国标准出版社与中国劳动出版社著作权侵权纠纷案的答复》（[1998]知他字第6号函）认为，国家标准化管理机关依法组织制订的强制性标准，是具有法规性质的技术性规范；推荐性标准属于自愿采用的技术性规范，不具有法规性质，并认为推荐性标准在制定过程中需要付出创造性劳动，具有创造性智力成果的属性，如果符合作品的其他条件，参考国外的做法，应当确认属于《著作权法》保护的范围。强制性标准与推荐性标准是否受著作权法保护的问题，《国家版权局版权管理司关于标准著作权纠纷给最高人民法院的答复》（权司[1999]50号）也认为，强制性标准是具有法规性质的技术性规范，推荐性标准不属于法规性质的技术性规范，属于著作权法保护的范围。笔者以为，推荐性标准，包括推荐性国家标准、行业标准和地方标准，在性质上属自愿采用的技术规范，一经制定，就成为作品，应当受到著作权法的保护。强制性标准的适用上，相对人没有选择的余地，这与法规十分类似，应当解释为《著作

[1] 本篇部分内容来源于期刊、网络等。

权法》第五条规定："本法不适用于：（一）法律、法规，国家机关的决议、决定、命令和其他具有立法、行政、司法性质的文件，及其官方正式译文；（二）时事新闻；（三）历法、通用数表、通用表格和公式。"中的（一）的范畴，强制性标准不受《著作权法》的保护。

3. 在建筑工程标准的制定上，也应注意对标准著作权的保护，尤其是推荐性标准的著作权，标准的制定主体有权在标准制定出来后，依法维护作品的著作人身权和财产权。

12.1.2 案例二——标准图制定中采纳他人享有著作权的作品

林润泉诉北京城建九建设工程有限公司等侵犯专利权纠纷案

原告林润泉诉称：原告长期从事高层楼房排气道研究，1994 年 10 月 17 日原告向原中华人民共和国专利局（现名中华人民共和国国家知识产权局专利局，简称中国专利局）申请了一项名称为"高层楼房的排气道结构"的发明专利，该申请于 1998 年 6 月 24 日被授权，专利号为 94117044.6。第一被告未经原告允许，在其建设工程"北苑家园 6 区"中使用原告专利产品，构成侵权；第二被告未经原告允许，生产原告专利产品并为第一被告供货，也构成侵权。故请求法院判令：1. 两被告立即停止专利侵权；2. 两被告连带赔偿原告损失 30 万元；3. 诉讼费由两被告负担。

本院经审理查明：1993 年 12 月 2 日，林润泉与辽宁省建筑设计标准化办公室（简称标准化办公室）签订《保密协议》，约定：林润泉同意将"高层楼房排气道结构"和"高层楼房的变压式排气道结构"等相关技术交给标准化办公室进行编制《住宅排风道》图集，但应对此保守秘密使用；保密范围：（1）在编制图集过程中，由标准化办公室指定人员进行绘图编制，并要求指定人员保密；（2）在编制审定过程中，标准化办公室应要求参审人员进行保密；（3）图集草本只能由标准化办公室监督少量印刷，以供审定和报批，在这个过程中要求相关人员保密；（4）图集草本及少量印刷图集，未经林润泉同意不能公开发行，标准化办公室获得图集批准文号和同意实施后，在公开发行图集前需待林润泉取得专利申请后，再公开发行。

居安厂对《保密协议》不予认可，否认其真实性，认为该图集与原告没关系，原告无权签订《保密协议》；对标准化办公室的收条也表示异议，认为标准化办公室 2004 年 8 月 20 日出具的证明属证人证言，对此表示怀疑并不予认可。

居安厂承认涉案排气道由其生产，并出售给林州建筑三公司。居安厂在庭审中明确表示涉案排气道产品与《住宅排风道》图集完全一样，由于该图集于 1994 年 7 月 1 日实行，早于原告申请专利的时间，因此被告生产涉案排气道的行为不构成侵权。

2003 年 4 月 10 日，林州建筑三公司与城建九公司签订《建筑安装（市政）工程单项工程分包施工合同》（简称《分包合同》），约定由林州建筑三公司负责北苑家园 608、613 号工地室内、室外所有装修（包括二次结构）材料（包括排气道）的选购、验收、竣工。

本院认为：被告居安厂虽然在本案答辩期内向专利复审委员会提出宣告本案专利无效的申请并被受理，但是本案专利为发明专利，已经经过中国专利局的实质审查，其专利权具有足够的法律稳定性，根据《最高人民法院关于审理专利纠纷案件适用法律问题的若干规定》第十一条的规定，本院决定对本案不中止审理。

被告居安厂承认涉案排气道产品系完全依照《住宅排风道》图集生产。将该图集与涉案排气道产品照片及本案专利进行对照，可以发现，涉案排气道产品的技术特征与《住宅排风道》图集中PCB-×型和PWB-××型排气道结构完全一致，而《住宅排风道》图集中PCB-×型和PWB-××型排气道结构与本案专利的技术特征也完全一致。因此居安厂生产的涉案排气道产品完全落入本案专利保护范围内。

《住宅排风道》图集上虽然标有"实行日期：一九九四年七月一日"，但是原告所提供的《保密协议》和标准化办公室的《证明》能够说明，1994年7月1日是本案专利的技术方案被辽宁省建设厅审批通过可以在省内实行的日期，并非向社会公开的日期，而且直至1994年11月1日以后《住宅排风道》图集才向社会公开发行，因此《住宅排风道》图集中所公开的技术方案，并不能够作为本案专利申请日之前的公知技术以否定居安厂不侵权的事实。居安厂提出《住宅排风道》图集公开实行时间是1994年7月1日早于本案专利的申请时间因此不构成侵权的抗辩主张不能成立，其应就其生产、销售涉案排气道产品的侵权行为承担停止侵权、赔偿损失等民事责任。

城建九公司在其608、613号工地上使用了涉案侵权排气道产品，并提供《分包合同》和《工矿产品购销合同》证明其使用行为无过错。最终判决被告北京城建九建设工程有限公司于本判决生效之日起立即停止使用侵犯原告林润泉94117044.6号专利权的涉案排气道产品，被告北京市居安建筑材料厂于本判决生效之日起立即停止生产、销售侵犯原告林润泉94117044.6号专利权的涉案排气道产品且赔偿原告林润泉经济损失十万元人民币。

分析：

本案争议主要问题是专利侵权问题，但其中也不乏涉及标准与著作权关系的争议点。

1. 本案判决书中未提到该图集内容与本案专利的技术特征的一致性，居安厂在庭审中亦明确表示涉案排气道产品与《住宅排风道》图集完全一样，由于该图集于1994年7月1日实行，早于原告申请专利的时间，因此被告生产涉案排气道的行为不构成侵权。法院在认定该争议点时，以《住宅排风道》图集上虽然标有"实行日期：一九九四年七月一日"，但是原告所提供的《保密协议》和标准化办公室的《证明》能够说明，1994年7月1日是本案专利的技术方案被辽宁省建设厅审批通过可以在省内实行的日期，并非向社会公开的日期，而且直至1994年11月1日以后《住宅排风道》图集才向社会公开发行，因此《住宅排风道》图集中所公开的技术方案，并不能够作为本案专利申请日之前的公知技术以否定居安厂侵权的事实。该理由实属牵强，标准图获得审批通过日，应当视为对社会公开之日，而不应以向社会公开发行日为公开日。这样理解的目的在于让社会公众有一个了解标准图内容的合理期间，不管公众获知标准内容的途径如何。

2. 在上述分析基础上，原告是否参与了标准《住宅排风图集》的编制过程也变得十分关键。一种情况是原告参与了该标准图的编制过程，且该标准图中的相关内容和图形设计由原告完成，属原告享有著作权的作品。这就涉及原告著作权与标准图的关系问题。

从保护著作权人的合法权益，同时又维护社会公众利益二者平衡的角度来说，标准图在编制过程中如果与著作权人达成了著作权转让与使用许可协议，同时让著作权人在转让和许可使用后，对设计图纸等内容的转让公开作出披露和声明，就能够完全避免后续专利权争议纠纷以及类似纠纷的发生。笔者认为，在标准内容涉及他人著作权时，可以类比适用标准涉及专利的处理方式和程序，遵循披露、明确标识、免责声明等原则。第二种情况是原告未参与标准的编制过程，也不了解标准内容，那么在此情况下，原告后来获得的内容落入标准图涉及范围的发明专利完全不具有新颖性，属应当被撤销的专利。

3. 在编制建筑工程标准，尤其是建筑工程设计标准时，应当妥善处理好标准涉及他人著作权作品的关系，以减少标准实施中的纠纷。

对于该案，另外还有两点值得注意：（1）如果按照《住宅排风道》图集生产、使用PCB-× 型和 PWB-×× 型排气道，就必然涉及本案原告的专利。该标准图集为本案原告实施市场垄断提供了便利。（2）本案所涉专利产品制造、使用地点在北京，而《住宅排风道》图集的实施范围应为辽宁省。该图集的实施范围与可能实施该专利的范围存在明显的差异。

12.2 标准涉及专利权的案例及分析

12.2.1 案例一——标准涉及专利权的侵权纠纷

北京振利高新技术公司与北京北方天时建材技术开发有限公司专利侵权纠纷案

原告北京振利高新技术公司涉案的“抗裂保温墙体及施工工艺”（专利号：ZL98103325.3）系原告拥有的一项发明专利。然而，自2003年以来，被告无视法律的有关规定，在北京、天津等地广泛的实施了侵犯原告上述专利权的行为，据初步了解，侵犯范围涉及北京东丽温泉花园、天津开发区泰丰园二期等二三十项工程，侵权工程面积20万平方米，其使用的外墙保温材料及施工工艺全部覆盖了原告专利的技术特征，落入原告专利的保护范围，不仅如此，被告还大量印制、散发保温材料技术说明书，这些说明书带有广告性质，这些说明书照抄、复制了原告的技术内容和通知，更为严重的是，2003年7月，在原告已经投标天津市人民医院外墙保温工程的情况下，被告公然以与原告专利相同技术也对此工程进行投标，并且以低价不正当的手段竞标得手。

被告北京北方天时建材技术开发有限公司辩称，1. 我公司所用的技术是原告的专利申请日以前他人公开的现有技术，使用现有技术不构成侵权。2. 我公司所用技术与原告专利技术不同。3. 我公司没有实施专利侵权行为。4. 不同意原告的诉讼请求。因为原告的诉讼请求没有事实和法律依据，请求法院予以驳回。

第三人天津六建建筑工程有限公司辩称，我方作为承建方，受天津市人民医院筹备处的委托进行招标，我们择优选择由本案被告负责供料，我方对于被告的供料是否侵犯他人知识产权不清楚，所以我们不应承担任何责任。

经审理查明，该案涉诉专利“抗裂保温墙体及施工工艺”（专利号：ZL98103325.3）

系由原告的法定代表人黄振利于1998年7月28日申请，2002年11月27日授权公告，2002年11月14日原权利人黄振利将此项发明专利登记转让给原告。**原告享有的“抗裂保温墙体及施工工艺”专利中抗裂保温墙体的施工工艺被编入北京市建设委员会发布的编号为DBJ/T01-50-2002《北京市地方性标准》“外墙外保温施工技术规程”及天津市建筑标准设计办公室发布的编号为DBT/T29-28-2001“ZL胶粉聚苯颗粒外墙外保温构造图集”作为京津两地外墙外保温设计施工标准。**

以被告在庭审中认可的被告在天津市人民医院工程投标文件中表述的外保温墙体施工技术方案为：基层墙体处理、墙体表层涂刷界面处理砂浆、抹第一遍TS聚苯颗粒保温膏料、抹第二遍TS聚苯颗粒保温膏料、划分格线、开分格槽、粘贴分格条、滴水槽、抹抗裂砂浆、压入纤维网格布、涂刷TS硅橡胶弹性底漆、刮柔性耐水腻子、装饰面层。原告为证明被告的侵权行为还向本院提供了由被告署名的《T S专业墙体保温》宣传材料，其中除公司简介产品介绍外亦有施工工艺内容，其表述的工艺与上述工艺相同。被告虽在第一次庭审中否认该材料为被告宣传材料，但原告举证证明了该材料是在被告向国家知识产权局申请原告专利无效时提供的材料。据此，本院认定该宣传材料为被告所发布。

本院认为，虽然被告的施工工艺中缺乏第二遍抗裂层的特征，但从被告整个工艺上看，被告在抹第一层抗裂砂浆后将纤维网格布压入抗裂砂浆的工艺也是原告专利中外墙抗裂的主要工艺，原告专利中的抹第二层抗裂砂浆其功能也是将纤维网格布置于抗裂砂浆之中，并增强抗裂程度。被告的施工工艺中将纤维网格布压入第一层抗裂砂浆同样使纤维网格布置于抗裂砂浆之中。普通的技术人员不需要创造性的劳动即可想到缺少一层抗裂砂浆可以达到与原告专利中两层抗裂砂浆基本相同的抗裂效果。仅在抗裂程度上低于二层抗裂砂浆的抗裂效果。因此，被告的工艺中抹一层抗裂砂浆后压入纤维网格布的技术特征与原告二层抗裂砂浆中夹一层纤维网格布的技术特征属于等同技术。在专利侵权案件中常见的规避专利保护的手段，即是通过使被诉侵权的技术从表面上与专利技术相比减少专利技术的一个必要技术特征，但从整体技术上分析，被减少的技术特征在整个技术方案中其功能作用并没有缺少，只是被控侵权技术从最终技术效果上仅次于专利技术。其目的在于规避专利保护。因该类被控侵权的技术具有与专利技术基本相同的技术特征，普通技术人员不需要创造性的劳动即可想到采用基本相同的技术手段即可达到最终的技术效果与专利技术基本相同，故该类技术在法律上被称为“等同替代”技术。有人认为等同替代技术特征应是单一技术特征的替代，但在司法实践中，被告经常通过部分技术特征的组合达到接近或略低于专利的技术效果，从而达到减少一项技术特征的目的，而规避法律对专利技术的保护。因此，本院认为等同替代技术在对专利必要技术特征与被控侵权的技术特征单独、逐一、对应比较的基础上，确定是否构成等同替代，不应仅限于单一技术特征的对应替代。该案中被告采用的技术即为该类技术，据此本院认定被告的施工工艺已经覆盖了原告专利的全部技术特征，构成了对原告专利权的侵害。

最终判决如下：被告北京北方天时建材技术开发有限公司立即停止以与原告北京振利高新技术公司享有的“抗裂保温墙体及施工工艺”专利相同的施工工艺承揽外墙保温建筑工程及对外宣传的行为，自行销毁《TS专业墙体保温》宣传材料；自本判决生效之日起十日内，被告北京北方天时建材技术开发有限公司一次性赔偿原告北京振利高新技术公司经济损失人民币2054675元且向原告公开赔礼道歉。

分析：

通过对本案例分析，我们发现：

1. 法院支持专利进入标准后仍受法律保护。本案中，原告享有的“抗裂保温墙体及施工工艺”专利中抗裂保温墙体的施工工艺被编入北京市建设委员会发布的编号为DBJ/T 01-50-2002的北京市地方性标准《外墙外保温施工技术规程》及天津市建筑标准设计办公室发布的编号为DBT/T29-28-2001的《ZL胶粉聚苯颗粒外墙外保温构造图集》作为京津两地外墙外保温设计施工标准，但专利被纳入标准不影响专利权的独占性，本案法院认为被告专利侵权事实成立。

2. 法院认为，保护企业知识产权是促使企业不断开发新技术的法律保证，也是维护正常社会经济秩序的必要前提。原告通过自身的技术创新，使其专利技术被京津地区采纳为建筑设计标准，造福于社会，其合法的专利权受法律的保护。

3. 对于工程承建方，在工程中使用涉及专利的产品，能证明其有可靠来源，且对产品是否涉及专利并不知情的情况下，承建方不需承担专利侵权的责任。

4. 标准中的专利信息披露非常重要。如本案中，北方天时建材技术开发有限公司很可能是按照相关标准及标准图生产，而没有注意到相关的专利问题，如果在标准和标准图中明确标识出涉及的相关专利，那么可能就不会引起专利侵权。

5. 工程建设领域，专利维权引起经济损失一般数额都较大。本案中，判决北京北方天时建材技术开发有限公司一次性赔偿原告北京振利高新技术公司经济损失人民币2054675元，赔偿金额较大，对北方天时建材技术开发有限公司来说是个巨大的经济损失。

12.2.2 案例二——专利权人不知情是否决定标准效力

安徽强强新型建材有限责任公司与新疆岳麓巨星建材有限责任公司、乌鲁木齐市建工（集团）有限责任公司专利侵权纠纷案

安徽强强新型建材有限责任公司（以下简称强强公司）因与新疆岳麓巨星建材有限责任公司（以下简称巨星公司）、乌鲁木齐市建工（集团）有限责任公司（以下简称建工集团）专利侵权纠纷一案，不服新疆维吾尔自治区乌鲁木齐市中级人民法院（2004）乌中民三初字第41号民事判决，向本院提起上诉。本院于二OO五年三月二十四日立案后，依法组成合议庭，于二OO五年五月九日公开开庭审理了本案。由于本案案情复杂，经本院院长批准，本案延长审限进行了审理。本案现已审理终结。

原审人民法院查明：一九九八年七月二十八日，王本森向国家知识产权局申请名称为“混凝土薄壁筒体构件”的实用新型专利，经审查国家知识产权局于一九九九年九月十八日授予该实用新型专利权，并向专利权人王本森颁发了证书，专利号为ZL98231113.3。在申请检索前的二OO二年八月一日，王本森曾与强强公司签订了一份《专利实施许可合同》，约定由后者在新疆范围内独占实施许可上述专利，专利使用费100000元，在被许可方获取利润后支付。双方另约定，如有侵权现象发生，由被许可方向法院提起诉讼。合同签订后，强强公司即在新疆范围内从事混凝土薄壁筒体构件的生产和销售，产品名称为GRF薄壁管。

原审法院另查明：一九九九年十一月二十二日，邱则有就其发明的“钢筋混凝土填充用纤维增强型空心薄壁管及其制造方法”向国家知识产权局申请授予发明专利，国家知识产权局经实质审查后，决定授予该发明专利权，授权公告日为二OO三年七月九日，专利权人为邱则有，专利号为ZL99115649.8，授权巨星公司在新疆范围内独占实施，并注明该授权是在新疆范围的唯一授权。此后被许可人巨星公司即在新疆范围内生产销售该专利产品，产品名称为GBF薄壁管。

原审法院还查明：强强公司生产的GRF薄壁管和巨星公司生产的GBF薄壁管的质量现均无国家标准、行业标准和地方标准。为满足生产经营的需要，强强公司和巨星公司分别制定了本公司的企业质量标准。其中巨星公司GBF高强复合薄壁管企业产品标准制定并实施于二OO一年九月二十八日，并于实施之初在新疆维吾尔自治区技术监督局备案。强强公司GRF薄壁管的企业标准制定并实施于二OO四的六月二十八日，该标准颁布之初亦在新疆维吾尔自治区技术监督局备案。强强公司出示了经新疆维吾尔自治区公证处派员公证自新疆医科大学临床教学楼施工工地取得的一节GBF高强复合薄壁管实物。经当庭勘验，该薄壁管筒底无玻璃纤维布或他种胎体，仅以单一的无机胶结材料构成。筒管胎体由两块单层纤维网格布沿管体纵向对接而成，接口部分稍有重叠，在筒体横断面呈圆环状的筒管上两接口形成180° 角，接口纤维网格布的重叠处宽各约3～5cm，其余部分均为单层，该单层胎体内外均为粘结的无机胶结材料，筒管内部整体上为一布两胶结构。

原审法院认为：本案中，强强公司与巨星公司各自实施的专利的主题均涉及增强型复合空心薄壁管这一产品；强强公司实施专利的申请和授权公告日在前，巨星公司实施专利的申请和授权公告日在后；从两专利独立权利要求的内容和表述方法分析，强强公司所用专利属实用新型，其技术方案主要反映薄壁管形状、构造或其结合等方面的技术特征，巨星公司所用专利属于发明，主要反映薄壁管的用途、材料和制造方法等非实用新型技术特征。强强公司在案件审理中主张该情形属于专利技术的变劣实施，但该院经分析认为其主张不能成立。综上，强强公司的侵权事实主张和巨星公司的公知技术抗辩均不能成立，故强强公司要求巨星公司承担专利侵权责任的诉讼请求该院不予支持。遂判决：驳回强强公司对巨星公司和建工集团的诉讼请求。本案一审案件受理费10010元由强强公司负担。

宣判后，上诉人强强公司不服该判决，向本院提起上诉，其上诉理由为：法律规定实用新型专利权的保护范围既要以权利要求书中记载必要技术特征所确定的范围为准，也包括在该必要技术特征相等同的特征所确定的范围。

上诉人强强公司为支持其诉讼主张，向本院提交以下新证据：

1. 强强公司对GRF薄壁管构件的企业标准,发布日期为二OO二年十二月二十六日，实施日期为二OO三年一月一日，强强公司用以证明该公司企业标准在总公司备案时间早于巨星公司。

2. 中国工程建设标准化协会标准《现浇混凝土空心楼盖结构技术规程》，强强公司用以证明该规程于二OO五年四月一日执行，是行业标准，该标准载明“筒芯的筒壁应密实，两端封板应与筒壁连接牢固。筒芯外表面不得有孔洞和影响混凝土形成空腔的其他缺陷”“筒芯物理力学性能要求径向抗压荷载≥1000N”，证明被控侵权产品不符合行业标准，是变劣实施。

经质证，巨星公司和建工集团认为强强公司的企业标准不能证明比巨星公司的企业标准早。邱则有作为发明专利权人，未参加中国工程建设标准化协会对行业标准的编审工作，也未见过该协会编的规程，所以对技术规程的全部内容不认可，根据最高人民法院的相关精神，两公司认为该协会行业规程为无效规程，不具有任何法律效力。

虽然强强公司举证了企业标准和行业标准，但其未提供证据证明巨星公司生产和销售的被控侵权物不符合所举证标准，因此不能确定巨星公司生产和销售的被控侵权物不符合企业标准或行业标准。

本院认为：人民法院审理专利侵权案件适用等同原则时，应当仅就被控侵权产品的技术特征与请求保护的专利的权利要求记载的相应技术特征是否等同进行判定，而不对被控侵权产品与专利技术方案的整体是否等同进行判定。强强公司所使用的ZL98231113.3专利的必要技术特征之一，按其权利要求所述筒底以至少二层以上的玻璃纤维布叠合而成，各层玻璃纤维布之间由一层硫铝酸盐水泥无机胶凝材料或铁铝酸盐水泥无机胶凝材料相粘接；而巨星公司被控侵权产品的对应技术特征是筒底无玻璃纤维布或他种胎体，仅以单一的无机胶结材料构成。在此对应技术特征上，被控侵权产品筒底中不包含玻璃纤维布，与ZL98231113.3专利技术“至少二层以上玻璃纤维布叠合而成”的必要技术特征不同，不能认定此对应技术特征构成等同技术特征。强强公司所享有使用权的ZL98231113.3专利的必要技术特征之二，所述筒管以至少二层以上的玻璃纤维布筒叠套而成；被控侵权产品的对应技术特征是筒管胎体由两块单层纤维网格布沿管体纵向对接而成，接口部分稍有重叠，筒管内部整体上为一布两胶结构。在此对应技术上，玻璃纤维布筒与纤维网格布不同；ZL98231113.3专利要求至少要有二层以上的玻璃纤维布筒叠套，因其采用了“至少”这样严格限定的词语，应理解为对单层纤维布这一技术特征的明确排除，不能作扩大解释，因此玻璃纤维布筒的数量与纤维网格布的数量也不相同，该技术特征也不能认定构成等同技术特征。被控侵权产品的上述技术特征不构成与ZL98231113.3专利对应必要技术特征相等同的技术特征，被控侵权产品的技术特征未落入 ZL98231113.3 专利保护范围之内。

综上所述，上诉人强强公司的上诉请求缺乏事实和法律依据，不能成立，应予驳回。

分析：

1. 专利权人是否知道和参与标准的制定不能构成决定标准效力的因素。本案判决书中提到：巨星公司和建工集团认为，邱则有作为发明专利权人，未参加中国工程建设标准化协会对行业标准的编审工作，也未见过该协会编的规程，所以对技术规程的全部内容不认可，根据最高人民法院的相关精神，两公司认为该协会行业规程为无效规程，不具有任何法律效力。该意见可归纳为两点：（1）不认可该规程的内容；（2）该规程无效。对于意见（1），所列理由为：（a）邱则有是发明专利权人；（b）邱则有未参加该规程的编审；（c）邱则有未见过该规程。笔者认为上述理由逻辑混乱，且根本不能成立。首先，该规程是由编制组按照标准编制程序进行编制，并由中国工程建设标准化协会发布的，邱则有是不是发明专利人，是否参加编审工作，是否见过该规程，都不构成不认可该规程的内容的实质性理由。其次，对标准内容的认可是按照标准编制程序来进行的，邱则有和巨星公司等并没有资格来谈“认可”的问题。再次，有证据表明，邱则有及其公司不仅“见过”，且大量购买了该规程。对于意见（2），所列理由为：根据最高人民法院的相关精神。该理由模糊，意见也不能成立。首先，具体根据什么“精神”，能否明确指出？显然，这种模糊的用词当然不能作为理由。而且，如果最高人民法院确有“相关精神”，法院当然可将此“相关精神”作为审理案件的依据，但判决书中并看不出法院对此的审理意见。其次，该规程仍在有效期内，并没有废止，是有效规程。再次，该规程是否具有法律效力，取决于产品销售合同、工程设计和施工合同及相关设计文件中是否引用该规程，将该规程作为产品质量检验、工程设计、施工和验收的依据。若是，该规程就必然具有法律效力。根据常识推断，最高人民法院即使有“相关精神”，也不可能明示某本或某类标准无效，因为这既不合情理，也不合法理。

2. 进一步分析可知，存在以专利权人是否知情质疑标准效力争论的现象，实属“中国特色”，是我国标准制定程序和制度不完善的体现。国际技术标准组织（ISO）作为世界上影响最大的标准化组织，有一套完整的知识产权政策，其中就有这样的规定：标准涉及专利时应当遵循专利技术披露和声明原则，在标准审查阶段，如果含有专利技术的标准提案被接受进入审查阶段，那么提案人负责逐一向专利权权利人进行同意许可声明的磋商，当标准中涉及的专利都得到专利权人同意许可后，一个国际标准才可能被审查通过并出版。可见一个完善的标准制定程序不可能产生专利权人对标准涉及专利的情况完全不知情的现象。本案中双方当事人此类争议的产生根源还在于我国标准制定过程的不完善。

此案例旨在说明完善涉及专利的标准制定过程的重要性，专利技术披露和声明原则的具体内容在上文的分析中已有介绍，在此不再赘述。

3. 此外，本案还充分体现了提高标准使用者专利意识的重要性。强强公司将中国工程建设标准化协会标准《现浇混凝土空心楼盖结构技术规程》作为抗辩的证据之一，而巨星公司的邱则有认为，“他作为发明专利权人，未参加中国工程建设标准化协会对行业标准的编审工作，也未见过该协会编的规程，所以对技术规程的全部内容不认可，根据最高人民法院的相关精神，两公司认为该协会行业规程为无效规程，不具有任何法律效力。”显然巨星公司对中国工程建设标准化协会标准《现浇混凝土空心楼盖结构技术规程》中涉及专利权的事项并不了解，事先也未曾做过相关的防范侵权风险的措施。

一般的工程人员在使用标准的过程中，不会注意其使用的技术是否会涉及专利，往往只有在被诉专利侵权的时候才知道所使用的技术可能侵犯了别人的专利权。因此，在制定标准的专利政策中，应该充分体现对专利权的尊重，逐步加强标准使用者的专利意识。

12.2.3 案例三——专利权人未经披露将其专利纳入标准却事后主张权利

（1）甘肃省建筑基础工程公司与北京波森特岩土工程有限公司侵犯专利权

上诉人甘肃省建筑基础工程公司（以下简称建基公司）与北京波森特岩土工程有限公司（以下简称波森特公司）因侵犯专利权纠纷一案，不服兰州市（2005）兰法民三初字第055号民事判决提起上诉。

2005年5月，建基公司所属第三分公司承建天水市城市建设综合开发公司的位于天水市皇城路小区2、3号住宅楼的基础工程施工。根据天水市建筑勘察设计院于2005年5月为2、3号住宅楼工程分别所做的基础平面布置图，该图纸记载设计阶段为施工。图纸说明：施工中应严格遵守《建筑桩基技术规范》及《复合载体夯扩桩设计规程》。一审查明，2001年12月1日，国家建设部批准施行国家行业标准《复合载体夯扩桩设计规程》，波森特公司为该规程主编单位，王继忠为起草人员之一。对比该《复合载体夯扩桩设计规程》与被告的基础平面布置图说明部分的内容，基础平面布置图说明的第2点a、b、c内容与《复合载体夯扩桩设计规程》基本规定中第3、0、10所列1、2、3点内容完全一致。

被告认为一审判决并没有对专利权利要求书中的必要技术特征与被控侵权方法进行对比，而与《基础平面布置图》《复合载体夯扩桩设计规程》进行了对比，产生了对比对象的错误，同时认为没有证据证明被告使用了原告的专利方法，且被告施工工艺与专利技术方法不同。另外被告认为其使用的复合载体夯扩桩技术是来源于国家设计规范《复合载体夯扩桩设计规程》，《复合载体夯扩桩设计规程》为国家设计标准，任何人都可以实施。同时认为一审判决赔偿8万元没有依据，上诉人只有20万元的工程，不可能获得如此之高利润。

二审认为：专利权依法取得后受法律保护，未经专利权人许可，他人不得擅自使用。因本案所涉及的专利是建筑工程的基础施工方法，工程完工后，桩基已深入地下，相关的技术方法不能再现，只能根据相应的施工资料载体（图纸）及施工设备来分析认定。

根据这些特征，在上诉方现场提取的施工图记载说明：“基础采用复合载体夯扩桩……以三击贯入度控制夯扩体的投料量……”二者对比，专利方法的技术特征方法、核心技术，上诉人在施工中进行使用，才能完成设计要求。因此，专利方法的技术特征已全部覆盖了上诉人的施工要求，侵权人在施工中依据施工图纸进行了施工，上诉人的“对比对象错误”的理由是不能成立的。根据《中华人民共和国建筑法》第五十八条的规定，施工时必须按图施工，施工中要变更图纸的设计，必须要有设计者的同意和变更依据，没有变更依据，图纸就是施工的依据。一审以上诉人的施工图纸、实施专利方法的施工设备和现场施工人员的谈话笔录，而且上诉人不能提供施工中使用了其他方法的证据而认定构成侵权,其认定事实清楚,不存在没有证据证明的问题;关于上诉方认为“使用的复合载体夯扩桩技术是来源于国家设计规范《复合载体夯扩桩设计规程》不存在侵权的问题”，2001 年 12 月建设部颁布的《复合载体夯扩桩设计规程》，明确规定了夯扩桩技术设计中采用的技术指标和三击贯入度测定法，是不断采用先进的新技术确保工程质量的设计规程，而并没有规定施工者怎样施工的方法，专利中的施工技术是具体施工的方法，不是一种设计要求。综上，本院认为，上诉人在承建天水市城市建设综合开发公司的 2、3 号住宅楼的基础工程施工中，未经专利权人许可，使用被上诉人的专利方法已构成了侵权。原审判决认定事实清楚，证据确实充分，审理程序合法，其上诉理由均不能支持。根据《中华人民共和国民事诉讼法》第一百五十三条第一款第（一）项的规定，判决如下：驳回上诉，维持原判。

分析：

法院认为无论专利是否纳入标准，专利权依法取得后都受法律保护，未经专利权人许可，他人不得擅自使用。

一般的工程人员在标准与专利问题上存在误解，认为纳入标准的技术都是可以免费使用的技术。本案中，被告人认为其使用的复合载体夯扩桩技术是来源于国家设计标准《复合载体夯扩桩设计规程》，任何人都可以实施。可见，标准使用者一般都对标准中的专利存在误解，认为纳入标准了都是可以免费实施的，因此应该加强标准化的基本知识的普及工作。

对于这例案例的判决，专利权人未经披露将其专利纳入标准，但是法院依然支持了其专利侵权的诉讼请求。而国外标准化组织一般不支持这种“事后主张的权利”。标准主要起草人在制定标准过程中将其专利技术引入行业标准中，却没有声明，也没有在标准文本中显著位置标识出来，即在标准制定过程中没有披露相关知识产权信息。如果专利权人是故意隐瞒其专利状况，待标准实施后又主张权利，那么一般国外非营利性的标准化组织一般都不予支持。

（2）王庆军与河北天狮岩土工程有限公司、山东众合新型墙体材料有限公司发明专利侵权纠纷案

原告王庆军诉称：2002 年 9 月 22 日，原告经专利权人王继忠许可，获得在山东省滨州市行政区域内独家实施“混凝土桩的施工方法”（ZL 98101041.5）、“底端带有夯扩头的混凝土桩的施工设备”（ZL 98101332.5）、“现场灌注混凝土桩的施工方法及其所采用的施工设备”（ZL 99100566.X）、“混凝土桩基础的施工方法”（ZL 00106288.3）复合载体夯扩桩专利使用权。2004 年 7 月，被告天狮公司在为被告众合公司进行沉化池桩基施工中，在山东省滨州市行政区域内采用了上述专利，严重侵害了原告的合法权益，请求法院依法判令：①两被告立即停止侵犯原告专利使用权的行为；②两被告赔偿原告损失 263443 元、24 元；③两被告承担本案诉讼费用。

王继忠经国家专利局的授权，先后获得上述发明专利的专利权。2002 年 9 月 22 日，原告王庆军经专利权人王继忠的授权，获得在山东省滨州市行政区域内独家实施上述涉案四项专利复合载体夯扩桩技术的权利。2004 年 8 月，被告众合公司与被告天狮公司签订施工协议，委托被告天狮公司进行施工，同年 9 月工程竣工后，由工程所在地的工程质量检测部门滨州市建设工程质量检测站进行了桩基检测，并于 2004 年 10 月 9 日作出了量认（鲁）字（U0032）号众合公司沉化池复合载体夯扩桩检测报告。该报告载明，被告天狮公司在桩基础施工中所采用的方法为复合载体夯扩桩。被告天狮公司在施工中所使用的方法是否与涉案专利方法相同，因本案所涉专利为建筑工程的施工方法，工程竣工后，桩基已深入地下，相关的施工技术已无法再现，应依据相应的施工资料载体分析认定。从原告提交的被告天狮公司在工程招标中使用的设计图纸，与工程竣工后检测部门出具的检测报告所附检测图纸一致，可以相互印证两被告使用了原告所主张被告构成侵权的图纸，即从设计到具体施工及最后的检测都是采用的复合载体夯扩桩图纸。复合载体夯扩桩的施工技术要求详见行标《复合载体夯扩桩设计规程》JGJ/T 135—2001。工程竣工后，由检测部门所作的量认（鲁）字（U0032）号众合公司沉化池复合载体夯扩桩检测报告项目概况中，亦明确了该工程设计方案为复合载体夯扩桩，设计依据为《复合载体夯扩桩设计规程》JGJ/T 135—2001，由此可以认定被告天狮公司施工采用的技术为《复合载体夯扩桩设计规程》JGJ/T 135—2001。该规程对复合载体夯扩桩设计术语、相关符号、桩基计算、承台设计、单桩竖向静载荷实验、桩基工程质量检测、规程条文用词等内容均做出详细规定。上述施工方法、控制参数和施工工艺及复合载体构造图的规定，均与“混凝土桩的施工方法”（ZL 98101041.5）发明专利所规定的施工方法、控制参数和施工工艺及复合载体构造图的技术内容相同。被告众合公司抗辩其与被告天狮公司之间是承包合同关系，其未直接从事施工，亦未指定具体的施工方法，并已尽到合理的注意义务，未构成侵权，不应承担赔偿责任的理由成立。最后判决被告河北天狮岩土工程有限公司立即停止专利的侵权行为，同时赔偿原告王庆军经济损失 15 万元。

分析：

法院在专利侵权判定中，对于是否覆盖专利全部技术特征判断存在一定的误差，判定结果可能差别较大。本案与上一例案例相似，都是涉及《复合载体夯扩桩设计规程》主编人的专利被侵权的问题。但在上一例案例中，法院认为该规程与专利不一致，规程是设计方法，没有提出施工方案。而在本案中，法院认为该规程与专利技术内容一致，并根据相关检测部门认定被告按照该规程施工的鉴定结果，认为被告侵犯了原告的专利权。

法院认为向施工方提供设计图纸，构成承包合同关系中的甲方，因未直接从事施工，亦未指定具体的施工方法，未构成侵权，不需承担赔偿责任。

在这例案例的判决中，专利权人未经披露将其专利纳入标准，事后主张权利法院依然支持了其专利侵权的诉讼请求。

（3）最高人民法院《关于朝阳兴诺公司按照建设部颁发的行业标准〈复合载体夯扩桩设计规程〉设计、施工而实施标准中专利的行为是否构成侵犯专利权问题的函》

辽宁省高级人民法院：

你院《关于季强、刘辉与朝阳市兴诺建筑工程有限公司专利侵权纠纷一案的请示》（[2007] 辽民四知终字第 126 号）收悉。经研究，答复如下：

鉴于目前我国标准制定机关尚未建立有关标准中专利信息的公开披露及使用制度的实际情况，专利权人参与了标准的制定或者经其同意，将专利纳入国家、行业或者地方标准的，视为专利权人许可他人在实施标准的同时实施该专利，他人的有关实施行为不属于《专利法》第十一条所规定的侵犯专利权的行为。专利权人可以要求实施人支付一定的使用费，但支付的数额应明显低于正常的许可使用费；专利权人承诺放弃专利使用费的，依其承诺处理。

对于你院所请示的案件，请你院在查明有关案件事实，特别是涉案专利是否已被纳入争议标准的基础上，按照上述原则依法作出处理。

此复。

二〇〇八年七月八日

分析：

与前面两案的判决结果不同，最高人民法院认为：专利权人参与了标准的制定或者经其同意，将专利纳入国家、行业或者地方标准的，视为专利权人许可他人在实施标准的同时实施该专利，他人的有关实施行为不属于《专利法》第十一条所规定的侵犯专利权的行为。专利权人可以要求实施人支付一定的使用费，但支付的数额应明显低于正常的许可使用费。国外对于这种情况一般以限制竞争或者反垄断理由，不支持其诉讼请求。最高法院采用较为折中的处理办法，对于这种“事后主张的权利”的情况，不认为实施人侵犯专利权，但是支持实施人向专利权人支付一定的使用费，但支付的数额应明显低于正常的许可使用费。另外，法院也支持“合同约定”，专利权人承诺放弃专利使用费的，依其承诺处理。

标准中的专利信息是否披露涉及垄断的问题。结合国内外的司法实践，对专利信息不披露行为进行反垄断审查时，应主要审查以下要件：

1）权利人主观上为知道或应当知道

如果专利权人或专利申请人压根不知道其专利或者正在申请的专利可能会被纳入标

准，就让其承担披露专利信息的义务是不合理的。实践中，一般可以推定标准的提案者和其他专利信息披露义务主体主观上即为知道或应当知道。

2）权利人违反了专利信息披露义务

即专利权人或者专利申请人知道或应当知道其拥有的专利或正在申请的专利可能会被纳入标准，但是不按标准制定组织的有关知识产权政策进行披露或者进行虚假披露，违背了专利信息披露义务。如果标准制定组织没有专利信息披露政策，专利权人或专利申请人没有专利信息披露义务，也就无所谓不披露的欺诈性行为了。

3）专利信息不披露行为与市场支配地位的形成存在因果关系

在进行反垄断审查时，要区分专利权人市场支配地位的形成是基于自身专利技术的实力（或经营策略等）还是借助标准的力量实现的。如果市场支配地位的形成完全是凭借自己专利技术的实力（或经营策略等）取得的，与其专利技术是否被纳入标准关系不大，则专利信息不披露行为对竞争产生的影响不大。如果市场支配地位的形成完全或主要应归因于专利权人通过不披露行为将自己的专利技术纳入标准而获取的话，则很有可能会产生限制相关市场竞争的效果，涉嫌违反反垄断法[1]。

12.2.4 案例四——在国家强制标准规范中涉及发明专利的侵权案

（1）天津港湾工程研究所与建设部综合勘察研究设计院专利侵权纠纷案

天津港湾工程研究所（原交通部第一航务工程局科学研究所）于1996年7月8日以建设部综合勘察研究设计院侵犯其所拥有的发明名称为“真空预压加固软土地法”、发明专利号为85108820的发明专利权为由，向北京市第二中级人民法院提起专利侵权的诉讼。该发明专利的申请日为1985年12月4日，颁证日是1987年2月26日。该专利的技术内容是在含水分较大的软土地上进行地基加固使软土地固化，以便施工。采用该专利，可以使地面下降，固结度达90%，满足施工要求。被告在诉讼期间，采取了两项措施，一是以该发明不具备新颖性和创造性为由，提出了专利无效的请求；二是向法院提交了中止诉讼的请求，其中，中止诉讼的理由是“真空预压加固软土地法”专利技术被编入了1992年9月1日开始实施的、由国家建设部发布的“JGJ 79—91[中国行业标准]《建筑地基处理技术规范》及1994年1月1日开始实施的DL 5024—93[中国电力行业标准]《火力发电厂地基处理技术规定》”中。根据“中国标准化法”和“中国标准化法实施条例”，工程建设标准是强制性标准规范，而被告是按照标准实施所谓“真空预压法专利”的。不应视为侵犯专利权。

对于所述的中止诉讼请求，法院裁定的结果是，如果该专利有效并且被引用于强制性规范中，会涉及不特定第三人，因此于1997年2月18日下达了“中止诉讼”的裁定书。另外，根据该专利技术已在申请日前公开使用的事实和有关国外对比文件，宣布此项专利无效。于是，一场涉及国家技术规范的专利侵权纠纷案，也许是中国第一起涉及标准

[1] 王记恒．技术标准中专利信息不披露行为的反垄断法 [J]. 规制科技与法律，2010，（4）.

中的专利许可案件，最终以宣布专利无效而告终。

分析：

在本案中，专利权人本人就是标准起草人之一，在各企业不知晓、主管部门也不知道的情况下，将其专利纳入标准，并使其获得通过。在该规范的制定过程，或者说标准化过程中，没有经过专利披露过程，未告知所涉及的众多企业，却在事后主张其专利权，破坏了规范采用者的知情权。

当未经授权的专利技术被纳入强制性标准之后，容易使标准的使用者处于进退两难的境地，如果使用标准，则可能被控侵权，如果不使用标准则可能因为其生产施工不符合相关标准的要求而承担相应的不利后果。之所以会出现这种情况，有两方面的原因，一是标准化组织在制定标准的过程中对所涉及技术是否有专利权没有给予必要的关注；二是部分专利申请人将公知技术申请专利，而专利审查中没有注意对技术标准所引用技术的检索，结果对不应该授权的专利技术授予了专利权。上面所列取的案例就属于后一种情况。要解决这个问题，一则是标准化组织在制定相关标准的过程中要注意制定相关的专利政策，对所涉及技术的权利状况给予必要的关注；二是标准化组织应该与国家专利局之间建立一定的联系，例如共享数据库，以减少专利审查的漏洞。

（2）陈国亮诉昆明岩土工程公司侵犯其1999年5月12日被授权的《固结山体滑动面提高抗滑力的施工方法》专利权案

2001年8月28日，云南省昆明市中级人民法院开庭审理“陈国亮诉昆明岩土工程公司侵犯其1999年5月12日被授权的《固结山体滑动面提高抗滑力的施工方法》专利权案”。1995年5月12日，原告陈国亮的“固结山体滑动面提高抗滑力的施工方法”，获国家知识产权局专利局专利。被告昆明岩土工程公司是国家水利水电二级施工企业。2000年5月以来，被告采用该强制标准在玉溪至元江高速公路两个地段施工。原告得知被告使用自己的专利方法施工后,起诉被告侵权,要求被告赔偿损失10万元。被告则认为，其是严格按照国家强制性技术规范施工，不构成侵权行为。陈国亮还以同样的理由起诉了云南省地质工程勘察院。最后，对该案的处理，是以云南省地质工程勘察院，以陈国亮的专利与国家强制性技术规范一致，技术上属施工常识，缺乏新颖性和创造性为由，申请知识产权局专利复审委员会宣告无效而告终[1]。

陈国亮曾以同样理由控告了云南地质工程勘察院。为此，云南省地质灾害研究会、云南地质工程勘察院在去年8月23日邀集云南国土资源、水电、公路、铁路、冶金、地矿等行业专家，召开了对陈国亮此项专利的专家评议会，根据《专利法》及《专利法实施细则》相关条文，与会专家向国家知识产权局专利复审委员会提出申请，要求宣告此专利无效。理由是，该发明专利不符合《专利法》第22条之规定，不具备发明专利的基本要求，即新颖性、创造性[2]。

---

[1] 徐曾沧．技术标准中专利侵权法律适用问题探析 [EB/OL]. http：//wkjd.gdcc.edu.cn/ViewInfo.asp?id=1026，2008.

[2] [EB/OL].http：//news.sina.com.cn/c/2001-09-05/348634.html，2006.

2001年9月21日，根据中华人民共和国国家知识产权局专利复审委员会的无效宣告请求审查决定（第3967号），宣告93107836.9号（专利权人，陈国亮）发明专利的权利要求1、2、4无效，维持权利要求3和5有效。

分析：

陈国亮的“专利”施工方法属灌浆锚固法，这种方法无论在原理，还是在施工技术、工艺、适用对象等方面都是应用了世界通用技术——灌浆加固技术和灌浆锚杆技术。而这两种技术在20世纪80年代就被广泛应用于岩土工程的各个方面。专家认为，该专利方法完全是应用了已有的灌浆加固、灌浆锚杆技术，不仅缺乏新颖性，而且根本不具备创造性。

此案例非常令人深思，公知技术被申请为专利，是对专利审批的挑战，也是对政府其他行政审批行为的挑战。

12.2.5　案例五——将公知技术申请为专利

邱则有、长沙巨星轻质建材股份有限公司与湖南省第五工程公司等专利侵权纠纷案

上诉人湖南省立信建材实业有限公司（以下简称立信公司）因与被上诉人邱则有、长沙巨星轻质建材股份有限公司（以下简称长沙巨星公司），原审被告湖南省第五工程公司（以下简称五公司）、湖南省恒源房地产开发有限公司专利侵权纠纷一案，不服长沙市中级人民法院（2003）长中民三初字第495号民事判决，向本院提起上诉。

2003年11月，被告五公司与被告恒源公司签订了《赤岗冲综合停车场建设工程施工合同》，约定恒源公司将赤岗冲综合停车场项目工程发包给五公司承建，由恒源公司提供材料，合同价款为5904万元。该项目由湖南省建材研究设计院负责设计。被告立信公司与被告五公司签订《BDF混凝土薄壁筒体构件加工承揽合同》，双方在该合同中约定：在薄壁管施工前，立信公司协助总承包方召开技术交底会，并在首层施工时提供现场技术指导，五公司及施工方、监理方不得将施工工艺相关技术泄露给他人；BDF薄壁管为立信公司开发生产的专利产品；立信公司对开发的专利产品承担全部民事责任等。2003年11月24日经原告巨星公司申请，本院对赤岗冲停车库工地空心楼板依法采取证据保全措施。

原审法院认为，根据该侵权判定原则和办法，经对原告专利技术方案与被告五公司涉案空心板进行比对，认为被告五公司在赤岗冲停车库制造的空心楼板技术特征与原告专利技术相同，已落入原告发明专利的保护范围。

关于五公司使用的空心楼板技术是否为公知技术。本案三被告未提交证据证明其制造空心楼使用的技术为公知技术，致使技术比对无法进行，故被告提出的公知技术抗辩理由依法不成立。同时三被告提出“原告发明专利系公知技术，不具备应有的新颖性和创造性”的抗辩理由，由于发明专利三性审查属国家专利行政主管部门职权，本院不在司法程序中对此进行审查，故对该抗辩理由，不予采信。

关于原告赔偿依据是否合理问题。我国专利法及其司法解释规定，侵犯专利权的赔偿数额在被侵权人所受损失和侵权人获得的利益难以确定时，有专利许可使用费可以参照的，可根据专利权的类别、侵权人侵权的性质、情节、专利许可使用费的数额、专利许可的性质、范围、时间等因素，参照专利许可使用费的1~3倍合理确定赔偿数额。由于本案专利许可使用费采用数额固定、分年分期支付方式(每年100万元),考虑侵权性质、情节、后果等因素，宜参照侵权行为发生当年所应支付使用费数额确定赔偿数额。本院将在充分考虑专利权人与社会公众之间的利益平衡、涉案专利技术系发明专利、侵权人在收到原告发出的警告函后仍继续实施侵权行为以及湖南省高级人民法院、本院就本案同一专利在先前其他案件中作出的相关判决等因素的基础上，参照侵权行为发生年度的许可使用费数额确定合理的赔偿数额。

综上，原审认为被告五公司生产、制造的空心楼板产品包含了原告ZL99115648.X专利权权利要求记载的全部技术特征，根据全面覆盖原则，可以认定被侵权产品落入原告发明专利保护范围，构成专利侵权，应承担停止侵权、赔偿损失的民事责任。被告恒源公司作为发包方，积极配合被告五公司生产、制造被控侵权物，向其提供材料等，实际已共同实施了侵权行为，故其应承担相应的民事责任。被告恒源公司在收到原告的警告函后,仍继续使用,依法应承担停止侵权的民事责任。被告立信公司明知其生产的“DBF薄壁筒体构件”产品系专用于制造空心楼板的关键部件，仍大量提供给被告五公司用于制造侵权空心板并提供技术服务，构成对原告发明专利的间接侵犯，依法应承担相应的民事责任。

据此，判决如下:（1）被告五公司、恒源公司、立信公司立即停止侵犯两原告ZL99115648.X“预置空腔硬质薄壁构件现浇钢筋混凝土空心板及其施工方法”发明专利权的行为。（2）被告五公司赔偿因其侵犯ZL99115648.X“预置空腔硬质薄壁构件现浇钢筋混凝土空心板及其施工方法”发明专利权的行为给两原告造成的经济损失共计人民币100万元；此款限被告湖南省第五工程公司在本判决生效后三十日内付清。（3）湖南省立信建材实业有限公司对上述第二项赔偿义务承担连带责任。本案案件受理费20010元，保全费10520元，其他诉讼费3000元，共计33530元，由原告邱则有、巨星公司共同负担3353元，被告五公司负担13412元，被告恒源公司负担6706元，被告立信公司负担10059元。

立信公司不服一审判决，上诉称:（1）上诉人生产销售自己的专利产品，不存在侵权。上诉人的原法人代表王本森从1998年就申请获得了用于现浇空心楼板的“混凝土薄壁筒体构件”（简称薄壁管）的专利权，上诉人系生产、销售薄壁管已有近8年的时间，有自己成熟的制造、安装技术和工艺流程。而且薄壁管是专利产品，用于现浇混凝土空心楼板中。上诉人依法享有薄壁管的生产、销售权，不构成对任何人的侵权。（2）现浇混凝土空心楼板是公知技术。湖南省第六工程公司的总工程师李光中高级工程师于1997年就将现浇钢筋混凝土空心楼板及施工法以论文形式向全社会公开，并于2003年5月28日被建设厅批准为“省级建筑施工工法，同年10月被建设部批准为2001—2002年度国家级工法。”（3）上诉人生产、销售、安装使用自己的专利产品，受法律保护。《中华人民共和国专利法》第六十三条第一、二项有明确规定，不视为侵犯专利权。上诉人生产、销售现浇空心板的薄壁管早于被上诉人专利申请，根据法律规定，上诉人的专利技术受法律保护。原审判决上诉人侵权是极其错误的。请求二审法院秉法公正，撤销一审判决，驳回原审原告的起诉。

上诉人为支持其诉讼主张，提供了下列证据：

证据一:《技术开发导报》所载钱英欣、张忠强署名文章:《钢筋混凝土现浇大开间管芯楼板的研究》;

证据二:《长沙铁道学院导报》李光中署名文章:《薄壁管混凝土技术研究与应用》;

证据三：水利电力出版社:《钢筋混凝土结构配筋原理》;

被上诉人经质证认为：上述三份证据与本案不具关联性。

证据四：国家专利复审委第 6927 号决定书；

被上诉人经质证认为：无异议。

证据五：现浇混凝土空心楼盖结构技术规程；

证据六：王本淼向北京第一中院的诉状；

证据七：邱则有专利的公开说明书。

被上诉人经质证认为：上述三份证据与本案无关联性。

本院在审理过程中，经本院主持调解，双方当事人自愿达成如下协议：

一、本协议签订后，甲方（邱则有、长沙巨星轻质建材股份有限公司）承诺不再追究此前因乙方（湖南省立信建材实业有限公司）未经许可使用邱则有、长沙巨星轻质建材股份有限公司专利而引起的责任，并放弃已提起的针对湖南省立信建材实业有限公司的经济损失赔偿请求权。湖南省立信建材实业有限公司撤回针对邱则有、长沙巨星轻质建材股份有限公司的 ZL99115648.X 发明专利向北京市第一中级人民法院所提起的行政诉讼。

二、各方为进行诉讼所支付的和应支付的所有诉讼费和相关费用由各方自负。

三、本协议一式叁份，经各方当事人签字盖章后生效，本协议对以前发生的所有诉讼过程中的行为无溯及力。

二审案件受理费 20010 元，由湖南省立信建材实业有限公司自愿承担。

分析：

（1）由于本案（上诉案）经审理法院调解，双方当事人自愿达成了协议，审理法院未对上诉人的诉讼主张进行审理。被上诉人（原审原告）之所以在原审案胜诉的条件下，愿意接受法院调解，主要原因可能是上诉人提交了有力的证据，并且其效力得到了审理法院的确认。上诉人提交的证据中，证据四为国家专利复审委第 6927 号决定书（见发明专利“预置空腔硬质薄壁构件现浇钢筋混凝土空心板及其施工方法”无效宣告请求案），对涉案专利的大部分权利要求宣告无效，使得原审案判决原审被告侵权成立的重要基础条件（专利的专利性）不复存在，或大都不成立。

（2）在专利侵权纠纷案中常见利用公知技术抗辩专利侵权的情形。由于否定专利的专利性应经国家专利行政主管部门复审，法院一般不对此进行审查（原审案中即是如此），也不中止诉讼，使得在诉讼中利用公知技术抗辩专利侵权的理由难以被采信（原审案中即是如此），想以此抗辩成功非常困难。本案中，国家专利复审委第 6927 号决定书起到了关键作用。如果法院对此抗辩理由进行审理，但没有该决定书，基于前述的原因，结果可能还是同原审一样（不采信）。

（3）本案中，上诉人提交的证据还有证据五：中国工程建设标准化协会标准《现浇混凝土空心楼盖结构技术规程》。被上诉人经质证认为，该证据与本案无关联性。但审理法院“根据本案的基本事实及相关法律规定，确认其证据效力”，明确否定了强强公司一案中“该协会标准为无效规程，不具有任何法律效力”的观点（见安徽强强新型建材有限责任公司与新疆岳麓巨星建材有限责任公司、乌鲁木齐市建工（集团）有限责任公司专利侵权纠纷案）。标准是主要总结科学技术成果和实践经验（也就是公知技术）进行编制的，可对利用公知技术抗辩专利侵权提供充分、有力的依据。

（4）原审案中，被告立信公司认为其使用的是自己独立研究开发的专利产品，并提供技术指导，是合法行为，不构成侵权。被告恒源公司认为即使构成侵权设计院应列为必要共同被告。原审法院未对此进行审理。如果双方当事人能达成协议可视作否认侵权的话，被告立信公司的意见当可成立。被告恒源公司的意见提出了一个问题：按照设计院提供的设计图纸进行施工，若构成侵权，设计院是否也应承担侵权责任？一般来讲，设计图中若涉及某种产品专利或施工方法专利，应该明确标注或在技术交底时进行说明和解释。从原审案中被告恒源公司提交证据（证 1：湖南省建筑材料研究设计院建筑设计院的说明）来看，设计院可能认为其出具的设计图并没有涉及产品专利或施工方法专利。被告五公司也提出，其按图施工，不应承担侵权责任。根据我国专利法的有关规定，发明专利权被授予后任何单位或者个人未经专利权人许可，都不得实施其专利。也就是说，被告五公司在赤岗冲停车场项目中虽系按图施工，但仍应获得专利权人许可方可实施其专利技术。依法律规定，实施生产、制造行为的发明专利侵权人不以主观明知为侵权要件。这样，即使设计单位不知道存在相关专利，但设计图纸是施工单位的重要施工依据之一，客观上造成了建设单位、施工单位侵害专利权，似应共同承担专利侵权责任。当然，前提是相关专利有效、合法，且专利侵权成立。

12.2.6　案例六——专利侵权人的判定，设计方、施工方还是建设单位

李宪奎与中华人民共和国拱北海关、深圳市深勘基础（工程）有限公司发明专利侵权纠纷案

2002 年 4 月，拱北海关与深圳市勘察测绘院签订了《建设工程设计合同》，拱北海关将其“业务技术综合楼”发包给深圳市勘察测绘院设计。深圳市勘察测绘院先后于 2002 年 1 月 6 日、2 月 14 日设计了两份《岩土工程设计图纸》。拱北海关在上述《建设

工程设计合同》中，并未指定或授意深圳市勘察测绘院采用被控侵权的施工方法进行设计。2001年11月8日，拱北海关业务技术综合楼工程由江苏省建筑安装股份有限公司珠海分公司（下称江苏公司）中标承建。

上诉人李宪奎因与被上诉人中华人民共和国拱北海关（下称拱北海关）、深圳市深勘基础（工程）有限公司（下称深勘公司）发明专利侵权纠纷一案，不服广东省珠海市中级人民法院（2003）珠法民三初字第8号民事判决，向本院提起上诉。本院受理后依法组成合议庭进行审理。本案现已审理终结。

原审法院审理认为：由于在专利权侵权诉讼中，需要承担责任的是实施专利之人，不是采用了专利技术的“物”的所有人或使用人。因此，“使用专利”只能解释为“人”使用专利，不能解释成“物”（例如某工程）使用专利。本案中，国家批准拱北海关建设海关业务技术综合楼，目的是保障其更好地履行法定职责。拱北海关建设业务技术综合楼不是进行工农业生产和从事商业活动，拱北海关的行为没有生产经营目的。另外，拱北海关作为国家行政机关，不能自行完成其业务技术综合楼的建筑，而是遵守国家规定，委托有该领域技术资质的单位进行设计和施工。在这一过程中，拱北海关委托第三人进行设计，并将第三人设计的图纸交给施工单位施工，该行为不具有“实施专利行为”所具有的法律特征。李宪奎认为拱北海关的行为侵权其专利，没有法律依据，其诉讼请求不予支持。受诉讼程序所限，在拱北海关不构成侵权的情况，第三人是否应向李宪奎承担责任，本案不作审理。

李宪奎不服原审判决，向本院提起上诉。

深圳市勘察测绘院答辩：一、深勘公司依法不能作为被告。第三人深勘公司是一个具有独立法人资格的专门从事地基基础等方面施工的专业公司，它只具备施工的资质，没有设计资质，因此不能进行拱北海关业务技术综合楼基坑支护工程的设计，也从未提出过有关设计文件。李宪奎将深勘公司作为第三人起诉没有法律依据。二、对“拱北海关业务技术综合楼基坑支护工程”的设计分析。根据对业务技术综合楼基坑支护工程设计图纸的分析，可以看出：1）关于基坑的截水设计，广东省标准《建筑基坑支护工程技术规程》DBJ/T 15–20–97之13.4节基坑截水作了详细的论述；2）基坑B–C–D–E段均采用1∶1的坡度开挖，其设计依据是广东省标准《建筑基坑支护工程技术规范》DBJ/T 15–20–97的第五节条文；3）基坑A–B、E–F、G–H段采用土钉墙的支护形式是依据中华人民共和国行业标准《建筑基坑支护技术规程》JGJ 120—99第六章“土钉墙”及广东省标准《建筑基坑支护工程技术规程》DBJ/T 15–20–97之9.3节“土钉墙设计”进行设计的；4）A–B、G–H段加设微型桩及预应力锚索，增加土钉墙的刚度，控制基坑的位移是依据广东省标准《建筑基坑支护工程技术规程》DBJ/T 15–20–97之7节排桩支护及9.2.11节局部加强以及中华人民共和国行业标准《既有建筑地基基础加固技术规范》JGJ 123—2000之6.5节树根桩进行设计的。三、拱北海关业务技术综合楼基坑支护工程设计没有侵犯涉案专利。

本院认为：李宪奎以拱北海关在建设基坑支护工程中涉嫌使用其专利方法为由提起本案诉讼的，理由是拱北海关发包、深圳市勘察测绘院设计的技术方案与其专利方法相同，拱北海关是实施涉案专利方法的直接受益者，应当承担相应的法律责任。对此，本院认为：拱北海关在本案中并没有实施被控侵权的施工方法，直接实施被控侵权的施工方法是案外人江苏公司。拱北海关将其“业务技术综合楼基坑支护工程”发包给深圳市勘察测绘院设计并由案外人江苏公司承建，此行为并不属于我国《专利法》第十一条第一款规定中的“使用其专利方法以及使用、许诺销售、销售、进口依照该专利方法直接获得的产品”的情形。涉案专利均是施工方法的专利，采用这些施工方法并没有使本案的施工对象（即拱北海关的业务技术综合楼）在物理、化学等方面产生任何实质性变化，而本案的施工对象也不宜看成是实施施工方法所直接获得的产品。而且，李宪奎并无证据证明拱北海关在发包的过程中，授意或指定设计单位深圳市勘察测绘院、施工单位江苏公司使用涉嫌侵犯涉案专利权的技术方案。因此，设计单位、施工单位是否存在侵犯涉案专利权的情况以及应当承担何种法律责任均与拱北海关无关。故李宪奎指控拱北海关侵犯其专利权并承担相应法律责任的请求不能成立，本院予以驳回。如前所述，拱北海关无须承担专利侵权法律责任，是由于拱北海关在本案中不存在实施专利方法的侵权行为，并不取决于拱北海关作为国家行政机关的地位，也不取决于其行为不具备“以生产经营为目的”的要件。

驳回上诉，维持原判。

分析：

（1）该案中被上诉人（项目建设方）并没有实施被控侵权的施工方法，直接实施被控侵权的施工方法的是案外人江苏公司。由于原告并没有起诉江苏公司，法院没有审理江苏公司是否侵权。

（2）深勘公司答辩的第二点中列举了拱北海关业务技术综合楼基坑支护工程的设计依据：广东省标准《建筑基坑支护工程技术规程》DBJ/T 15-20-97，行业标准《建筑基坑支护技术规程》JGJ 120—99，行业标准《既有建筑地基基础加固技术规范》JGJ 123—2000。由于上述标准既包括基坑支护的设计，也包括基坑支护的施工，江苏公司施工时，是否采用了符合上述标准的施工方法，而又侵害了原告的施工方法专利权？也就是说，原告的施工方法专利技术与上述标准中的技术是否有重合？由于没有更详尽的资料，不能进一步分析。

12.2.7 案例七——专利在标准图中披露深度

北京特瑞克墙材科技有限公司诉北京住总正华开发建设集团有限公司等侵犯专利权纠纷案

原告特瑞克公司诉称：2002 年 8 月 21 日，原告的法定代表人王继强向国家知识产权局申请了一项名称为“一种用于现浇墙外保温体系的插接栓”实用新型专利，2003 年 2 月 19 日获得授权，专利号为：ZL02246640.1。2005 年 12 月，原告发现位于北京市丰台区的草桥小区北区 B 区 6 号楼的建筑工程所使用的外保温插接栓和原告生产的插接栓专利产品完全相同。经核实该工程的开发商是被告华野公司，施工单位是被告住总正华公司。

本院查明如下事实：住总正华公司与京江盛公司签订了一份购买外墙保温材料，包括阻燃聚苯板、尼龙涨栓、专用粘合剂等产品的《工业品买卖合同》。

原告提交了 2004 年华北地区建筑设计标准化办公室和西北地区建筑标准设计写作办公室审定的《建筑构造专项图集——88JZ10 大模内置钢塑符合插接栓外保温》及《建筑构造通用图集——88J2—9 墙身—外墙外保温（节能 65%）》，以证明住总正华公司是在知道或应当知道其使用的插接栓产品为侵权产品的情况下仍购买并使用该种产品。住总正华公司对此不予认可。本院经审查，在《建筑构造专项图集——88JZ10 大模内置钢塑符合插接栓外保温》的第 1 页中记载："大模内置钢塑符合插接栓外保温体系"，说明："本图集为特瑞克公司研究推出并已有若干工程实践的钢筋混凝土外墙大模内置聚苯板钢塑复合插接栓的外保温做法……"第 2 页中有插接栓图形。第 9 页为附录，载明：特瑞克系列新型外墙外保温体系，厂况简介："特瑞克公司现拥有特瑞克系列外保温体系的多项国家专利……"备注："特别关注：特瑞克系列新型外墙外保温体系，具有国家专利，未向任何企业或个人进行过转让。目前市场上已发现使用回收料或未经改性材料生产的假冒劣质产品，存在严重安全隐患，遇有此类情况，可向本公司查询相关资料，本公司将保留追究相关责任人经济与法律责任的权利。"在 2004 年，华北地区建筑设计标准化办公室和西北地区建筑标准设计写作办公室审定的《建筑构造通用图集——88J2—9 墙身—外墙外保温（节能 65%）》第 7 页和第 30 页中记载了："外墙 52M2 大模内置聚苯板钢塑复合插接栓"及插接栓图形，附录 8 中记载：特瑞克系列新型外墙外保温体系，厂况简介："特瑞克公司现拥有特瑞克系列外保温体系的多项国家专利……"备注："特别关注：特瑞克系列新型外墙外保温体系，具有国家专利，未向任何企业或个人进行过转让。目前市场上已发现使用回收料或未经改性材料生产的假冒劣质产品，存在严重安全隐患，遇有此类情况，可向本公司查询相关资料，本公司将保留追究相关责任人经济与法律责任的权利。"

住总正华公司认可其在涉案 6 号楼工程上采用的外墙外保温做法是根据《建筑构造通用图集——88J2—9 墙身—外墙外保温（节能 65%）》第 7 页的内容。

本院认为：特瑞克公司通过与王继强签订专利实施许可合同，取得了该专利的独占实施许可权，该项权利受法律保护。任何单位或者个人未经特瑞克公司许可，均不得实施该专利，即不得为生产经营目的制造、使用、许诺销售、销售、进口其专利产品。本院将该产品的技术特征与本案专利的必要技术特征相对比，可以认定住总正华公司在丰台区草桥小区北区 B 区 6 号楼外墙外保温建设工程中使用的尾部为四扇形孔插接栓产品的结构全面覆盖了涉案专利的全部必要技术特征，落入专利权的保护范围，属于侵犯专利权的产品。

我国专利法规定，为生产经营目的使用不知道是未经专利权人许可而制造并售出的专利产品，能够证明产品合法来源的，不承担赔偿责任。虽然特瑞克公司提供了《建筑构造专项图集——88JZ10 大模内置钢塑符合插接栓外保温》和《建筑构造通用图集——88J2—9 墙身—外墙外保温（节能 65%）》，以证明住总正华公司知道或应当知道其使用的插接栓产品系侵权产品，且住总正华公司也认可其外墙外保温板的做法确是根据《建筑构造通用图集——88J2—9 墙身—外墙外保温（节能 65%）》的相关内容，但本院经审查上述两图集的内容，在图集的正文部分并没有指明该图集登载的插接栓产品是专利产品,在图集的附录部分只说明特瑞克公司“拥有特瑞克系列外保温体系的多项国家专利”，也没有说明该外保温体系中的配件产品——插接栓产品是专利产品。所以根据上述两图集登载的内容所传达的信息，不能推定使用图集的住总正华公司足以知道或应当知道涉案插接栓产品为他人享有专利权的产品，以及特瑞克公司对该产品享有相关权利的事实。因此，特瑞克公司认为被告住总正华公司使用涉案产品的行为侵犯了原告对涉案专利享有的独占性使用的权利，应当承担赔偿经济损失的民事责任的主张，事实及法律依据不足，本院不予支持。但住总正华公司应承担停止使用侵权产品的民事责任。

在本案中，被告华野公司是涉案丰台区草桥小区北区 B 区 6 号楼工程的开发商，在与住总正华公司签订《建筑工程施工合同》中约定：由住总正华公司负责采购材料设备。华野公司并未参与决定采用何种标准的插接栓产品，因此，华野公司对于住总正华公司在涉案工程中使用侵权产品一事并不知晓。按照法律规定华野公司也不应承担赔偿责任。但华野公司同样作为涉案侵权产品的使用者，应当承担停止侵权的民事责任。

综上，本院判决如下：北京住总正华开发建设集团有限公司和北京市华野房地产开发有限公司于本判决生效之日起立即停止使用侵犯涉案专利权（专利号为 ZL02246640.1）的插接栓产品；驳回北京特瑞克墙材科技有限公司的其他诉讼请求。

分析：

该案中，原告专利被纳入了标准图中，并在标准图中作了相关信息的披露，但披露的深度不够。图集的正文部分并没有指明该图集登载的插接栓产品是专利产品，在图集的附录部分只说明特瑞克公司“拥有特瑞克系列外保温体系的多项国家专利”，也没有说明该外保温体系中的配件产品——插接栓产品是专利产品。所以法院根据上述两图集登载的内容所传达的信息，不能推定使用图集的住总正华公司足以知道或应当知道涉案插接栓产品为他人享有专利权的产品，以及特瑞克公司对该产品享有相关权利的事实。

我国专利法规定，为生产经营目的使用不知道是未经专利权人许可而制造并售出的专利产品，能够证明产品合法来源的，不承担赔偿责任。因此，法院认为特瑞克公司认为被告住总正华公司使用涉案产品的行为侵犯了原告对涉案专利享有的独占性使用的权利，应当承担赔偿经济损失的民事责任的主张，事实及法律依据不足，本院不予支持。但住总正华公司应承担停止使用侵权产品的民事责任。

13 涉及专利的工程建设标准调研

（1）某外墙外保温系统材料技术要求相关产品标准

在开审查会之前，有家企业反应该标准涉及该公司的某3项专利，并提出可能的解决建议：要么免费参与该标准编制，要么主编单位放弃该标准的编制。对此，主编单位分别阐明标准与该3项专利无关，没有造成侵权。标委会前后分别多次组织协调会议，要求主编单位提交书面解释并由标委会再与专利相关企业沟通，最后推动标准编制至报批、发布。

（2）某混凝土空心砌块相关产品

该标准编制过程中主编单位提及该标准可能涉及多项专利，并且一家参编单位、编制组内一名专家就是其中一些专利的持有人。专利持有者担心编制该标准会对公司知识产权造成危害不愿意放弃专利（因为该公司购买专利费用较高），以至于该标准编制工作不断延期。后经过反复比对、专家论证、专利关键技术识别以及与可能的主要专利持有人沟通，达成一致意见，避开专利，实在避不开的就放弃，并且承诺在该标准实施过程中，若因使用该标准可能涉及的编制组各单位及个人持有的专利，将无偿使用，不追究责任。

（3）《公共场所集中空调通风系统卫生规范》

本案例是关于标准中规定的参数限值，将会有导向性地造成一些技术壁垒。例如，根据卫生部监督发〔2006〕58号文中规定，由于《公共场所集中空调通风系统卫生管理办法》已于2006年2月10日颁布，根据该办法，卫生部制定了《公共场所集中空调通风系统卫生规范》、《公共场所集中空调通风系统卫生学评价规范》和《公共场所集中空调通风系统清洗规范》三个规范配合执行。在《公共场所集中空调通风系统卫生规范》WS 394—2006中对于空气净化消毒装置有如下规定：

4.5.1 集中空调通风系统使用的空气净化消毒装置，原则上本身不得释放有毒有害物质，其卫生安全性应符合表13.1的要求。

空气净化消毒装置的卫生安全性要求 表13.1

项目	允许增加量
臭氧	≤ 0.10mg/m^3
紫外线（装置周边30cm处）	≤ 5μw/cm^2
TVOC	≤ 0.06mg/m^3
PM10	≤ 0.02mg/m^3

4.5.2 集中空调通风系统使用的空气净化消毒装置性能应符合表 13.2 的要求。

空气净化消毒装置性能的卫生要求 **表 13.2**

项目	条件	要求
装置阻力	正常送排风量	≤ 50Pa
颗粒物净化效率	一次通过	≥ 50%
微生物净化效率	一次通过	≥ 50%
连续运行效果	24 小时运行前后净化效率比较	效率下降< 10%
消毒效果	一次通过	除菌率≥ 90%

相对比国家标准 GB/T 14295—2008《空气过滤器》中的规定（表 13.3）可以看到卫生规范中要求阻力小于 50Pa，但是过滤效率要求大于 50% 的技术条件，基本是将传统的物理过滤技术产品全部淘汰，只能是采用高压静电类的产品才能满足要求。这就造成在此规范执行后的几年间，高压静电类产品在建筑工程的通风系统改造或建设过程中得到了广泛应用。但是此类产品由于主要专利技术掌握在霍尼韦尔等几个国外企业的手中，国内企业在发展时，不得不抄袭或者购买相关技术专利，否则所生产的产品有可能因为副产物的浓度无法控制而超标。而掌握此技术的厂家在各项招投标项目中也获得了极大的机会，因为标准参数的规定，使很多企业无法参与投标。

过滤器额定风量下效率和阻力 **表 13.3**

<table>
<tr><th>性能指标
性能类别</th><th>代号</th><th>迎面风速(m/s)</th><th colspan="2">额定风量下的效率（E）(%)</th><th>额定风量下的初阻力（ΔP_i）(Pa)</th><th>额定风量下的终阻力（ΔP_t）(Pa)</th></tr>
<tr><td>亚高效</td><td>YG</td><td>1.0</td><td rowspan="5">粒径≥ 0.5μm</td><td>99.9 > E ≥ 95</td><td>≤ 120</td><td>240</td></tr>
<tr><td>高中效</td><td>GZ</td><td>1.5</td><td>95 > E ≥ 70</td><td>≤ 100</td><td>200</td></tr>
<tr><td>中效 1</td><td>Z1</td><td rowspan="3">2.0</td><td>70 > E ≥ 60</td><td rowspan="3">≤ 80</td><td rowspan="3">160</td></tr>
<tr><td>中效 2</td><td>Z2</td><td>60 > E ≥ 40</td></tr>
<tr><td>中效 3</td><td>Z3</td><td>40 > E ≥ 20</td></tr>
<tr><td>粗效 1</td><td>C1</td><td rowspan="4">2.5</td><td rowspan="2">粒径≥ 0.5μm</td><td>E ≥ 50</td><td rowspan="4">≤ 50</td><td rowspan="4">100</td></tr>
<tr><td>粗效 2</td><td>C2</td><td>50 > E ≥ 20</td></tr>
<tr><td>粗效 3</td><td>C3</td><td rowspan="2">标准人工尘计重效率</td><td>E ≥ 50</td></tr>
<tr><td>粗效 4</td><td>C4</td><td>50 > E ≥ 10</td></tr>
<tr><td colspan="7">注：当效率测量结果同时满足表中两个类别时，按较高类别评定</td></tr>
</table>

在发现此问题后，由卫生部于 2012 年 9 月 19 日发布卫通〔2012〕16 号文，通过了 WS 394—2012《公共场所集中空调通风系统卫生规范》，自 2013 年 4 月 1 日起实施。同时 2006 年发布的《公共场所集中空调通风系统卫生规范》废止。在这个标准中，就没有再对空气净化消毒装置提出具体参数要求，只是对集中空调通风系统提出了送风指标

的要求。

（4）《孔内深层强夯法技术规程》CECS 197：2006 等

《孔内深层强夯法技术规程》CECS 197：2006 前言中说明：当涉及专利技术问题，应按国家有关规定与有效专利技术持有人协商解决（北京瑞力通地基基础工程有限责任公司，地址：**，邮政编码：**，联系电话 **）；《加筋水泥土桩锚支护技术规程》CECS 148：2003 前言中说明：本规程中所涉及的有效发明专利和实用新型专利，使用者可按国家规定与专利持有人协商处理（珠海智顺岩土工程专利技术有限公司，地址：**，邮政编码：**，联系电话 **）；《挤扩支盘灌注桩技术规程》CECS 192：2005 前言中说明：本规程所涉及的有效发明专利（专利号：89107846.0、94104550.1 等，名称：挤扩支盘灌注桩，该桩的施工方法及成型机），使用者可按国家有关规定与专利权人联系处理（北京恒基中创基础工程有限公司，地址：**，邮政编码：**，联系电话 **，邮箱：**）。

对于以上三本标准涉及专利的情况分析后发现：

1）标准的核心技术即专利。

2）专利是标准的必要专利。

3）标准涉及的技术在特定条件下有优势，但对于技术实现的目的而言，在其他标准中都有非专利技术可以替代。

4）标准在前言中对于专利信息进行了充分的披露。

5）三本标准都是工程建设协会标准，工程建设协会标准是完全意义上的推荐性标准，使用者可以根据需要自愿采用，目前来看这三本标准纳入专利后，并没有产生较大的负面影响。

（5）《钢筋焊接及验收规程》JGJ 18—2003

在《钢筋焊接及验收规程》JGJ 18—2003 第 4.3 节，内容涉及了实用新型专利技术“新型柱箍筋和梁箍筋”（ZL96210121.4），该专利的持有人也以该项专利进入了标准作为其公司的广告宣传的重点。据了解，新型梁柱箍筋对焊技术相比原有的弯钩箍筋，这种焊接封闭环式箍筋减少了弯钩部分的钢筋用料，且可批量预制生产、节约人工近 3 成。

通过对专利的权利要求书研究后发现，专利的权利要求涵盖范围较广，现有的箍筋闪光对焊的大部分方法都落入了该专利的保护范围。《钢筋焊接及验收规程》JGJ 18—2003 实施过程中，专利权人并没有进行专利侵权的诉讼。在最新的《钢筋焊接及验收规程》JGJ 18—2012 修订后，该专利已经过了有效期，该部分内容进一步强化，单独设立了 4.4 节。但需要注意的是，对于 JGJ 18—2012 涉及的闪光对焊的方法和闪光对焊设备方面，我国现在也集中了相当部分的专利，其中日本、瑞士、乌克兰、意大利等国家的专利也占有一定比例，国外专利中日本的专利较多。

（6）《钢筋焊接及验收规程》JGJ 18—2012

《钢筋焊接及验收规程》JGJ 18 于 2009 年立项修订（建标 [2009]88 号），该标准包含强制性条文，发布后属于强制性标准。JGJ 18—2012 第 4.9 节主要针对预埋件钢筋埋弧螺柱焊接提出技术要求。但目前预埋件钢筋埋弧螺柱焊接所用的设备生产含有专利技术“一种埋弧螺柱焊机及其操作方法”（200610021770.X），专利申请人为黄贤聪。黄贤聪也是该标准的参编人，并负责起草了4.9节的内容。

如果要使用预埋件钢筋埋弧螺柱焊接技术必然用到涉及该专利的设备。经过对比发现，标准本身并没有直接涉及专利，但实施标准的4.9节条款会必然实施该项专利。

预埋件钢筋埋弧螺柱焊接技术主要用于预埋件T形接头，该标准对于预埋件T形接头的焊接提供了几种可选的方法，预埋件钢筋埋弧螺柱焊接只是其中一种。标准使用者在执行标准时有权选择是否采用该项技术，这就一定程度上避免了专利进入标准后专利权的滥用，也会避免技术垄断。

对于这种标准间接涉及专利的情况，是否有必要在标准中对专利进行披露是值得深入探讨的问题。在JGJ 18—2012规程中，因为专利费用是附加在施工设备上的，而且还存在替代技术，而《钢筋焊接及验收规程》作为一本面向施工企业的标准似乎没有必要进行专利披露，反之如果是针对产品或设备的标准则应进行披露。首先，施工方会根据设备价格综合衡量施工成本，如果采用该技术比其他替代技术更节约成本，那么施工方可以选择购买含有专利的设备施工，而不直接与专利权人发生联系，因为实施专利的是设备生产厂家而不是施工单位。其次，标准技术内容并没有直接涉及专利，在标准中进行披露反而可能会引起为专利推广做广告的嫌疑。

14 案例特点分析

14.1 工程建设领域专利侵权案例特点

（1）一般工程人员在标准与专利关系上存在误解，认为纳入标准的技术，包括专利技术都是可以免费使用的技术

工程建设领域专利交易成本高、维权成本高、侵权成本低，还未形成专利实施转化的良好环境。在甘肃省建筑基础工程公司（被告人）与北京波森特岩土工程有限公司侵犯专利权案中，被告人认为其使用的复合载体夯扩桩技术是来源于行业标准《复合载体夯扩桩设计规程》JGJ/T 135—2001，任何人都可以实施。安徽强强新型建材有限责任公司与新疆岳麓巨星建材有限责任公司等专利侵权纠纷案中，强强公司也将中国工程建设协会标准《现浇混凝土空心楼盖结构技术规程》CECS 175：2004 作为抗辩的证据之一。当然，这些抗辩理由并未被法院采纳。

（2）工程建设领域，项目普遍投资大，工期要求紧，专利维权引起经济损失一般数额都较大，产生的社会影响大

北京振利高新技术公司与北京北方天时建材技术开发有限公司专利侵权纠纷案中，北京北方天时建材技术开发有限公司一次性赔偿原告北京振利高新技术公司经济损失人民币2054675 元且向原告公开赔礼道歉。邱则有、长沙巨星轻质建材股份有限公司与湖南省第五工程公司等专利侵权纠纷案，一审宣判被告五公司赔偿因其侵犯 ZL99115648.X“预置空腔硬质薄壁构件现浇钢筋混凝土空心板及其施工方法”发明专利权的行为给两原告造成的经济损失共计人民币 100 万元。赔偿数额较大,而由于诉讼而影响工期等因素造成的损失更大。

（3）相关司法人员一般不具备工程经验，专利纠纷判定存在一定的误差

判断专利侵权，要有丰富的专业知识，但是我国的司法人员一般都是法律专业出身，对于工程建设方面的知识匮乏，因此对于是否覆盖专利全部技术特征的判断存在一定的误差，也会直接影响判定结果。例如，甘肃省建筑基础工程公司与北京波森特岩土工程有限公司侵犯专利权案，王庆军与河北天狮岩土工程有限公司、山东众合新型墙体材料有限公司发明专利侵权纠纷案，这两个案件相似之处在于都是涉及行业标准《复合载体夯扩桩设计规程》JGJ/T 135—2001 主编人的专利被侵权的问题。在前一例案例中，法院认为该标准与专利不一致，规程是设计方法，没有提出施工方案；而在后一例案件中，法院认为该标准与专利技术内容一致，并根据相关检测部门认定被告按照该标准施工的鉴定结果，认为被告侵犯了原告的专利权。

（4）建设工程完工后专利侵权取证困难

建设工程周期长，工程这样的“产品”一般是不可复制的，涉及的专业技术内容多

而复杂。例如，有的工程已经施工完毕，如果要再查看基础工程是否侵犯专利权，可能要把建筑物破坏才能找到直接证据，这样专利侵权取证的成本太高。

（5）工程建设专利侵权案例中涉及侵权的相关方比较多

业主、设计单位与施工单位等分属于不同的单位，实施专利的环节可能分散到不同的单位中。尤其是设计和施工分开实施，如果设计图纸中涉及了专利，施工方按照设计图纸实施，则也是实施了专利。当施工完成后，工程项目作为一个完成的“产品”被交给业主的时候，业主拿到的“产品”中可能就使用了专利。从这个角度看，业主、设计单位与施工单位都可能是侵权的相关方。在本课题收集的案例中，法院一般认为直接实施专利的一方为专利侵权方。向施工方提供设计图纸构成承包合同关系中的甲方，进行工程设计的设计方，因未直接从事施工，亦未指定具体的施工方法的，一般认为没有构成侵权，不需承担赔偿责任。而直接实施专利的施工方，是专利侵权诉讼的主要诉讼对象。

14.2 涉及标准的专利纠纷案例分析

（1）专利进入标准的排他性、独占权

法院支持专利进入标准后仍受法律保护，专利的排他性的独占权不受影响。在以上案例中，标准一般作为判定专利是否是公知技术的证据，也就是标准是不是早于专利技术就已经公开了相关技术，专利进入标准不能作为否认专利侵权的理由。

（2）专利披露问题

1）专利披露有利于避免纠纷

在北京振利高新技术公司与北京北方天时建材技术开发有限公司专利侵权纠纷案中，北方天时建材技术开发有限公司很可能是按照相关标准生产，而没有注意到相关的专利问题。如果在标准中明确标识出涉及的相关专利，那么北京北方天时建材技术开发有限公司可能就不会明知故犯，从而可能避免引起专利侵权。

2）专利权人隐瞒专利将其纳入标准，法院不认为实施人侵犯专利权，但支持实施人向专利权人支付明显低于正常许可费的使用费

在甘肃省建筑基础工程公司与北京波森特岩土工程有限公司侵犯专利权案、王庆军与河北天狮岩土工程有限公司等发明专利侵权纠纷案的判决中，专利权人未经披露将其专利纳入标准，但是法院依然支持了其专利侵权的诉讼请求。但在其后最高人民法院的相关回函中，最终采用较为折中的处理办法，对于这种“事后主张的权利”的情况，不认为实施人侵犯专利权，但是支持实施人向专利权人支付一定的使用费，但支付的数额应明显低于正常的许可使用费。

（3）强制性标准涉及专利的问题

法院对强制性标准纳入专利后，专利权人的排他性独占权是否还受到保护没有作出明确判定。在一些强制性标准涉及专利的案件中，并没有支持专利权人的诉讼请求，都以专利无效告终。例如，天津港湾工程研究所与原建设部综合勘察研究设计院专利

侵权纠纷案中，法院裁定的结果是，如果该专利有效并且被引用于强制性规范中，会涉及不特定第三人，因此中止诉讼。后来宣布此项专利无效。在陈国亮诉昆明岩土工程公司专利侵案中，也最终判定专利权无效。强制性标准涉及的专利的法律纠纷，由于强制性标准的技术法规地位使司法部门判决处于两难的境地。因此，我们研究标准的专利制度时应充分考虑强制性标准的特殊性，通过制度完善尽量避免发生这类法律纠纷。

（4）公知技术被申请为专利

在专利侵权纠纷案中被告利用公知技术抗辩专利侵权，想以此抗辩成功非常困难，即使该公知技术被纳入标准。由于否定专利的专利性应经国家专利行政主管部门复审，法院一般不对此进行审查，使得在诉讼中利用公知技术抗辩专利侵权的理由难以被采信，尤其是发明专利，一般也不会按照被告人的请求中止诉讼。邱则有、长沙巨星轻质建材股份有限公司与湖南省第五工程公司等专利侵权纠纷案，在一审案中，就未采纳被告的请求中止诉讼，一审判处被告承担经济损失 100 万元；在二审中，国家专利复审委第 6927 号判定该专利无效，最后案件以和解收场。

陈国亮诉昆明岩土工程公司专利侵案中，陈国亮的“专利”施工方法无论在原理，还是在施工技术、工艺、适用对象等方面都是应用了通用技术，该技术在 20 世纪 80 年代就被广泛应用于岩土工程。将公知技术申请为专利，甚至纳入技术标准，是对我国专利审批、标准编制的挑战。

14.3 启示

通过对涉及专利的工程建设标准的现状调查以及相关案例的分析，启示我们应归纳总结工程建设标准专利政策的关键问题，制定有针对性的政策。

（1）专利披露是必要的

专利技术披露原则是指标准化组织或标准的发起人为了便于将来推广标准和豁免自己的责任，要求标准编制者将专利技术纳入标准之前必须披露相关专利信息，同时规定参与标准编制的专利持有人有义务向标准化组织或标准编制者披露其持有的与标准技术相关的专利。这种披露对于涉及专利的标准是必需的，绝对不可以缺少，这也符合普通民事权利规则。

（2）专利在标准中明确标注是必要的

在涉及标准的专利侵权案例中，标准对涉及的专利大多数并没有明确标识出来。有时候标准编制组并不知道标准中涉及了专利。在专利侵权纠纷审查时，不会因为标准没有标注而免除或减轻标准使用者的侵权责任。如果标准编制组在编制标准的时候，获得标准中涉及专利的信息，并且在标准文本明确的位置告诉标准实施者，提醒标准实施者注意，那么标准实施者可以根据需要选择是否采用标准中的技术，也可以避免一些潜在的专利侵权纠纷。

（3）免责声明是必要的

国际国外标准化组织的专利政策中一般都会有免责声明。在涉及标准的专利侵权案例中，有时候将标准化组织或标准制定者也牵涉到案中。为豁免自己的责任，标准化组织应在尽到专利信息披露义务的条件下，在标准显著位置标注免责声明。当然，对于某些愿意或者有能力承担专利事务的标准化组织，例如某些行业性标准化组织或技术联盟等，也可基于企业或者团体利益，不发表免责声明，而是积极地承担专利事务，甚至可以组建专利池来处理涉及标准的专利事务。

（4）强制性标准的专利问题具有特殊性

国内有一种观点，认为专利技术被强制性标准采用而强制实施就是专利的强制许可。这种观点是值得商榷的。表面来看，两者有些相似，即它们都是利用行政手段，强制实施了专利技术。但其实，它们在诸多方面存在差别。最主要的区别在于它们分别解决不同的问题。强制许可针对的是专利权“不实施”的滥用问题，强制性标准的实施并不必然意味着强制许可。在技术标准中引用专利技术的目的却不同，专利权人通常是通过标准化、借助标准，甚至是强制性标准，最大限度地实施专利，获取最大利益。由于强制性标准的实施具有强制性，若强制性标准涉及专利，即使采取披露、标注、免责等手段，还是不能完全解决专利问题。

第四部分
相关法律及政策文件

15　工程建设标准涉及专利管理办法

16　国家标准涉及专利的管理规定（暂行）

17　最高人民法院关于审理侵犯专利权纠纷案件应用法律若干问题的解释（二）

18　中华人民共和国专利法修订草案（送审稿）

19　关于禁止滥用知识产权排除、限制竞争行为的规定

20　关于滥用知识产权的反垄断指南（征求意见稿）

15 工程建设标准涉及专利管理办法

（建办标 [2017]3 号）

第一章 总则

第一条 为规范工程建设标准涉及专利的管理，鼓励创新和合理采用新技术，保护公众和专利权人及相关权利人合法权益，依据标准化法、专利法等有关规定制定本办法。

第二条 本办法适用于工程建设国家标准、行业标准和地方标准（以下统称标准）的立项、编制、实施过程中涉及专利相关事项的管理。

本办法所称专利包括有效的专利和专利申请。

第三条 标准中涉及的专利应当是必要专利，并应经工程实践检验，在该项标准适用范围内具有先进性和适用性。必要专利是指实施该标准必不可少的专利。

第四条 强制性标准一般不涉及收费许可使用的专利。

第五条 标准涉及专利相关事项的管理，应当坚持科学、公开、公平、公正、统一的原则。

第六条 国务院有关部门和省、自治区、直辖市人民政府有关部门，负责对所批准标准涉及专利相关事项的管理。

第二章 专利信息披露

第七条 提交标准立项申请的单位在立项申请时，应同时提交所申请标准涉及专利的检索情况。

第八条 在标准的初稿、征求意见稿、送审稿封面上，应当标注征集潜在专利信息的提示。在标准的初稿、征求意见稿、送审稿、报批稿前言中，应当标注标准涉及专利的信息。

第九条 在标准制修订任何阶段，标准起草单位或者个人应当及时向标准第一起草单位告知其拥有或知悉的必要专利，同时提供专利信息及相应证明材料，并对其真实性负责。

第十条 鼓励未参与标准起草的单位或者个人，在标准制修订任何阶段披露其拥有和知悉的必要专利，同时将专利信息及相应的证明材料提交标准第一起草单位，并对其真实性负责。

第十一条 标准第一起草单位应当及时核实本单位拥有及获得的专利信息，并对专利的必要性、先进性、适用性进行论证。

第十二条 任何单位或者个人可以直接将其知悉的专利信息和相关材料，寄送标准批准部门。

第三章　专利实施许可

第十三条　标准在制修订过程中涉及专利的，标准第一起草单位应当及时联系专利权人或者专利申请人，告知本标准制修订预计完成时间和商请签署专利实施许可声明的要求，并请专利权人或者专利申请人按照下列选项签署书面专利实施许可声明：

（一）同意在公平、合理、无歧视基础上，免费许可任何单位或者个人在实施该标准时实施其专利；

（二）同意在公平、合理、无歧视基础上，收费许可任何单位或者个人在实施该标准时实施其专利。

第十四条　未获得专利权人或者专利申请人签署的专利实施许可声明的，标准内容不得包括基于该专利的条款。

第十五条　当标准修订导致已签署的许可声明不再适用时，应当按照本办法的规定重新签署书面专利实施许可声明。当标准废止时，已签署的专利实施许可声明同时终止。

第十六条　对于已经向标准第一起草单位提交实施许可声明的专利，专利权人或者专利申请人转让或者转移该专利时，应当保证受让人同意受该专利实施许可声明的约束，并将专利转让或转移情况及相应证明材料书面告知标准第一起草单位。

第四章　涉及专利标准的批准和实施

第十七条　涉及专利的标准报批时，标准第一起草单位应当同时提交涉及专利的证明材料、专利实施许可声明、论证报告等相关文件。标准批准部门应当对标准第一起草单位提交的有关文件进行审核。

第十八条　标准发布后，对涉及专利但没有专利实施许可声明的，标准批准部门应当责成标准第一起草单位在规定时间内，获得专利权人或者专利申请人签署的专利实施许可声明，并提交标准批准部门。未能在规定时间内获得专利实施许可声明的，标准批准部门视情况采取暂停实施该标准、启动标准修订或废止程序等措施。

第十九条　标准发布后，涉及专利的信息发生变化时，标准第一起草单位应当及时提出处置方案，经标准批准部门审核后对该标准进行相应处置。

第二十条　标准实施过程中，涉及专利实施许可费问题，由标准使用人与专利权人或者专利申请人依据签署的专利实施许可声明协商处理。

第五章　附则

第二十一条　在标准制修订过程中引用涉及专利的标准条款时，应当按照本办法第三章的规定，由标准第一起草单位办理专利实施许可声明。

第二十二条　工程建设团体标准的立项、编制、实施过程中涉及专利相关事项可参照本办法执行。

第二十三条　本办法由住房城乡建设部负责解释。

第二十四条　本办法自 2017 年 6 月 1 日起实施。

16 国家标准涉及专利的管理规定（暂行）

（2013年第1号）

第一章 总则

第一条 为规范国家标准管理工作，鼓励创新和技术进步，促进国家标准合理采用新技术，保护社会公众和专利权人及相关权利人的合法权益，保障国家标准的有效实施，依据《中华人民共和国标准化法》、《中华人民共和国专利法》和《国家标准管理办法》等相关法律法规和规章制定本规定。

第二条 本规定适用于在制修订和实施国家标准过程中对国家标准涉及专利问题的处置。

第三条 本规定所称专利包括有效的专利和专利申请。

第四条 国家标准中涉及的专利应当是必要专利，即实施该项标准必不可少的专利。

第二章 专利信息的披露

第五条 在国家标准制修订的任何阶段，参与标准制修订的组织或者个人应当尽早向相关全国专业标准化技术委员会或者归口单位披露其拥有和知悉的必要专利，同时提供有关专利信息及相应证明材料，并对所提供证明材料的真实性负责。参与标准制定的组织或者个人未按要求披露其拥有的专利，违反诚实信用原则的，应当承担相应的法律责任。

第六条 鼓励没有参与国家标准制修订的组织或者个人在标准制修订的任何阶段披露其拥有和知悉的必要专利，同时将有关专利信息及相应证明材料提交给相关全国专业标准化技术委员会或者归口单位，并对所提供证明材料的真实性负责。

第七条 全国专业标准化技术委员会或者归口单位应当将其获得的专利信息尽早报送国家标准化管理委员会。

第八条 国家标准化管理委员会应当在涉及专利或者可能涉及专利的国家标准批准发布前，对标准草案全文和已知的专利信息进行公示，公示期为30天。任何组织或者个人可以将其知悉的其他专利信息书面通知国家标准化管理委员会。

第三章 专利实施许可

第九条 国家标准在制修订过程中涉及专利的，全国专业标准化技术委员会或者归口单位应当及时要求专利权人或者专利申请人作出专利实施许可声明。该声明应当由专利权人或者专利申请人在以下三项内容中选择一项：

（一）专利权人或者专利申请人同意在公平、合理、无歧视基础上，免费许可任何组织或者个人在实施该国家标准时实施其专利；

（二）专利权人或者专利申请人同意在公平、合理、无歧视基础上，收费许可任何组织或者个人在实施该国家标准时实施其专利；

（三）专利权人或者专利申请人不同意按照以上两种方式进行专利实施许可。

第十条 除强制性国家标准外，未获得专利权人或者专利申请人根据第九条第一项或者第二项规定作出的专利实施许可声明的，国家标准不得包括基于该专利的条款。

第十一条 涉及专利的国家标准草案报批时，全国专业标准化技术委员会或者归口单位应当同时向国家标准化管理委员会提交专利信息、证明材料和专利实施许可声明。除强制性国家标准外，涉及专利但未获得专利权人或者专利申请人根据第九条第一项或者第二项规定作出的专利实施许可声明的，国家标准草案不予批准发布。

第十二条 国家标准发布后，发现标准涉及专利但没有专利实施许可声明的，国家标准化管理委员会应当责成全国专业标准化技术委员会或者归口单位在规定时间内获得专利权人或者专利申请人作出的专利实施许可声明，并提交国家标准化管理委员会。除强制性国家标准外，未能在规定时间内获得专利权人或者专利申请人根据第九条第一项或者第二项规定作出的专利实施许可声明的，国家标准化管理委员会可以视情况暂停实施该国家标准，并责成相应的全国专业标准化技术委员会或者归口单位修订该标准。

第十三条 对于已经向全国专业标准化技术委员会或者归口单位提交实施许可声明的专利，专利权人或者专利申请人转让或者转移该专利时，应当事先告知受让人该专利实施许可声明的内容，并保证受让人同意受该专利实施许可声明的约束。

第四章 强制性国家标准涉及专利的特殊规定

第十四条 强制性国家标准一般不涉及专利。

第十五条 强制性国家标准确有必要涉及专利，且专利权人或者专利申请人拒绝作出第九条第一项或者第二项规定的专利实施许可声明的，应当由国家标准化管理委员会、国家知识产权局及相关部门和专利权人或者专利申请人协商专利处置办法。

第十六条 涉及专利或者可能涉及专利的强制性国家标准批准发布前，国家标准化管理委员会应当对标准草案全文和已知的专利信息进行公示，公示期为30天；依申请，公示期可以延长至60天。任何组织或者个人可以将其知悉的其他专利信息书面通知国家标准化管理委员会。

第五章 附则

第十七条 国家标准中所涉及专利的实施许可及许可使用费问题，由标准使用人与专利权人或者专利申请人依据专利权人或者专利申请人作出的专利实施许可声明协商处理。

第十八条 等同采用国际标准化组织（ISO）和国际电工委员会（IEC）的国际标准制修订的国家标准，该国际标准中所涉及专利的实施许可声明同样适用于国家标准。

第十九条 在制修订国家标准过程中引用涉及专利的标准的，应当按照本规定第三章的规定重新要求专利权人或者专利申请人作出专利实施许可声明。

第二十条 制修订国家标准涉及专利的，专利信息披露和专利实施许可声明的具体程序依据《标准制定的特殊程序第1部分：涉及专利的标准》国家标准中有关规定执行。

第二十一条 国家标准文本有关专利信息的编写要求按照《标准化工作导则》国家标准中有关规定执行。

第二十二条 制修订行业标准和地方标准中涉及专利的，可以参照适用本规定。

第二十三条 本规定由国家标准化管理委员会和国家知识产权局负责解释。

第二十四条 本规定自2014年1月1日起施行。

17 最高人民法院关于审理侵犯专利权纠纷案件应用法律若干问题的解释（二）

（法释〔2016〕1号）

（2016年1月25日最高人民法院审判委员会第1676次会议通过，自2016年4月1日起施行）

为正确审理侵犯专利权纠纷案件，根据《中华人民共和国专利法》《中华人民共和国侵权责任法》《中华人民共和国民事诉讼法》等有关法律规定，结合审判实践，制定本解释。

第一条 权利要求书有两项以上权利要求的，权利人应当在起诉状中载明据以起诉被诉侵权人侵犯其专利权的权利要求。起诉状对此未记载或者记载不明的，人民法院应当要求权利人明确。经释明，权利人仍不予明确的，人民法院可以裁定驳回起诉。

第二条 权利人在专利侵权诉讼中主张的权利要求被专利复审委员会宣告无效的，审理侵犯专利权纠纷案件的人民法院可以裁定驳回权利人基于该无效权利要求的起诉。

有证据证明宣告上述权利要求无效的决定被生效的行政判决撤销的，权利人可以另行起诉。

专利权人另行起诉的，诉讼时效期间从本条第二款所称行政判决书送达之日起计算。

第三条 因明显违反专利法第二十六条第三款、第四款导致说明书无法用于解释权利要求，且不属于本解释第四条规定的情形，专利权因此被请求宣告无效的，审理侵犯专利权纠纷案件的人民法院一般应当裁定中止诉讼；在合理期限内专利权未被请求宣告无效的，人民法院可以根据权利要求的记载确定专利权的保护范围。

第四条 权利要求书、说明书及附图中的语法、文字、标点、图形、符号等存有歧义，但本领域普通技术人员通过阅读权利要求书、说明书及附图可以得出唯一理解的，人民法院应当根据该唯一理解予以认定。

第五条 在人民法院确定专利权的保护范围时，独立权利要求的前序部分、特征部分以及从属权利要求的引用部分、限定部分记载的技术特征均有限定作用。

第六条 人民法院可以运用与涉案专利存在分案申请关系的其他专利及其专利审查档案、生效的专利授权确权裁判文书解释涉案专利的权利要求。

专利审查档案，包括专利审查、复审、无效程序中专利申请人或者专利权人提交的书面材料，国务院专利行政部门及其专利复审委员会制作的审查意见通知书、会晤记录、口头审理记录、生效的专利复审请求审查决定书和专利权无效宣告请求审查决定书等。

第七条 被诉侵权技术方案在包含封闭式组合物权利要求全部技术特征的基础上增加其他技术特征的，人民法院应当认定被诉侵权技术方案未落入专利权的保护范围，但该增加的技术特征属于不可避免的常规数量杂质的除外。

前款所称封闭式组合物权利要求，一般不包括中药组合物权利要求。

第八条 功能性特征，是指对于结构、组分、步骤、条件或其之间的关系等，通过其在发明创造中所起的功能或者效果进行限定的技术特征，但本领域普通技术人员仅通过阅读权利要求即可直接、明确地确定实现上述功能或者效果的具体实施方式的除外。

与说明书及附图记载的实现前款所称功能或者效果不可缺少的技术特征相比，被诉侵权技术方案的相应技术特征是以基本相同的手段，实现相同的功能，达到相同的效果，且本领域普通技术人员在被诉侵权行为发生时无需经过创造性劳动就能够联想到的，人民法院应当认定该相应技术特征与功能性特征相同或者等同。

第九条 被诉侵权技术方案不能适用于权利要求中使用环境特征所限定的使用环境的，人民法院应当认定被诉侵权技术方案未落入专利权的保护范围。

第十条 对于权利要求中以制备方法界定产品的技术特征，被诉侵权产品的制备方法与其不相同也不等同的，人民法院应当认定被诉侵权技术方案未落入专利权的保护范围。

第十一条 方法权利要求未明确记载技术步骤的先后顺序，但本领域普通技术人员阅读权利要求书、说明书及附图后直接、明确地认为该技术步骤应当按照特定顺序实施的，人民法院应当认定该步骤顺序对于专利权的保护范围具有限定作用。

第十二条 权利要求采用“至少”“不超过”等用语对数值特征进行界定，且本领域普通技术人员阅读权利要求书、说明书及附图后认为专利技术方案特别强调该用语对技术特征的限定作用，权利人主张与其不相同的数值特征属于等同特征的，人民法院不予支持。

第十三条 权利人证明专利申请人、专利权人在专利授权确权程序中对权利要求书、说明书及附图的限缩性修改或者陈述被明确否定的，人民法院应当认定该修改或者陈述未导致技术方案的放弃。

第十四条 人民法院在认定一般消费者对于外观设计所具有的知识水平和认知能力时，一般应当考虑被诉侵权行为发生时授权外观设计所属相同或者相近种类产品的设计空间。设计空间较大的，人民法院可以认定一般消费者通常不容易注意到不同设计之间的较小区别；设计空间较小的，人民法院可以认定一般消费者通常更容易注意到不同设计之间的较小区别。

第十五条 对于成套产品的外观设计专利，被诉侵权设计与其一项外观设计相同或者近似的，人民法院应当认定被诉侵权设计落入专利权的保护范围。

第十六条 对于组装关系唯一的组件产品的外观设计专利，被诉侵权设计与其组合状态下的外观设计相同或者近似的，人民法院应当认定被诉侵权设计落入专利权的保护范围。

对于各构件之间无组装关系或者组装关系不唯一的组件产品的外观设计专利，被诉侵权设计与其全部单个构件的外观设计均相同或者近似的，人民法院应当认定被诉侵权设计落入专利权的保护范围；被诉侵权设计缺少其单个构件的外观设计或者与之不相同也不近似的，人民法院应当认定被诉侵权设计未落入专利权的保护范围。

第十七条 对于变化状态产品的外观设计专利，被诉侵权设计与变化状态图所示各种使用状态下的外观设计均相同或者近似的，人民法院应当认定被诉侵权设计落入专利权的保护范围；被诉侵权设计缺少其一种使用状态下的外观设计或者与之不相同也不近似的，人民法院应当认定被诉侵权设计未落入专利权的保护范围。

第十八条 权利人依据专利法第十三条诉请在发明专利申请公布日至授权公告日期间实施该发明的单位或者个人支付适当费用的，人民法院可以参照有关专利许可使用费合理确定。

发明专利申请公布时申请人请求保护的范围与发明专利公告授权时的专利权保护范围不一致，被诉技术方案均落入上述两种范围的，人民法院应当认定被告在前款所称期间内实施了该发明；被诉技术方案仅落入其中一种范围的，人民法院应当认定被告在前款所称期间内未实施该发明。

发明专利公告授权后，未经专利权人许可，为生产经营目的的使用、许诺销售、销售在本条第一款所称期间内已由他人制造、销售、进口的产品，且该他人已支付或者书面承诺支付专利法第十三条规定的适当费用的，对于权利人关于上述使用、许诺销售、销售行为侵犯专利权的主张，人民法院不予支持。

第十九条 产品买卖合同依法成立的，人民法院应当认定属于专利法第十一条规定的销售。

第二十条 对于将依照专利方法直接获得的产品进一步加工、处理而获得的后续产品，进行再加工、处理的，人民法院应当认定不属于专利法第十一条规定的“使用依照该专利方法直接获得的产品”。

第二十一条 明知有关产品系专门用于实施专利的材料、设备、零部件、中间物等，未经专利权人许可，为生产经营目的将该产品提供给他人实施了侵犯专利权的行为，权利人主张该提供者的行为属于侵权责任法第九条规定的帮助他人实施侵权行为的，人民法院应予支持。

明知有关产品、方法被授予专利权，未经专利权人许可，为生产经营目的积极诱导他人实施了侵犯专利权的行为，权利人主张该诱导者的行为属于侵权责任法第九条规定的教唆他人实施侵权行为的，人民法院应予支持。

第二十二条 对于被诉侵权人主张的现有技术抗辩或者现有设计抗辩，人民法院应当依照专利申请日时施行的专利法界定现有技术或者现有设计。

第二十三条 被诉侵权技术方案或者外观设计落入在先的涉案专利权的保护范围，

被诉侵权人以其技术方案或者外观设计被授予专利权为由抗辩不侵犯涉案专利权的，人民法院不予支持。

第二十四条 推荐性国家、行业或者地方标准明示所涉必要专利的信息，被诉侵权人以实施该标准无需专利权人许可为由抗辩不侵犯该专利权的，人民法院一般不予支持。

推荐性国家、行业或者地方标准明示所涉必要专利的信息，专利权人、被诉侵权人协商该专利的实施许可条件时，专利权人故意违反其在标准制定中承诺的公平、合理、无歧视的许可义务，导致无法达成专利实施许可合同，且被诉侵权人在协商中无明显过错的，对于权利人请求停止标准实施行为的主张，人民法院一般不予支持。

本条第二款所称实施许可条件，应当由专利权人、被诉侵权人协商确定。经充分协商，仍无法达成一致的，可以请求人民法院确定。人民法院在确定上述实施许可条件时，应当根据公平、合理、无歧视的原则，综合考虑专利的创新程度及其在标准中的作用、标准所属的技术领域、标准的性质、标准实施的范围和相关的许可条件等因素。

法律、行政法规对实施标准中的专利另有规定的，从其规定。

第二十五条 为生产经营目的使用、许诺销售或者销售不知道是未经专利权人许可而制造并售出的专利侵权产品，且举证证明该产品合法来源的，对于权利人请求停止上述使用、许诺销售、销售行为的主张，人民法院应予支持，但被诉侵权产品的使用者举证证明其已支付该产品的合理对价的除外。

本条第一款所称不知道，是指实际不知道且不应当知道。

本条第一款所称合法来源，是指通过合法的销售渠道、通常的买卖合同等正常商业方式取得产品。对于合法来源，使用者、许诺销售者或者销售者应当提供符合交易习惯的相关证据。

第二十六条 被告构成对专利权的侵犯，权利人请求判令其停止侵权行为的，人民法院应予支持，但基于国家利益、公共利益的考量，人民法院可以不判令被告停止被诉行为，而判令其支付相应的合理费用。

第二十七条 权利人因被侵权所受到的实际损失难以确定的，人民法院应当依照专利法第六十五条第一款的规定，要求权利人对侵权人因侵权所获得的利益进行举证；在权利人已经提供侵权人所获利益的初步证据，而与专利侵权行为相关的账簿、资料主要由侵权人掌握的情况下，人民法院可以责令侵权人提供该账簿、资料；侵权人无正当理由拒不提供或者提供虚假的账簿、资料的，人民法院可以根据权利人的主张和提供的证据认定侵权人因侵权所获得的利益。

第二十八条 权利人、侵权人依法约定专利侵权的赔偿数额或者赔偿计算方法，并在专利侵权诉讼中主张依据该约定确定赔偿数额的，人民法院应予支持。

第二十九条 宣告专利权无效的决定作出后，当事人根据该决定依法申请再审，请求撤销专利权无效宣告前人民法院作出但未执行的专利侵权的判决、调解书的，人民法院可以裁定中止再审审查，并中止原判决、调解书的执行。

专利权人向人民法院提供充分、有效的担保，请求继续执行前款所称判决、调解书的，人民法院应当继续执行；侵权人向人民法院提供充分、有效的反担保，请求中止执行的，人民法院应当准许。人民法院生效裁判未撤销宣告专利权无效的决定的，专利权人应当赔偿因继续执行给对方造成的损失；宣告专利权无效的决定被人民法院生效裁判撤销，专利权仍有效的，人民法院可以依据前款所称判决、调解书直接执行上述反担保财产。

第三十条　在法定期限内对宣告专利权无效的决定不向人民法院起诉或者起诉后生效裁判未撤销该决定，当事人根据该决定依法申请再审，请求撤销宣告专利权无效前人民法院作出但未执行的专利侵权的判决、调解书的，人民法院应当再审。当事人根据该决定，依法申请终结执行宣告专利权无效前人民法院作出但未执行的专利侵权的判决、调解书的，人民法院应当裁定终结执行。

第三十一条　本解释自2016年4月1日起施行。最高人民法院以前发布的相关司法解释与本解释不一致的，以本解释为准。

18　中华人民共和国专利法修订草案（送审稿）

（2015年12月2日）

（标准相关内容）

第八十五条（新增） 参与国家标准制定的专利权人在标准制定过程中不披露其拥有的标准必要专利的，视为其许可该标准的实施者使用其专利技术。许可使用费由双方协商；双方不能达成协议的，可以请求国务院专利行政部门裁决。当事人对裁决不服的，可以自收到通知之日起十五日内向人民法院起诉。

19 关于禁止滥用知识产权排除、限制竞争行为的规定

（2015年4月7日国家工商行政管理总局令第74号公布）

第一条 为了保护市场公平竞争和激励创新，制止经营者滥用知识产权排除、限制竞争的行为，根据《中华人民共和国反垄断法》（以下简称《反垄断法》），制定本规定。

第二条 反垄断与保护知识产权具有共同的目标，即促进竞争和创新，提高经济运行效率，维护消费者利益和社会公共利益。

经营者依照有关知识产权的法律、行政法规规定行使知识产权的行为，不适用《反垄断法》；但是，经营者滥用知识产权，排除、限制竞争的行为，适用《反垄断法》。

第三条 本规定所称滥用知识产权排除、限制竞争行为，是指经营者违反《反垄断法》的规定行使知识产权，实施垄断协议、滥用市场支配地位等垄断行为（价格垄断行为除外）。

本规定所称相关市场，包括相关商品市场和相关地域市场，依据《反垄断法》和《国务院反垄断委员会关于相关市场界定的指南》进行界定，并考虑知识产权、创新等因素的影响。在涉及知识产权许可等反垄断执法工作中，相关商品市场可以是技术市场，也可以是含有特定知识产权的产品市场。相关技术市场是指由行使知识产权所涉及的技术和可以相互替代的同类技术之间相互竞争所构成的市场。

第四条 经营者之间不得利用行使知识产权的方式达成《反垄断法》第十三条、第十四条所禁止的垄断协议。但是，经营者能够证明所达成的协议符合《反垄断法》第十五条规定的除外。

第五条 经营者行使知识产权的行为有下列情形之一的，可以不被认定为《反垄断法》第十三条第一款第六项和第十四条第三项所禁止的垄断协议，但是有相反的证据证明该协议具有排除、限制竞争效果的除外：

（一）具有竞争关系的经营者在受其行为影响的相关市场上的市场份额合计不超过百分之二十，或者在相关市场上存在至少四个可以以合理成本得到的其他独立控制的替代性技术；

（二）经营者与交易相对人在相关市场上的市场份额均不超过百分之三十，或者在相关市场上存在至少两个可以以合理成本得到的其他独立控制的替代性技术。

第六条 具有市场支配地位的经营者不得在行使知识产权的过程中滥用市场支配地位，排除、限制竞争。

市场支配地位根据《反垄断法》第十八条和第十九条的规定进行认定和推定。经营者拥有知识产权可以构成认定其市场支配地位的因素之一，但不能仅根据经营者拥有知

识产权推定其在相关市场上具有市场支配地位。

第七条 具有市场支配地位的经营者没有正当理由，不得在其知识产权构成生产经营活动必需设施的情况下，拒绝许可其他经营者以合理条件使用该知识产权，排除、限制竞争。

认定前款行为需要同时考虑下列因素：

（一）该项知识产权在相关市场上不能被合理替代，为其他经营者参与相关市场的竞争所必需；

（二）拒绝许可该知识产权将会导致相关市场上的竞争或者创新受到不利影响，损害消费者利益或者公共利益；

（三）许可该知识产权对该经营者不会造成不合理的损害。

第八条 具有市场支配地位的经营者没有正当理由，不得在行使知识产权的过程中，实施下列限定交易行为，排除、限制竞争：

（一）限定交易相对人只能与其进行交易；

（二）限定交易相对人只能与其指定的经营者进行交易。

第九条 具有市场支配地位的经营者没有正当理由，不得在行使知识产权的过程中，实施同时符合下列条件的搭售行为，排除、限制竞争：

（一）违背交易惯例、消费习惯等或者无视商品的功能，将不同商品强制捆绑销售或者组合销售；

（二）实施搭售行为使该经营者将其在搭售品市场的支配地位延伸到被搭售品市场，排除、限制了其他经营者在搭售品或者被搭售品市场上的竞争。

第十条 具有市场支配地位的经营者没有正当理由，不得在行使知识产权的过程中，实施下列附加不合理限制条件的行为，排除、限制竞争：

（一）要求交易相对人将其改进的技术进行独占性的回授；

（二）禁止交易相对人对其知识产权的有效性提出质疑；

（三）限制交易相对人在许可协议期限届满后，在不侵犯知识产权的情况下利用竞争性的商品或者技术；

（四）对保护期已经届满或者被认定无效的知识产权继续行使权利；

（五）禁止交易相对人与第三方进行交易；

（六）对交易相对人附加其他不合理的限制条件。

第十一条 具有市场支配地位的经营者没有正当理由，不得在行使知识产权的过程中，对条件相同的交易相对人实行差别待遇，排除、限制竞争。

第十二条 经营者不得在行使知识产权的过程中，利用专利联营从事排除、限制竞争的行为。

专利联营的成员不得利用专利联营交换产量、市场划分等有关竞争的敏感信息，达成《反垄断法》第十三条、第十四条所禁止的垄断协议。但是，经营者能够证明所达成的协议符合《反垄断法》第十五条规定的除外。

具有市场支配地位的专利联营管理组织没有正当理由，不得利用专利联营实施下列滥用市场支配地位的行为，排除、限制竞争：

（一）限制联营成员在联营之外作为独立许可人许可专利；

（二）限制联营成员或者被许可人独立或者与第三方联合研发与联营专利相竞争的技术；

（三）强迫被许可人将其改进或者研发的技术独占性地回授给专利联营管理组织或者联营成员；

（四）禁止被许可人质疑联营专利的有效性；

（五）对条件相同的联营成员或者同一相关市场的被许可人在交易条件上实行差别待遇；

（六）国家工商行政管理总局认定的其他滥用市场支配地位行为。

本规定所称专利联营，是指两个或者两个以上的专利权人通过某种形式将各自拥有的专利共同许可给第三方的协议安排。其形式可以是为此目的成立的专门合资公司，也可以是委托某一联营成员或者某独立的第三方进行管理。

第十三条　经营者不得在行使知识产权的过程中，利用标准（含国家技术规范的强制性要求，下同）的制定和实施从事排除、限制竞争的行为。

具有市场支配地位的经营者没有正当理由，不得在标准的制定和实施过程中实施下列排除、限制竞争行为：

（一）在参与标准制定的过程中，故意不向标准制定组织披露其权利信息，或者明确放弃其权利，但是在某项标准涉及该专利后却对该标准的实施者主张其专利权。

（二）在其专利成为标准必要专利后，违背公平、合理和无歧视原则，实施拒绝许可、搭售商品或者在交易时附加其他的不合理交易条件等排除、限制竞争的行为。

本规定所称标准必要专利，是指实施该项标准所必不可少的专利。

第十四条　经营者涉嫌滥用知识产权排除、限制竞争行为的，工商行政管理机关依据《反垄断法》和《工商行政管理机关查处垄断协议、滥用市场支配地位案件程序规定》进行调查。

第十五条　分析认定经营者涉嫌滥用知识产权排除、限制竞争行为，可以采取以下步骤：

（一）确定经营者行使知识产权行为的性质和表现形式；

（二）确定行使知识产权的经营者之间相互关系的性质；

（三）界定行使知识产权所涉及的相关市场；

（四）认定行使知识产权的经营者的市场地位；

（五）分析经营者行使知识产权的行为对相关市场竞争的影响。

分析认定经营者之间关系的性质需要考虑行使知识产权行为本身的特点。在涉及知识产权许可的情况下，原本具有竞争关系的经营者之间在许可合同中是交易关系，而在许可人和被许可人都利用该知识产权生产产品的市场上则又是竞争关系。但是，如果当事人之间在订立许可协议时不是竞争关系，在协议订立之后才产生竞争关系的，则仍然不视为竞争者之间的协议，除非原协议发生实质性的变更。

第十六条 分析认定经营者行使知识产权的行为对竞争的影响，应当考虑下列因素：

（一）经营者与交易相对人的市场地位；

（二）相关市场的市场集中度；

（三）进入相关市场的难易程度；

（四）产业惯例与产业的发展阶段；

（五）在产量、区域、消费者等方面进行限制的时间和效力范围；

（六）对促进创新和技术推广的影响；

（七）经营者的创新能力和技术变化的速度；

（八）与认定行使知识产权的行为对竞争影响有关的其他因素。

第十七条 经营者滥用知识产权排除、限制竞争的行为构成垄断协议的，由工商行政管理机关责令停止违法行为，没收违法所得，并处上一年度销售额百分之一以上百分之十以下的罚款；尚未实施所达成的垄断协议的，可以处五十万元以下的罚款。

经营者滥用知识产权排除、限制竞争的行为构成滥用市场支配地位的，由工商行政管理机关责令停止违法行为，没收违法所得，并处上一年度销售额百分之一以上百分之十以下的罚款。

工商行政管理机关确定具体罚款数额时，应当考虑违法行为的性质、情节、程度、持续的时间等因素。

第十八条 本规定由国家工商行政管理总局负责解释。

第十九条 本规定自 2015 年 8 月 1 日起施行。

20　关于滥用知识产权的反垄断指南（征求意见稿）

（2017年3月23日）

前言

反垄断与保护知识产权具有共同的目标，即保护竞争和激励创新，提高经济运行效率，维护消费者利益和社会公共利益。根据《中华人民共和国反垄断法》（以下称《反垄断法》），经营者依照有关知识产权的法律、行政法规规定行使知识产权的行为，不适用《反垄断法》；但是，经营者滥用知识产权，排除、限制竞争的行为，适用《反垄断法》。

经营者滥用知识产权，排除、限制竞争的行为不是一种独立的垄断行为，是指经营者在行使知识产权或者从事相关行为时，达成或者实施垄断协议，滥用市场支配地位，或者实施具有或者可能具有排除、限制竞争效果的经营者集中。为对滥用知识产权行为适用《反垄断法》提供指引，提高国务院反垄断执法机构执法工作的透明度，制定本指南。

第一章　一般问题

第一条　分析原则

分析经营者是否滥用知识产权排除、限制竞争，遵循以下基本原则：

（一）采用与其他财产性权利相同的规制标准，遵循《反垄断法》的基本分析框架；

（二）考虑知识产权的特点；

（三）不因经营者拥有知识产权而推定其在相关市场具有市场支配地位；

（四）根据个案情况考虑相关行为对效率和创新的积极影响。

第二条　分析思路

分析经营者是否滥用知识产权排除、限制竞争，通常遵循以下思路：

（一）分析行为的特征和表现形式。

经营者滥用知识产权，排除、限制竞争的行为，可能是行使知识产权的行为，也可能是与行使知识产权相关的行为。通常根据经营者行为的特征和表现形式，认定可能构成的垄断行为。

（二）界定行为涉及的相关市场。

界定行为涉及的相关市场，通常遵循相关市场界定的基本依据和一般方法，同时考虑知识产权的特殊性。

（三）分析行为对相关市场竞争产生的排除、限制影响。

分析行为对相关市场竞争产生的排除、限制影响，通常需要评估相关市场的竞争状况，并对具体行为进行分析。

（四）分析行为对创新和效率的积极影响。

经营者行为对创新和效率可能产生积极影响，包括促进技术的传播利用、提高资源的利用效率等。分析上述积极影响，需考虑其是否满足本指南第五条规定的条件。

第三条　相关市场

知识产权既可以直接作为交易的标的，也可以被用于提供商品或者服务（以下统称商品）。通常情况下，需依据《国务院反垄断委员会关于相关市场界定的指南》界定相关市场。如果仅界定相关商品市场难以全面评估行为的竞争影响，可能需要界定相关技术市场。根据个案情况，还可以考虑行为对创新、研发等因素的影响。

相关技术市场是指由需求者认为具有较为紧密替代关系的一组或者一类技术所构成的市场。界定相关技术市场可以考虑以下因素：技术的属性、用途、许可费、兼容程度、所涉知识产权的期限、需求者转向其他具有替代关系技术的可能性及成本等。通常情况下，如果利用不同技术能够提供具有替代关系的商品，这些技术可能具有替代关系。在考虑一项技术与知识产权所涉技术是否具有替代关系时，不仅要考虑该技术目前的应用领域，还需考虑其潜在的应用领域。

界定行为涉及的相关市场，需界定相关地域市场并考虑知识产权的地域性。当相关交易涉及多个国家和地区的知识产权时，还需考虑交易条件对相关地域市场界定的影响。

第四条　分析排除、限制影响的考虑因素

（一）评估相关市场的竞争状况，可以考虑以下因素：行业特点与行业发展状况；主要竞争者及其市场份额；市场集中度；市场进入的难易程度；交易相对人的市场地位及对相关知识产权的依赖程度；相关技术更新、发展趋势及研发情况等。

计算经营者在相关技术市场的市场份额，可根据个案情况，考虑利用该技术生产的商品在相关市场的份额、该技术的许可费收入占相关技术市场总许可费收入的比重、具有替代关系技术的数量等。

（二）对具体行为进行分析，可以考虑以下因素：经营者之间的竞争关系；经营者的市场份额及其对市场的控制力；行为对产量、区域、消费者等方面产生限制的时间、范围和程度；行为设置或者提高相关市场进入壁垒的可能性；行为对技术创新、传播和发展的阻碍；行为对行业发展的阻碍；行为对潜在竞争的影响等。

判断经营者之间的竞争关系，根据个案情况，可以考虑在没有该行为的情况下，经营者是否具有实际或者潜在的竞争关系。通常情况下，如果经营者之间具有竞争关系，其行为对相关市场竞争产生排除、限制影响的可能性更大。

第五条　积极影响需要满足的条件

通常情况下，经营者行为对创新和效率的积极影响需同时满足下列条件：

（一）该行为与促进创新、提高效率具有因果关系；

（二）相对于其他促进创新、提高效率的行为，该行为对市场竞争产生的排除、限制影响更小；

（三）该行为不会严重限制相关市场的竞争；

（四）该行为不会严重阻碍其他经营者的创新；

（五）消费者能够分享促进创新、提高效率所产生的利益。

第二章 涉及知识产权的垄断协议

涉及知识产权的协议可能激励创新，促进竞争，根据不同的协议类型，其积极影响具体包括节约研发成本，提高研发效率，降低交易成本，保证产品质量，推广技术成果，避免滥诉等。但是，涉及知识产权的协议也可能对相关市场的竞争产生排除、限制影响，适用《反垄断法》第二章规定。

第六条 联合研发

联合研发是指经营者共同研发技术、产品等，及利用研发成果的行为。分析联合研发对相关市场竞争产生的排除、限制影响，可以考虑以下因素：

（一）是否限制经营者在与联合研发无关的领域独立或者与第三方合作进行研发；

（二）是否限制经营者在联合研发完成后进行研发；

（三）是否限定经营者在与联合研发无关的领域研发的新技术或者新产品所涉知识产权的归属和行使。

第七条 交叉许可

交叉许可是指经营者将各自拥有的知识产权相互许可使用。分析交叉许可对相关市场竞争产生的排除、限制影响，可以考虑以下因素：

（一）是否为排他性许可；

（二）是否构成第三方进入相关市场的壁垒；

（三）是否排除、限制下游相关市场的竞争。

第八条 独占性回授

回授是指被许可人将其利用被许可的知识产权所作的改进，或者通过使用被许可的知识产权所获得的新成果授权给许可人。如果仅有许可人或者其指定的第三方有权实施回授的改进或者新成果，这种回授是独占性的。通常情况下，独占性回授对相关市场竞争产生排除、限制影响的可能性更大。分析独占性回授对相关市场竞争产生的排除、限制影响，可以考虑以下因素：

（一）许可人是否就独占性回授提供实质性的对价；

（二）许可人与被许可人在交叉许可中是否相互要求独占性回授；

（三）独占性回授是否导致改进或者新成果向单一经营者集中，使其获得或者增强市场控制力；

（四）独占性回授是否损害被许可人进行改进的积极性。

如果许可人要求被许可人将上述改进或者新成果转让给许可人，或者其指定的第三人，分析该行为是否排除、限制竞争，同样考虑上述因素。

第九条　不质疑条款

不质疑条款是指在与知识产权许可相关的协议中，许可人要求被许可人不得对其知识产权有效性提出异议的一类条款。分析不质疑条款对相关市场竞争产生的排除、限制影响，可以考虑以下因素：

（一）许可人是否要求所有的被许可人不质疑其知识产权的有效性；

（二）不质疑条款涉及的知识产权许可是否有偿；

（三）不质疑条款涉及的知识产权是否可能构成下游相关市场的进入壁垒；

（四）不质疑条款涉及的知识产权是否阻碍其他竞争性知识产权的实施；

（五）不质疑条款涉及的知识产权许可是否具有排他性；

（六）被许可人质疑许可人知识产权的有效性是否可能因此遭受重大损失。

第十条　标准制定

本指南所称标准制定，是指经营者共同制定在一定范围内统一实施的涉及知识产权的标准。具有竞争关系的经营者共同参与标准制定可能排除、限制竞争，具体分析时可以考虑以下因素：

（一）是否排除其他特定经营者；

（二）是否排斥特定经营者的相关方案；

（三）是否约定不实施其他竞争性标准；

（四）对行使标准中所包含的知识产权是否有必要、合理的约束机制。

第十一条　其他限制

经营者许可知识产权，还可能涉及下列限制：

（一）限制知识产权的使用领域；

（二）限制利用知识产权提供的商品的销售渠道、销售范围或者销售对象；

（三）限制经营者利用知识产权提供的商品数量；

（四）限制经营者使用具有竞争关系的技术或者提供具有竞争关系的商品。

分析上述限制对相关市场竞争产生的排除、限制影响，可以考虑以下因素：

（一）限制的内容、程度及实施方式；

（二）利用知识产权提供的商品的特点；

（三）限制与知识产权许可条件的关系；

（四）是否包含多项限制；

（五）如果其他经营者拥有的知识产权涉及具有替代关系的技术，其他经营者是否实施相同或者类似的限制。

第十二条　安全港规则

为了提高执法效率，给市场主体提供明确的预期，设立安全港规则。安全港规则是指，如果经营者符合下列条件之一，通常不将其达成的涉及知识产权的协议认定为《反垄断法》第十三条第一款第六项和第十四条第三项规定的垄断协议，但是有相反的证据证明该协议对相关市场竞争产生排除、限制影响的除外。

（一）具有竞争关系的经营者在相关市场的市场份额合计不超过20%；

（二）不具有竞争关系的经营者在受到涉及知识产权的协议影响的任一相关市场上的市场份额均不超过30%；

（三）如果经营者在相关市场的份额难以获得，或者市场份额不能准确反映经营者的市场地位，但在相关市场上除协议各方控制的技术外，存在四个或者四个以上能够以合理成本得到的由其他经营者独立控制的具有替代关系的技术。

第三章　涉及知识产权的滥用市场支配地位行为

认定涉及知识产权的滥用市场支配地位行为，适用《反垄断法》第三章规定。通常情况下，首先界定行为涉及的相关市场，认定经营者在相关市场是否具有市场支配地位，再根据个案情况，具体分析行为是否构成滥用知识产权，排除、限制竞争的行为。

第十三条　知识产权与市场支配地位的认定

经营者拥有知识产权，并不意味着其必然具有市场支配地位。认定拥有知识产权的经营者在相关市场上是否具有支配地位，应依据《反垄断法》第十八条、第十九条规定的认定或者推定市场支配地位的因素和情形进行分析，结合知识产权的特点，还可具体考虑以下因素：

（一）交易相对人转向具有替代关系的技术或者商品等的可能性及转换成本；

（二）下游市场对利用知识产权所提供的商品的依赖程度；

（三）交易相对人对经营者的制衡能力。

认定拥有标准必要专利的经营者是否具有市场支配地位，还需考虑以下因素：

（一）标准的市场价值、应用范围和程度；

（二）是否存在具有替代关系的标准，包括使用具有替代关系标准的可能性和转换成本；

（三）行业对相关标准的依赖程度；

（四）相关标准的演进情况与兼容性；

（五）纳入标准的相关技术被替换的可能性。

本指南所称标准必要专利，是指实施该项标准必不可少的专利。

第十四条　以不公平的高价许可知识产权

具有市场支配地位的经营者，可能滥用其市场支配地位，以不公平的高价许可知识产权，排除、限制竞争。分析其是否构成滥用市场支配地位，可以考虑以下因素：

（一）许可费的计算方法，及知识产权对相关商品价值的贡献；

（二）经营者对知识产权许可作出的承诺；

（三）知识产权的许可历史或者可比照的许可费标准；

（四）导致不公平高价的许可条件，包括限制许可的地域或者商品范围等；

（五）在一揽子许可时是否就过期或者无效的知识产权收取许可费。

分析经营者是否以不公平的高价许可标准必要专利，还可考虑符合相关标准的商品所承担的整体许可费情况及其对相关产业正常发展的影响。

第十五条　拒绝许可知识产权

拒绝许可是经营者行使知识产权的一种表现形式。但是，具有市场支配地位的经营者，尤其是其知识产权构成生产经营活动的必需设施时，其没有正当理由拒绝许可知识产权，可能构成滥用市场支配地位，排除、限制竞争。具体分析时，可以考虑以下因素：

（一）经营者对该知识产权许可做出的承诺；

（二）其他经营者进入相关市场是否必须获得该知识产权的许可；

（三）拒绝许可相关知识产权对经营者进行创新的影响及程度；

（四）被拒绝方是否缺乏支付合理许可费的意愿和能力等；

（五）拒绝许可相关知识产权是否会损害消费者利益或者社会公共利益。

第十六条　涉及知识产权的搭售

涉及知识产权的搭售，是指知识产权的许可、转让，以经营者接受其他知识产权的许可、转让，或者接受其他商品为条件。知识产权的一揽子许可也可能是搭售的一种形式。具有市场支配地位的经营者，没有正当理由，可能通过上述搭售行为，排除、限制竞争。

分析涉及知识产权的搭售是否构成滥用市场支配地位，与分析涉及其他商品的搭售一般考虑相同的因素。

第十七条　涉及知识产权的附加不合理交易条件

具有市场支配地位的经营者，没有正当理由，在涉及知识产权的交易中可能附加下列交易条件：

（一）要求交易相对人进行独占性回授；

（二）禁止交易相对人对其知识产权的有效性提出质疑，或者禁止交易相对人对其提起知识产权侵权诉讼；

（三）限制交易相对人利用具有竞争关系的技术或者商品；

（四）对期限届满或者被宣告无效的知识产权主张权利；

（五）在不提供合理对价的情况下要求交易相对人交叉许可；

（六）迫使或者禁止交易相对人与第三方进行交易，或者限制交易相对人与第三方进行交易的条件。

分析经营者的上述行为是否构成滥用市场支配地位，与分析附加其他不合理交易条件一般考虑相同的因素。

第十八条　涉及知识产权的差别待遇

在涉及知识产权的交易中，具有市场支配地位的经营者，没有正当理由，可能对条件实质相同的交易相对人实施不同的许可条件，排除、限制竞争。分析经营者实行的差别待遇是否构成滥用市场支配地位，可以考虑以下因素：

（一）交易相对人的条件是否实质相同，包括相关知识产权的保护范围、不同交易相对人利用相关知识产权提供的商品是否存在替代关系等；

（二）许可条件是否实质不同，包括许可数量、地域和时间等。除分析许可协议条款外，还需综合考虑许可人和被许可人之间达成的其他商业安排对许可条件的影响；

（三）该差别待遇是否对被许可人参与相关市场竞争产生显著不利影响。

第四章　涉及知识产权的经营者集中

涉及知识产权的经营者集中有一定特殊性，主要体现在构成经营者集中的情形、审查的考虑因素和附加限制性条件等方面。审查涉及知识产权的经营者集中，适用《反垄断法》第四章规定。

第十九条　涉及知识产权的交易可能构成经营者集中的情形

经营者通过知识产权的转让和排他性许可可能取得对其他经营者的控制权或者能够对其他经营者施加决定性影响。具体分析时，可以考虑以下因素：

（一）知识产权是否构成独立业务；

（二）知识产权在上一会计年度是否产生了独立且可计算的营业额；

（三）知识产权排他性许可的期限。

第二十条　涉及知识产权的经营者集中审查

如果涉及知识产权的安排是集中交易的实质性组成部分或者对交易目的的实现具有重要意义，在经营者集中审查过程中，考虑《反垄断法》第二十七条规定的因素，同时考虑知识产权的特点。

第二十一条　涉及知识产权的限制性条件类型

涉及知识产权的限制性条件包括结构性条件、行为性条件和综合性条件，通常根据个案情况，对限制性条件建议进行评估后确定。

第二十二条　涉及知识产权的结构性条件

经营者可以提出剥离知识产权或者知识产权所涉业务的限制性条件建议。经营者通常需确保知识产权受让方拥有必要的资源、能力并有意愿通过使用被剥离的知识产权或者从事所涉业务参与市场竞争。剥离应有效、可行、及时，以避免相关市场的竞争状况受到影响。

第二十三条　涉及知识产权的行为性条件

涉及知识产权的行为性条件根据个案情况确定，限制性条件建议可能涉及以下内容：

（一）知识产权许可。该许可通常是排他性的，并且不包含使用领域或者地域限制。

（二）保持知识产权相关业务的独立运营。相关业务应具备在一定期间内进行有效竞争的条件。

（三）遵守公平、合理、无歧视义务。经营者通常需通过具体安排确保其遵守该义务。

（四）收取合理的许可使用费。经营者通常应详细说明许可费率的计算方法、许可费的支付方式、公平的谈判条件和机会等。

第二十四条　涉及知识产权的综合性条件

经营者可将结构性条件和行为性条件相结合，提出涉及知识产权的综合性限制性条件建议。

第五章　涉及知识产权的其他情形

一些涉及知识产权的情形可能构成不同类型的垄断行为，也可能涉及特定主体，可根据个案情况进行分析，适用《反垄断法》的相关规定。

第二十五条　专利联营

专利联营，是指两个或者两个以上经营者将各自的专利共同许可给联营成员或者第三方。专利联营各方通常委托联营成员或者独立第三方对联营进行管理。联营具体方式包括达成协议，设立公司或者其他实体等。

专利联营一般可以降低交易成本，提高许可效率，具有促进竞争的效果。但是，专利联营也可能排除、限制竞争，具体分析时可以考虑以下因素：

（一）经营者在相关市场的市场份额及其对市场的控制力；

（二）联营中的专利是否涉及具有替代关系的技术；

（三）是否限制联营成员单独对外许可专利或研发技术；

（四）经营者是否通过联营交换商品价格、产量等信息；

（五）经营者是否通过联营排斥具有替代关系的技术，阻碍其他经营者进入相关市场；

（六）经营者是否通过联营进行交叉许可或者独占性回授、订立不质疑条款及实施其他限制等；

（七）经营者是否通过联营以不公平高价许可专利、搭售、附加不合理交易条件或者实行差别待遇等。

第二十六条　禁令救济

禁令救济，是指拥有知识产权的经营者请求法院或者相关部门颁发限制使用相关知识产权的命令。

禁令救济是标准必要专利权人依法享有的维护其合法权利的救济手段。拥有市场支配地位的标准必要专利权人利用禁令救济申请迫使被许可人接受其提出的不公平的高价许可费或者其他不合理的许可条件，可能排除、限制竞争。具体分析时，可以考虑以下因素：

（一）谈判双方在谈判过程中的行为表现及其体现出的真实意愿；

（二）相关标准必要专利所负担的有关禁令救济的承诺；

（三）谈判双方在谈判过程中所提出的许可条件；

（四）申请禁令救济对许可谈判的影响；

（五）申请禁令救济对下游相关市场竞争和消费者利益的影响。

第二十七条　著作权集体管理组织

著作权集体管理组织是指为著作权权利人的利益依法设立，根据权利人授权、对权利人的著作权或者与著作权有关的权利进行集体管理的社会团体。著作权集体管理通常有利于单个著作权人权利的行使，降低个人维权以及用户获得授权的成本，促进作品的传播和著作权保护。但是，著作权集体管理组织在开展活动过程中，有可能滥用知识产权，排除、限制竞争。具体分析时，可以根据行为的特征和表现形式，认定可能构成的垄断行为并分析相关因素。

参考文献

除文中引出的参考文献外，本书还参考或学习了以下文献。若有疏漏之处，敬请谅解并致以谢意，同时恳请将相关文献信息告知本书编委会。

标准化

[1] 李霞．产业技术标准化战略研究 [D]. 武汉：中南财经大学，2006.

[2] 喻萌．技术标准战略的法学视角研究 [D]. 武汉：武汉理工大学，2006.

[3] 祝爱民，郭涛，等．标准化战略的发展趋势 [J]. 科技管理研究，2006（2）: 217-219.

[4] 孙毅．技术标准国际化——新兴工业化道路的必然选择 [J]. 山东经济，2004（5）: 38-40.

[5] 刘銮飞．应用标准技术手段——应对贸易技术壁垒 [J]. 企业标准化，2003（1）: 4-6.

[6] 王超．标准化建设企业要当脊梁骨——关于工程建设领域企业标准化的思考 [J]. 建设科技，2002（4）: 8-9.

[7] 王超．得标准者得“天下”——关于建设行业信息技术标准的思考 [J]. 建设科技，2002（8）: 23-24.

[8] 李爱萍，成丽淑，崔刚．试论标准化在现在国际贸易中的作用 [J]. 太原科技，2000（2）: 6-7.

[9] 张晓芬．实施标准化战略——应对贸易壁垒挑战 [J]. 辽宁大学学报（哲学社会科学版），2002（6）: 133-135.

[10] 邴辉．标准化法律制度研究 [D]. 青岛：中国海洋大学，2006.

[11] 刘伟．“强制性标准”与“缺陷”的若干法律思考 [J]. 财经政法资讯，2006（02）: 41-45.

[12] 赵朝义，白殿一．发挥行业协会在我国标准化活动中的作用 [J]. 中国标准化，2004（12）: 49-50.

[13] 马艳霞．网络出版标准若干问题研究 [D]. 郑州：郑州大学，2005.

[14] 吴林海，崔超，罗佳．我国未来技术标准发展战略研究——基于跨国公司标准与专利的融合 [J]. 中国人民大学学报，2005（4）: 105-110.

[15] 潘海波，金雪军．技术标准与技术创新协同发展关系研究 [J]. 中国软科学，2003（10）: 110-114.

[16] 王黎萤，陈劲，杨幽红．技术标准战略、知识产权战略与技术创新协同发展关系研究 [J]. 科学学与科学技术管理，2005（1）: 31-34.

[17] 戴红．标准化与知识产权 [J]. 仪器仪表标准化与计量，2003（5）: 4-6.

[18] 胡波涛．标准化与知识产权滥用规制 [D]. 武汉：武汉大学，2005.

[19] 李祖明．标准与知识产权 [J]. 法学杂志，2004（25）: 25-27.

[20] 高度重视技术标准和知识产权建立自己的知识产权战略——来自“第一届中国信息产业知识产权与技术标准峰会”的报道 [J]. 信息技术与标准化，2004（6）: 39-43.

[21] 杨爱君．国际技术标准、知识产权及标准制定的必要因素分析 [D]. 北京：对外经济贸易大学，2006.

[22] 郑鹰 . 技术标准中的知识产权问题 [J]. 世界标准信息，2006（12）：72-79.
[23] 兰泳 . 美国标准制定组织的知识产权政策 [J]. 全球科技经济瞭望，2003（11）：4-5.
[24] 范艳利 . 知识产权与技术标准问题之探析 [D]. 重庆：西南政法大学，2005.
[25] 技术标准的发展趋势及我国面临的挑战 [J]. 企业研究报告，2004（159）：8-13.
[26] 谢友才，胡汉辉 . 标准的哲学解析与技术创新 [J]. 中国软科学，2005（10）：95-99.
[27] 杨武，高俊光，傅家骥 . 基于技术创新的技术标准管理与战略理论研究 [J]. 科学学研究，2006，24（06）：979-984.
[28] 李正权 . 标准与技术创新的互动——析标准与技术创新的辩证关系 [N]. 中国质量报,2003,10（24）.
[29] 文松山 . 推荐性标准在一定条件下具有强制性——同《推荐性标准是否具有强制性》一文商榷 [J]. 中国标准化，1996（08）：23-24.
[30] 周建安，等 . 美国技术法规体系研究 [J]. 检验检疫科学，2002，12（5）：14-16.
[31] 佚名 . 强制性标准和推荐性标准有何区别 [J]. 监督与选择，2006（02）：7.
[32] 何鹰 . 强制性标准的法律地位——司法裁判中的表达 [J]. 政法论坛，2010（02）：179-185.
[33] 唐建华，谢葳 . 知识产权与技术标准及技术创新的关系 [J]. 铁道技术监督，2007，35（01）：4-6.
[34] 李广强，甘路 . 标准化和知识产权初探 [J]. 军民两用技术与产品，2007（07）：44-45.
[35] 邓红梅，黄静 . 关于强制性标准法律问题的思考 [J]. 齐齐哈尔师范高等专科学校学报，2011（3）：83-85.
[36] 邓义兵 . 标准化中的限制竞争行为法律规制研究 [D]，重庆：西南政法大学，2010.

专利

[1] 高印立，孙文莉，程志军 . 专利与标准结合的福利效应分析 [J]. 建筑经济，2009（11）：91-94.
[2] 姜波 . 工程建设标准的专利问题 [J]. 中国标准化，2012（增刊）：1160-1163.
[3] 高印立，程志军 . 论标准与专利的关系 [J]. 标准科学，2012（1）：12-15.
[4] 吴成剑，张晓 . 论标准专利的禁令救济 [J]. 中国专利与商标，2013（02）：21-26.
[5] 姜波，程志军，等 . 工程建设标准纳入专利的对策研究 [A]. 见：中国工程建设标准化协会 . 第一届工程建设标准化高峰论坛论文集 [C]. 北京：中国建筑工业出版社，2014：38-43.
[6] 姜波 . 工程建设标准的专利制度设计原则及相关建议 [J]. 工程建设标准化，2015：65-67.
[7] 赵洁 . 工程建设标准中的必要专利 [J]. 工程建设标准化，2015：71-73.
[8] 顾泰昌 . 标准涉及专利的许可化研究 [J]. 工程建设标准化，2015：68-70.
[9] 姜波 . 工程建设标准纳入专利的法理分析及政策建议 [J]. 法律出版社，2015：180-188.
[10] 唐顺良，姜波，任永利 . 浅谈工程建设标准对不当专利权的规制——以全玻璃窗专利纠纷案为例 [J]. 中国发明与专利，2016（4）：79-83.
[11] 任国泰 . 标准 • 产品 • 专利——电连接器标准漫谈 [J]. 机电元件，2006（1）：40-48.
[12] 袁俊 . 标准 • 专利 • 贸易技术壁垒 [J]. 交通标准化，2002（6）：14-15.
[13] 张勇刚，张素亮 ."专利性技术标准"：一种新的知识产权形态 [J]. 建设科技，2005（11）：61-64.

[14] 标准与专利手拉手相关管理办法即将出台 [J]. 交通标准化，2003（11）：82.
[15] 乔栋 . 标准发展能否逾越专利的束缚 ?——AVS 在平衡标准公权和专利私权关系中的探索 .WTO 经济导刊，2005（7）：44-45.
[16] 中国电子技术标准化研究所 . 标准与专利 [J]. 电子标准化与质量，2000（1）：24-26+39.
[17] 标准与专利、商标以及版权法律之间的关系 [J]. 电焊机，2004（2）：55.
[18]“标准与专利”相关管理办法即将出台 [J]. 家电科技，2003（10）：23.
[19] 李玉剑，宣国良 . 标准与专利之间的冲突与协调：以 GSM 为例 [J]. 科学学与科学技术管理，2005（2）：43-47.
[20] 袁俊 . 标准、专利与贸易技术壁垒 [J]. 中国标准化，2002（06）：23-24.
[21] 杨剑 . 产业标准与技术专利中国 DTV 产业稳步壮大的“标”“本”之道 [J]. 电子与电脑，2005（09）：15-19.
[22] 霍宏，白耀正，李大庆 . 从专利之争到标准之争的启示 [J]. 财会月刊，2005（5）：71-72.
[23] 杨铁军 . 从专利走向标准 [J]. 信息技术与标准化，2004（06）：45-47.
[24] 何京 . 国家技术标准与专利保护的若干问题 [J]. 知识产权研究，2005（04）：26-33.
[25] 叶林威，戚昌文 . 技术标准——专利战的新武器 [J]. 研究与发展管理，2003，15（02）：54-59.
[26] 杨海江 . 技术标准与专利保护刍议 [J]. 电子知识产权，2006（01）：29-32.
[27] 张平，马骁 . 技术标准与专利许可策略 [J]. 交通标准化，2005（05）：8-13.
[28] 马铁良 . 技术标准中引用专利的原则 [J]. 电子知识产权，2004（12）：30-32.
[29] 袁俊 . 技术标准、专利技术与市场竞争 [J]. 航天标准化，2005（06）：33-36.
[30] 吉亚平，徐卫佳 . 技术、专利和标准 [J]. 云南科技管理，2002（3）：36，38.
[31] 马希良 . 加强科技计划成果管理切实落实专利战略和技术标准战略 [J]. 科技成果纵横，2003（6）：11-12.
[32] 李贤 . 建议调整专利收费减缓标准 [J]. 发明与创新 .2004（5）：7.
[33] 康添雄 . 美国专利间接侵权研究 [J]. 重庆工学院学报，2006（6）：31-33+54.
[34] 吕昆 . 企业标准与专利工作战略 [J]. 信息技术与标准化，2003（10）：45-47.
[35] 张岚 . 企业专利冲撞产业标准 [J]. 每周电脑报，2005（21）：12-13.
[36] 李海燕 . 浅析技术标准中的必要专利 [J]. 广播电视信息，2005（3）：48-51.
[37] 邓颖禹 . 浅析企业专利标准战略的技术竞争优势 [J]. 企业活力，2005（12）：10-11.
[38] 彭燕 . 审查员眼中的专利与标准 [J]. 信息技术与标准化，2005（3）：52-55.
[39] 黄铁军 . 以 AVS 为例谈专利私权和标准公权的平衡 [J]. 信息技术与标准化，2005（7）：40-43.
[40] 吕昆 . 以标准与专利相结合战略推广新技术 [J]. 建设科技，2005（11）：59-60.
[41] 吴长江 . 增强专利意识加快技术标准体系建设 [J]. 科技情报开发与经济，2004（8）：151-154.
[42] 袁俊 . 专利•标准•技术壁垒 [J]. 航空科学技术，2002（4）：14-15.
[43] 袁俊 . 专利、标准与国际市场竞争 [J]. 冶金标准化与质量，2002（4）：23-24.
[44] 袁俊 . 专利、技术标准与全球市场竞争 [J]. 制造技术与机床，2005（9）：50-53.

[45] 李琳 . 专利纠缠、标准未定 TD-SCDMA 尚须跨越重重险阻 [J].IT 时代周刊，2006（6）：58-59.

[46] 黄振利 . 专利兴盛经济——标准引领市场 [J]. 信息技术与标准化，2006（3）：52-53.

[47] 吴源俊 . 专利与标准面面观 [J]. 信息技术与标准化，2005（11）：58-61.

[48] 吴源俊 . 专利与标准面面观（下）[J]. 信息技术与标准化，2005（12）：49-52.

[49] 朱晓薇，朱雪忠 . 专利与技术标准的冲突及对策 [J]. 科研管理，2003（1）：140-144.

[50] 李鲁林 ."DVD 专利事件"及相关法律问题研究——兼及企业专利战略 [D]. 北京：中国政法大学，2004.

[51] 史晓陵 . 北京振利成功实施专利加标准战略 [N]. 中国建材报，2007，1（23）：B02.

[52] 钱江 . 比较视野下的美国、欧盟电子商务商业方法的可专利性标准 [J]. 浙江学刊，2007（5）：156-161.

[53] 赵文慧 . 标准公权和专利私权：困境与平衡 [J]. 中南财经政法大学研究生学报，2006（4）：95-99.

[54] 詹映，朱雪忠 . 标准和专利战的主角——专利池解析 [J]. 研究与发展管理，2007，19（1）：92-99.

[55] 郭玲 . 标准化组织的专利政策研究 [D]. 成都：西南财经大学，2007.

[56] 李琳 . 从美国 ATSC 标准再论"专利壁垒"[J]. 世界标准化与质量管理，2007（7）：54-55.

[57] 刘劲松 . 国家专利战略研究 [D]. 南京：东南大学，2005.

[58] 非飞 . 国内建设系统首部包含专利技术协会标准颁布 [N]. 国际商报，2006，11（24）：004.

[59] 崔喜君 . 国外专利申请的技术溢出效应研究 [D]. 淄博：山东理工大学，2007.

[60] 王宏梅 . 基于技术标准专利化的我国企业技术创新研究 [D]. 济南：山东大学，2006.

[61] 袁俊 . 技术标准、专利技术与市场竞争 [J].WMEM，2006（4）：63-65.

[62] 曾德明，朱丹，彭盾 . 技术标准联盟成员专利许可定价研究 [J]. 软科学，2007，21（3）：12-14.

[63] 朱雪忠，詹映，蒋逊明 . 技术标准下的专利池对我国自主创新的影响研究 [J]. 科研管理，2007，28（2）：180-186.

[64] 赵启杉，黄良才 . 技术标准中的事先披露原则——VITA 新专利政策介评 [J]. 电子知识产权，2007（6）：23-27.

[65] 张文杰 . 技术标准中的专利技术的可专利性研究 [D]. 上海：华东政法学院，2005.

[66] 杨帆 . 技术标准中的专利问题研究 [D]. 北京：中国政法大学，2006.

[67] 许合先 . 技术标准专利化趋势对我国技术创新的影响及对策 [J]. 湖北教育学院学报，2006，23（11）：70-72.

[68] 柳芳 . 技术创新与专利制度相互作用机制研究 [D]. 南京：东南大学，2006.

[69] 王惜纯 . 建设系统首次将国内专利技术写入标准 - 技术专利化、专利标准化初露端倪 [N]. 中国质量报，2006，11（27）：002.

[70] 张步云，朱文达 . 山东潍坊市质监局建立企业区域性标准化战略框架——技术专利化、专利标准化、标准全球化 [N]. 中国质量报，2007，5（22）：003.

[71] 张莉 . 节省 160 亿专利费——CDMB 渴望问鼎国际 [N]. 中国联合商报，2007，5（28）：020.

[72] 河江 . 建筑节能——首部含专利技术的协会标准颁布 [N]. 天山建设报，2007，2（9）：002.

[73] 陶晓，郝文英 . 专利 + 标准 = 战略先行者——访北京振利高新技术有限公司董事长黄振利 [N]. 中国建设报，2007，1（11）: 008.
[74] 刘丹 . 专利标准化：寻找公权私利制衡点 [N]. 科学时报，2006，11（28）: A04.
[75] 宋长友 . 专利 + 标准 = 第一生产力 [N]. 中国建设报，2006，6（1）: 010.
[76] 刘小平 . 加入 WTO 后中国技术型企业的专利战略管理研究 [D]. 成都：四川大学，2002.
[77] 应对国际竞争的一把利刃——专利与技术标准 [J]. 中国商办工业，2003（1）: 32-33.
[78] 蓝华生 . 入世后中国专利制度发展研究 [D]. 福州：福州大学，2003.
[79] 邵勇 . 专利指标及其经济效益研究 [D]. 广州：暨南大学，2003.
[80] 雍海峰 . 专利与技术标准 [J]. 砖瓦，2003（3）: 53.
[81] 王会良 . 中国企业专利战略实施框架研究 [D]. 天津：天津大学，2004.
[82] 一种新的知识产权形式——专利性技术标准 [J]. 中国建筑防水，2005（9）: 37-38.
[83] 程波 . 专利的国际保护及我国的对策 [D]. 哈尔滨：哈尔滨工程大学，2005.
[84] 冯小兵 . 专利联盟及其反垄断规制研究 [D]. 北京：中国政法大学，2005.
[85] 刘向阳 . 专利限制研究 [D]. 长沙：中南大学，2005.
[86] 袁俊 . 专利 • 标准贸易技术壁垒与市场竞争 [J]. 航空工业经济研究，2005（3）: 42-45+48.
[87] 郑小玲，王江 . 专利、标准、技术性贸易壁垒 [J]. 商讯商业经济文荟，2005（4）: 88-91.
[88] 曾明月 . 论专利型技术标准引发的贸易壁垒及应对之策 [D]. 北京：对外经济贸易大学，2006.
[89] 戴焰 . 我国专利战略的政府政策研究 [D]. 杭州：浙江大学，2006.
[90] 丁云云 . 我国公共研究机构的专利制度缺陷及其完善之研究 [D]. 北京：中国政法大学，2006.
[91] 郝文英 . 专利与标准结合——创新型国家建设的必然要求 [N]. 中国建设报，2006，5（11）: 007.
[92] 胡神松 . 企业技术创新与专利战略研究 [D]. 武汉：武汉理工大学，2006.
[93] 黄献 . 专利标准战略法律问题研究 [D]. 湘潭：湘潭大学，2006.
[94] 黄艳 . 跨国公司专利垄断与中国的反垄断法 [D]. 大连：东北财经大学，2006.
[95] 李国华 . 死于专利池：中国关键产业再临 DVD 之劫 [N]. 中国经营报，2006，8（21）: A02.
[96] 李彦雪 . 我国专利发展与专利战略探析 [D]. 保定：河北大学，2006.
[97] 林旭 . 专利制度国际化研究 [D]. 上海：华东政法学院，2006.
[98] 史少华 . 专利与标准的结合——中国企业专利策略和标准策略分析 [J].WTO 经济导刊，2006（9）: 66-67.
[99] 宋薇 . 浅论专利标准垄断的具体表现 [J]. 太原城市职业技术学院学报，2006（4）: 33+39.
[100] 唐炜 . 面向战略决策服务的专利分析指标研究 [D]. 北京：中国科学院研究生院（文献情报中心），2006.
[101] 王红霞，肖岳峰 . 企业技术标准与专利之关系探讨 [J]. 信息技术与标准化，2006（4）: 46-49.
[102] 魏芳 . 企业知识产权战略研究 [D]. 武汉：武汉理工大学，2006.
[103] 肖国华 . 专利地图研究与应用 [D]. 成都：四川大学，2006.
[104] 叶萍 . 专利池滥用的反垄断法规制问题研究 [D]. 北京：中国政法大学，2006.

[105] 张剑 . 专利制度的经济学分析 [D]. 上海：复旦大学，2006.

[106] 张新奎，任月娥 . 论高校知识产权保护 [J]. 中国青年政治学院学报，2006（4）：107-110.

[107] 赵丽娟 . 捆绑专利的新型技术性贸易壁垒的影响及其对策研究 [D]. 长沙：中南大学，2006.

[108] 陈淑梅 . 欧盟标准化外部性对我国出口企业技术创新路径的影响 [J]. 中国软科学，2007（1）：90-100.

[109] 陈晓 . 论专利申请制度的国际协调 [D]. 上海：华东政法大学，2007.

[110] 毛鸿鹏 . 我国专利代理行业的研究 [D]. 上海：华东师范大学，2007.

[111] 司云节 . 专利池滥用行为的法律规制比较研究 [D]. 上海：华东政法大学，2007.

[112] 肖文康，肖春勇 . 解读双重贸易技术壁垒：专利与标准的整合 [J]. 世界标准化与质量管理，2007（3）：14-16.

[113] 张波 . 专利联营的反垄断规制研究 [D]. 上海：上海交通大学，2007.

[114] 张鹤 . 我国专利发展研究 [D]. 武汉：中南财经政法大学，2007.

[115] 朱德林 . 专利与技术标准结合产生的垄断问题研究 [D]. 重庆：西南政法大学，2007.

[116] 蓝娟，黄铁军，等 . 数字版权管理领域相关技术专利问题的分析及对策 [J]. 电信科学，2006（11）：51-56.

[117] 国内建设系统首部含有专利技术的协会标准颁布实施 [J]. 墙材革新与建筑节能，2006（12）：45.

[118] 行业标准携手自主专利 [N]. 科学时报，2007，7（23）：A06.

[119] 仲惟兵 . 石化行业专利现状及入世的影响与对策 [J]. 石化技术，2003，10（1）：1-4.

[120] 郑宏彩 . 我国专利现状及其对策研究 [J]. 法制与经济，2003（3）：50-53.

[121] 杨林村 . 技术标准中采用专利的法律视角分析 [J].WTO 标准化与知识产权，2008（04）：86-88.

[122] 章立赟 . 专利技术标准的法律问题研究 [D]. 上海：复旦大学，2008.

[123] 张海燕 . 含技术标准专利联营反垄断法律问题研究 [D]. 大连：大连海事大学，2009.

[124] 刘晓轩 . 专利型技术标准壁垒问题研究 [D]. 长春：东北师范大学，2009.

[125] 姚远 . 技术标准下的专利联盟形成机理研究 [D]. 合肥：中国科学技术大学，2010.

[126] 李秋萍 . 技术标准选定中专利保护的权益冲突与平衡 [D]. 广州：华南理工大学，2010.

[127] 彭娟鹃 . 技术标准中采用专利的法律问题研究 [D]. 长沙：湖南大学，2010.

[128] 郭济环 . 标准与专利的融合、冲突与协调——基于国家标准化战略之考察 [D]. 北京：中国政法大学，2011.

[129] 牛妞 . 技术标准中专利选择问题研究 [D]. 北京：中国政法大学，2011.

[130] 王昊 . 专利池的构建与专利滥用的法律规制——以 TD-SCDMA 标准为视角 [D]. 南京：南京师范大学，2011.

[131] 张健 . 专利权滥用及其法律规制研究 [D]. 长春：吉林大学，2011.

[132] 罗建华，翁建兴 . 我国专利管理现状及发展对策的探讨 [J]. 科技管理研究，2005（09）：21-23+27.

[133] 程良友，汤珊芬 . 我国专利质量现状、成因及对策探讨 [J]. 科技与经济，2006（06）：37-40.

[134] 魏衍亮 . 建筑方法专利技术扫描 [N]. 中国知识产权报，2007，01（10）：012.

[135] 徐曾沧 .WTO 背景下技术标准中专利并入的法律问题研究 [D]. 上海：华东政法大学，2008.
[136] 马忠法 . 专利联盟及其专利许可政策 [J]. 中国发明与专利，2008（09）：45-48.
[137] 马海生 . 技术标准中的“必要专利”问题研究 [J]. 知识产权，2009，19（110）：35-39.
[138] 牛瑞阳，王培璋 . 我国国内专利发展现状分析及对策研究 [J]. 研究与发展管理，2009，21（05）：88-93.
[139] 崔晓敏 . 论专利与技术标准冲突的法律解决方案 [D]. 湘潭：湘潭大学，2010.
[140] 石有枝，董慧婷 . 我国专利池现状及采用对策 [J]. 安徽科技，2010（03）：35-36.
[141] 朱翔华 . 标准中纳入专利的现状分析及对策研究 [J]. 中国标准化，2011（10）：62-64.
[142] 台新民 . 我国专利信息服务业发展现状与对策研究 [D]. 生产力研究，2011（05）：139-141.
[143] 吴红，常飞 . 基于有效专利的我国专利现状分析及对策 [J]. 图书情报工作，2012，56（04）：85-89+51.
[144] 丁志坤，等 . 建筑模板类专利技术创新规律研究——以 2007-2009 年专利为样本 [J]. 土木工程与管理学报，2012，29（01）：56-60.
[145] 张平，赵启衫，等 . 强制性国家技术标准与专利权关系研究报告 [R]. 北京：北京大学，上海：上海大学，2006.

著作权

[1] 凌深根 . 关于技术标准的著作权及其相关政策的探讨 [J]. 中国出版，2007（7）：48-50.
[2] 李东芳 . 浅析工程建设标准的著作权保护 [J]. 法制与社会，2013（18）：270-272.
[3] 程志军，姜波，李东芳 . 工程建设标准的著作权问题研究 [J]. 中国标准化，2014（12）：86-89.
[4] 王润贵 . 国家标准的著作权和专有出版权问题刍议 [J]. 知识产权，2004（5）：50-51.
[5] 林华 . 专有出版权研究 [J]. 电子知识产权，2003（10）：54-56.
[6] 王寿魁 . 标准专有出版权不容侵犯 [J]. 城市技术监督，1998（1）：7.
[7] 刘春青，黄夏 . 解读 ISO 标准版权保护政策 [J]. 中国标准化，2006（7）：21-23.
[8] 刘春青 . 浅析欧洲标准版权保护政策 [J]. 世界标准化与质量管理，2006（6）：21-23.
[9] 保护国家标准版权势在必行 [J]. 标准与知识产权，2004（10）：51-52.
[10] 许春明 . 质疑“专有出版权”[J]. 知识产权，2002，12（5）：42-44.
[11] 刘春青，郭德华，赵朝义 . 关注 ISO/IEC 标准版权保护政策提高，我国标准版权保护意识 [J]. 世界标准化与质量管理，2006（3）.
[12] 朱玲娣 . 论我国版权技术体系保护制度的完善 [J]. 科技与法律，2004（4）：78-84.
[13] 邢造宇 . 标准的知识产权管理策略刍议 [J]. 浙江工商大学学报，2005（5）：26-32.
[14] 韦之 . 论著作权集体管理机构管理的权利 [J]. 法商研究，1999（3）：74-79.
[15] 郭德华 . 国外标准版权保护措施及对我国的启示 [J]. 世界标准化与质量管理，2005（02）：9-11.
[16] 吴金龙 . 我国将发布《ISO/IEC 标准、标准类文件及出版物版权保护管理办法》[J]. 电器工业，2004（11）：46.

[17] ISO 出版物版权、版权使用权及 ISO 出版物的销售政策和程序 [J]. 世界标准信息，2000（03）：1-6.

[18] 王鲜华 .ISO 出版物版权、版权使用权及 ISO 出版物的销售政策和程序 [J]. 中国标准化，2000（02）：33-36.

[19] 高飞 .CIE 出版物销售新政策 [J]. 照明工程学报，2003，14（04）：61.

[20] 电子版本 ISO 标准内部使用的版权使用权授权规则 [J]. 中国标准化，2000（01）：50-51.

[21] ISO 知识产权保护指南和政策——根据理事会决议 42/1996 通过 [J]. 世界标准信息，2000，（02）：15-22.

[22] 法规与标准的著作权及其保护方法的研究 [J]. 世界标准信息，2001（09）：15-16.

[23] 王迁 .P2P 软件提供者的帮助侵权责任——美国最高法院 Grokster 案判决评析 [J]. 电子知识产权，2005（09）：52-56.

[24] 谢冠斌 . 标准的著作权问题辨析 [J]. 中国科学技术法学会 2009 年年会暨全国科技法制建设与产学研合作创新论坛，2011：357-362.

[25] 吴汉东 . 论著作权作品的“适当引用”[J]. 法学评论，1996（03）：14-19.

[26] 牛加明 . 标志设计中的著作权保护分析 . 装饰，2008（187）：108-109.

[27] 标准应当受《著作权法》保护 [J]. 中国标准导报，1996（2）：8.

[28] 采取法律手段，保护国家标准专有出版权 [J]. 中国标准化，2005（8）：52.

[29] 全国“标准版权及发行工作座谈会”：“增强标准版权保护”[J]. 上海标准化，2004（7）：6.

标志与商标

[1] 郭庆，姜波 . 工程建设标准标志的知识产权保护 [J]. 工程建设标准化，2015（1）：68-71.

[2] 姜波，等 . 工程建设标准标志与商标保护 [J]. 中国标准化，2015（1）：57-60.

[3] 王树谷 . 商品标识需立法 [J]. 中国品牌与防伪，2005（12）：69.

[4] 周长玲 . 商标权与其他在先知识产权权利冲突若干法律问题的探讨 [J]. 知识产权，2000（02）：35-37.

[5] 王科 . 商标权与其他在先知识产权权利冲突问题探讨 [D]. 北京：对外经济贸易大学，2002.

[6] 许艳霞 . 商标权与在先权冲突若干法律问题研究 [D]. 北京：中国政法大学，2001.

[7] 郭立中 . 商标与外观设计专利的权利冲突 [J]. 知识产权，1997（04）：28.

[8] 高山行 . 商标图案的版权保护及冲突思考 [J]. 知识产权，1999（03）：34-35.

[9] 梅宏 . 商标评估中的法律问题之探析 [J]. 知识产权，2002（01）：28-33.

[10] 李兆玉 . 商标保护基本问题研究 [D]. 西南政法大学，2003.

[11] 么忆延 . 试论商标权与商号权的法律保护 [J]. 行政与法，2001（02）：95-96.

[12] 赵红 . 谈品牌包装、商标、标志的设计策略 [J]. 包装工程，1994，15（05）：232-234.

[13] 沈仁干 . 出版物的商标注册 [J]. 出版广角，1998（05）：14-15.

[14] 尤荣福 . 产品标识的概念与界定 [J]. 电子标准化与质量，2000（02）：30-32.

[15] 李群英 . 谈谈 UL 认证标志和证明商标 [J]. 中国海关，2000（06）：5-6.

[16] 衣庆云 . 证明商标法律关系剖析 [N]. 中国知识产权报，2004，12（16）：T00.

[17] 王枚，王津华，周法庭 . 商标：从产品标识到助推经济 [N]. 徐州日报，2007，01（08）：1.
[18] 刘巍 . 报刊、书籍等印刷品的商标注册审查 [J]. 中华商标，2008（08）：23-28.
[19] 车红蕾 . 商标标志的著作权与商标权冲突证伪 [N]. 人民法院报，2013，01（30）：007.

反垄断

[1] 白婕 . 标准化与反垄断问题研究 [D]. 太原：山西大学，2006.
[2] 陈丽军 . 技术标准中的反垄断问题 [D]. 成都：西南财经大学，2006.
[3] 张晋静 . 技术标准中的反垄断问题 [D]. 武汉：华中科技大学，2004.
[4] 倪霞 . 知识产权滥用及其反垄断问题研究 [D]. 成都：西南财经大学，2006.
[5] 陈卓瑛 . 论由专利技术与标准相结合引起的反垄断问题 [D]. 北京：对外经济贸易大学，2006.
[6] 孙伟超 . 专利与技术标准融合中的反垄断问题研究 [D]. 大连：大连海事大学，2010.
[7] 苏莉敏 . 技术标准与专利联盟结合的反垄断法律规制研究 [D]. 广州：华南理工大学，2011.
[8] 胡艳美 . 专利技术标准限制竞争的反垄断法规制 [D]. 湘潭：湘潭大学，2009.